全国高职高专建筑类专业规划教材

平法识图与钢筋算量

（第2版）

主　编　黄敬文　宿翠霞　刘子玲
副主编　李继国　杨延艳　李甲君
主　审　王玉振

黄河水利出版社
·郑州·

内 容 提 要

本书是全国高职高专建筑类专业规划教材，是根据教育部对高职高专教育的教学基本要求及中国水利教育协会职业技术教育分会高等职业教育教学研究会组织制定的平法识图与钢筋算量课程标准编写完成的。全书包括建筑工程施工图基本知识、柱平法识图及其钢筋算量、梁平法识图及其钢筋算量、板平法识图及其钢筋算量、板式楼梯平法识图及其钢筋算量、基础平法识图及其钢筋算量、剪力墙平法识图及其钢筋算量等七个教学项目。

本书主要作为高职高专土建类专业的教学用书，也可供其他相近专业作为教学参考书，同时可供职业岗位培训或建筑工程技术人员学习参考。

图书在版编目(CIP)数据

平法识图与钢筋算量/黄敬文，宿翠霞，刘子玲主编.—2版.—郑州：黄河水利出版社，2024. 5
全国高职高专建筑类专业规划教材
ISBN 978-7-5509-3884-7

Ⅰ. ①平… Ⅱ. ①黄…②宿…③刘… Ⅲ. ①钢筋混凝土结构-建筑构图-识图-高等职业教育-教材②钢筋混凝土结构-结构计算-高等职业教育-教材 Ⅳ. ①TU375

中国国家版本馆 CIP 数据核字(2024)第 104040 号

组稿编辑：王路平 电话：0371-66022212 E-mail：hhslwlp@163.com
韩莹莹 66025553 1025524002@qq.com

责任编辑：韩莹莹 责任校对：郭 琼 封面设计：张心怡 责任监制：常红昕
出 版 社：黄河水利出版社 网址：www.yrcp.com
地址：河南省郑州市顺河路黄委会综合楼 14 层 邮政编码：450003
发行单位：黄河水利出版社
发行部电话：0371-66020550、66028024 E-mail：hhslcbs@126.com
承印单位：河南承创印务有限公司
开本：787 mm×1 092 mm 1/16
印张：14.25
字数：330 千字 印数：1—3 100
版次：2018 年 5 月第 1 版 印次：2024 年 5 月第 1 次印刷
2024 年 5 月第 2 版

定价：49.00 元

第 2 版前言

本书是根据《国家职业教育改革实施方案》《职业教育提质培优行动计划(2020—2023年)》和《中共中央关于认真学习宣传贯彻党的二十大精神的决定》(2022 年 10 月 29 日)等文件精神组织编写的高职教育规划教材。教材及时更新教学标准,将新技术、新工艺、新规范纳入教学内容,力争实现项目化、模块化教学模式,突出现代职业教育理念,以 学生能力培养为主线,体现出实用性、实践性、创新性的教材特色,是理论联系实际、教学面向生产的高职教育创新型规划教材。本书以习近平新时代中国特色社会主义思想为指导,贯彻落实党的二十大精神,全面落实立德树人根本任务。

本书是土建类专业主干教材之一,目前钢筋混凝土结构施工图均采用“建筑结构施工图平面整体设计方法”(简称“平法”)绘制。本书以《混凝土结构施工图平面整体表示方法制图规则和构造详图》(22G101 系列图集)为依据,全面细致地介绍了 22G101 系列图集及其应用,并根据实际工程的应用状况和难易程度,部分内容有所侧重,部分内容有所删减。本书共分 7 个学习项目——平法图基本知识、柱、梁、板、楼梯、基础、剪力墙,每个项目都有练习题,详细介绍了如何读出各种构件钢筋的具体信息:钢筋型号、形状、尺寸及数量。现在介绍平法的书籍很多,网上也有非常多的文章介绍平法识图,但这些书籍与文章多数是针对钢筋算量软件的培训编写的,有许多地方不能反映构件内钢筋的真实形状与尺寸。因此,我们编写本书的目的主要是精确读出构件中钢筋的形状与尺寸,特别是节点构造,以保证造价钢筋算量的准确,同时满足施工对钢筋真实信息的需要。

现在很多教科书把“平法识图”分为“平法识图与钢筋算量”和“平法识图与钢筋翻样(下料)”两部分。实际上平法识图就是按照平法制图规则及其构造详图,读出建筑结构施工图(平法图)中每一根钢筋的形状与尺寸(还有钢筋的强度等级、根数、间距等),钢筋的形状、尺寸有了,钢筋的“量”与“样”自然就出来了。画出钢筋的形状就是翻样,计算出钢筋的长度就是算量。当然了,钢筋翻样与钢筋算量还是有区别的,翻样要根据要求确定钢筋的连接位置;算量一般可以不用考虑钢筋的连接位置,只确定钢筋的总长度。本书侧重钢筋的算量,所以命名《平法识图与钢筋算量》。

本书可作为高职高专土建类专业教材,如工程造价、建筑工程技术、建筑工程监理、建筑结构设计等专业;也可供设计人员、施工技术人员、工程监理人员、工程造价人员、钢筋工以及其他对平法技术有兴趣的人士学习参考,也可作为上述专业人员的培训教材。

本书编写单位及编写人员如下:山东水利职业学院黄敬文、宿翠霞、刘子玲,云南水利水电职业学院李继国,河南水利与环境职业学院杨延艳,内蒙古机电职业技术学院李甲君。本书由黄敬文、宿翠霞、刘子玲担任主编,黄敬文负责全书统稿;由李继国、杨延艳、李甲君担任副主编;由河南水利与环境职业技术学院王玉振担任主审。

由于编者的水平有限,书中难免有不妥之处,恳请广大读者批评指正。

编　者

2024年1月

目 录

项目 1　建筑工程施工图基本知识

【知识目标】

1. 了解建筑工程施工图的作用与分类,以及读图方法与顺序。
2. 掌握钢筋的标注符号。
3. 掌握钢筋锚固长度的概念。
4. 掌握梁柱纵向钢筋间距要求。

【能力目标】

1. 熟悉平法施工图的基本概念。
2. 能进行钢筋锚固长度、搭接长度确定。
3. 掌握钢筋算量的基础知识。

【课程思政】

党的二十大报告提出,要加快建设国家战略人才力量,努力培养造就更多大师、战略科学家、一流科技领军人才和创新团队、青年科技人才、卓越工程师、大国工匠、高技能人才。建筑施工图作为建筑工程的技术语言,是建造房屋的依据。工程技术人员必须看懂整套施工图,按图施工,这样才能体现出房屋的功能用途,保证质量安全。因此,掌握识读房屋建筑施工图是从事建筑专业的工程技术人员的基本技能。

1.1　建筑工程施工图识读简介

1.1.1　建筑工程施工图的作用与分类

1.1.1.1　建筑工程施工图的作用

建造一幢房屋应该有该房屋的一套建筑工程施工图。

工程设计图纸是工程技术界的通用语言,是有关工程技术人员进行信息传递的载体,是具有法律效力的正式文件,是建筑工程重要的技术档案。建筑工程施工图是工程设计、施工、监理、招标投标、审计的重要依据,因此施工图的识读是建筑工程技术、工程监理、工程造价、工程管理等专业人员必须掌握的专业知识。

建筑工程竣工后,施工单位必须根据工程施工图纸及设计变更文件,认真绘制竣工图纸交给业主,作为今后使用与维修、改建、鉴定的重要依据,业主不得任意改变建筑的使用功能。业主除把竣工图纸作为重要的文件归档保管外,还必须将一份送交当地城建档案馆长期保存。当业主与施工单位因工程质量产生争议时,施工图是技术仲裁或法律裁决的重要依据。若因设计施工图的错误而导致工程事故,设计单位及设计相关责任人需承担相应责任。

1.1.1.2 建筑工程施工图的分类

一套完整的建筑工程施工图一般包含如下内容。

1. 建筑施工图

(1)建筑设计总说明。

(2)总平面图:反映总体布局(水平投影)。

(3)建筑平面图:包括各层平面图和屋顶平面图,反映其平面布局、功能和尺寸。

(4)建筑立面图:反映外观形状(正面投影)。

(5)建筑剖面图:辅助说明内部立面状。

(6)建筑(构造)节点详图。

2. 结构施工图

(1)结构总说明。

(2)基础图。

(3)柱、墙配筋图。

(4)梁配筋图。

(5)板配筋图。

(6)楼梯配筋图。

(7)结构节点详图。

3. 设备施工图

(1)给排水施工图。

(2)电气施工图(强电、弱电)。

(3)采暖通风施工图。

(4)燃气施工图。

各工种的图纸又分为基本图(表达全局性的内容)和详图[表明某一构(配)件或某一局部的做法、构造、材料、详细尺寸和标高、定位等内容]。

各工种图纸的编排,一般是全局性图纸在前,表明局部的图纸在后;先施工的在前,后施工的在后;重要图纸在前,次要图纸在后。

1.1.2 建筑工程施工图识读

1.1.2.1 识读方法

一个建筑单体的施工图,由建施、结施、水施、暖施、电施及智能化设计等施工图组成,图纸数量通常有几十张甚至上百张。要读懂施工图,首先应通过对设计施工图全面、仔细的识读,对建筑的概况、要求有一个全面的了解。

初学者拿到施工图后，通常会感到无从着手，不得要领。要提高识图效率：第一，要有正确的识读方法；第二，要有丰富的现场施工与管理经验；第三，应熟悉施工图的制图规则，熟悉房屋建筑构造、结构构造，熟悉有关规范；第四，按照正确的顺序。只有通过大量的生产实践，才能不断提高识图的能力。

(1)从上往下、从左往右的看图顺序是施工图识读的一般顺序。这比较符合看图的习惯，同时是施工图绘制的先后顺序。

(2)由前往后看，根据房屋的施工先后顺序，从基础、墙柱、楼面到屋面依次看，此顺序基本也是结构施工图编排的先后顺序。

(3)看图时要注意从粗到细，从大到小。先粗看一遍，了解工程的概况、结构方案等。然后看总说明及每一张图纸，熟悉结构平面布置，检查构件布置是否合理正确，有无遗漏，柱网尺寸、构件定位尺寸、楼面标高等是否正确。最后根据结构平面布置图，详细看每一个构件的编号、跨数、截面尺寸、配筋、标高及其节点详图。

(4)纸中的文字说明是施工图的重要组成部分，应认真仔细逐条阅读，并与图样对照着看，便于完整理解图纸。

(5)结施应与建施结合起来看图。一般先看建施图，通过阅读建筑设计总说明、总平面图、建筑平立剖面图，了解建筑体形、使用功能，内部房间的布置、层数与层高、柱墙布置、门窗尺寸、楼梯位置、内外装修、材料构造及施工要求等基本情况，建立起建筑物的轮廓概念，了解工程概况及所采用的图集和标准等，然后看结施图。在阅读结施图时应同时对照相应的建施图，只有把两者结合起来看，才能全面理解结构施工图，并发现存在的矛盾和问题。

1.1.2.2 识读步骤

(1)先看目录，通过阅读图纸目录，了解是什么类型的建筑，是哪个设计单位，图纸共有多少张，主要有哪些图纸，并检查全套各工种图纸是否齐全，图名与图纸编号是否相符等。

(2)初步阅读各工种设计说明，了解工程概况，将所采用的标准图集编号摘抄下来，并准备好标准图集，供看图时使用。

(3)阅读建施图。读图次序依次为：建筑设计总说明、总平面图、建筑平立剖面图、构造详图。初步阅读建施图后，应能在头脑中呈现整栋房屋的立体图像，能想象出建筑物的大致轮廓，为下一步结施图的阅读做好准备。

(4)阅读结施图。结施图的阅读顺序可按下列步骤进行：

①阅读结构设计说明。准备好结施图所套用的标准图集及地质勘察资料备用。

②阅读基础平面图、详图与地质勘察资料。基础平面图应与建筑底层平面图结合起来看。

③阅读柱、剪力墙平面布置图。根据对应的建筑平面图校对柱的布置是否合理，柱网尺寸、柱断面尺寸与轴线的关系尺寸有无错误。

④阅读楼层及屋面结构平面布置图。对照建施平面图中的房间分隔、墙体的布置，检查各构件的平面定位尺寸是否正确，布置是否合理，有无遗漏，楼板的形式、布置、板面标高是否正确等。

⑤按前述的施工图识读方法，详细阅读各平面图中的每一个构件的编号、断面尺寸、标高、配筋及其构造详图，并与建施图结合，检查有无错误与矛盾。看图时发现的问题要一一记下，

最后按结施图的先后顺序将存在的问题全部整理出来,以便在图纸会审时将其解决。

⑥在前述阅读结施图中,涉及采用标准图集时,应详细阅读规定的标准图集。

1.2 平法图基础知识

1.2.1 平法的概念

建筑结构施工图平面整体设计方法(简称"平法")是我国目前使用的混凝土结构施工图设计表示方法,中华人民共和国国家科学技术委员会1996年科技成果重点推广项目至今已经20多年了,经过多次的修改与完善,作为国家标准的法定建筑结构施工图表示方法。

平法的表达式,概括来讲,就是把结构构件的尺寸和配筋等,按照平面整体表示方法制图规则,将整体直接表达在各类构件的结构平面布置图上,再与标准构造详图相配合,即构成一套完整的结构施工图的方法。

平法改变了传统的那种将构件从结构平面布置图中索引出来,再逐个绘制配筋详图的烦琐方法。平法是结构设计领域的一项创造性的改革,提高了结构设计效率和质量,同时降低了设计成本,与传统法相比图纸量减少70%以上。

1.2.2 平法基本原理

平法的系统科学原理为视全部设计过程与施工过程为一个完整的主系统,主系统由多个子系统构成,包括基础结构、柱墙结构、梁结构、板结构,各子系统有明确的层次性、关联性、相对完整性。

(1)层次性:基础、柱墙、梁、板,均为完整的子系统。

(2)关联性:柱墙以基础为支座——柱墙与基础关联;梁以柱为支座——梁与柱关联;板以梁为支座——板与梁关联。

(3)相对完整性:基础自成体系,仅有自身的设计内容而无柱或墙的设计内容;柱墙自成体系,仅有自身的设计内容(包括在支座内的锚固纵向钢筋)而无梁的设计内容;梁自成体系,仅有自身的设计内容(包括在支座内的锚固纵向钢筋)而无板的设计内容;板自成体系,仅有板自身的设计内容(包括在支座内的锚固纵向钢筋)。

(4)将结构设计分为创造性设计内容与重复性(非创造性)设计内容两部分,两部分为对应互补关系,合并构成完整的结构设计。

(5)设计工程师以数字化、符号化的平面整体设计制图规则(平面整体表示方法制图规则)完成其创造性设计内容部分。

(6)重复性设计内容部分(主要是节点构造和构件构造)以《广义标准化》方式编制成国家建筑标准构造设计(构造详图)。

概括来说,平法施工图包括两部分内容:"制图规则"和"构造详图"。

1.2.3 22G101系列图集简介

为了保证按平法设计的结构施工图实现全国统一,住建部已将平法的制图规则纳入国家建筑标准设计图集——《混凝土结构施工图平面整体表示方法制图规则和构造详图》(G101 系列图集)。经过 20 多年的发展和完善,从 03G101-1、03G101-2、04G101-3、04G101-4、08G101-5、06G101-6,到 11G101-1(代替 03G101-1、04G101-4)、11G101-2(代替 03G101-2)、11G101-3(代替 04G101-3、08G101-5、06G101-6),16G101-1(代替 11G101-1)、16G101-2(代替 11G101-2)、16G101-3(代替 11G101-3),以及现在使用的 22G101-1(代替 16G101-1)、22G101-2(代替 16G101-2)、22G101-3(代替 16G101-3)。

22G101-1 图集名称:《混凝土结构施工图平面整体表示方法制图规则和构造详图(现浇混凝土框架、剪力墙、梁、板)》。

22G101-2 图集名称:《混凝土结构施工图平面整体表示方法制图规则和构造详图(现浇混凝土板式楼梯)》。

22G101-3 图集名称:《混凝土结构施工图平面整体表示方法制图规则和构造详图(独立基础、条形基础、筏形基础、桩基础)》。

1.2.4　22G101 系列图集学习

平法图集包括“制图规则”和“构造详图”两部分:制图规则是设计人员绘制结构施工图的制图依据,也是施工、造价、监理、审计人员阅读结构施工图的技术语言;构造详图是结构构件标准的构造做法,施工、造价与审计应该据此进行钢筋的下料与计量。

平法的学习技巧可以归纳为:系统梳理、要点记忆、构件对比和总结规律。

1.2.4.1　系统梳理

平法知识是一个系统体系,这个体系由基础、柱墙、梁、板和楼梯等构件组成,它们之间既有联系又相对独立。它们的联系是:基础是柱或墙的支座,柱或墙是梁的支座,梁或墙是板的支座;相对独立是:这些构件相对独立自成体系,都有各自的构造详图。

1.2.4.2　要点记忆

平法学习过程中,有些基本的要点知识是需要记忆的,如 l_{abE}(受拉钢筋抗震基本锚固长度)、l_{ab}(受拉钢筋非抗震基本锚固长度)、混凝土保护层最小厚度、钢筋的弯锚与直锚等。同时要明白一些基本表达式的意思,如 $\max(a,b)$ 表示取值是 a 和 b 中的最大值。还有在结构施工图中,有关构件的识别符号,每一个符号代表一种类型的构件,比如 KZ 代表框架柱,KL 代表框架梁, Q 代表剪力墙等,这些是平法识图的基本要点知识。

1.2.4.3　构件对比法和总结规律

在 22G101 图集里,比较难以理解的是节点构造详图,同类构件之间由于成立的条件不同,节点构造也不同,所以构件对比不仅存在于不同构件之间,同类构件不同节点构造之间也可以对比记忆理解。不同构件之间如顶层柱和框架梁之间,箍筋的计算规则是类似的,暗柱和剪力墙之间拉筋计算规则是类似的。同类构件之间的对比,比如在 22G101-1 图集中梁的悬挑端有 A、B、C、D、E、F、G 七种不同的节点构造,分别适应不同的条件,它们纵向钢筋的长度计算也有区别。单独记忆理解这七个节点构造是不容易的,但对比记忆这七种节点构造所需要的条件就相对容易多了。

虽然节点构造繁多,但是它们之间是有规律可循的。如:柱的中间节点和梁的中间节点构造就有类似之处——能通则通(条件相似)、不通则断(直锚优先);构件主筋的弯锚弯钩长除在柱顶柱、中为 $12d$ 外其余均为 $15d$ 等。

学习平法需要一个过程,学生要理论联系工程实践,结合课堂练习,化抽象为具体、化死记硬背为理解记忆,循序渐进地深入学习。

1.3 钢筋混凝土基础知识

钢筋的下料与造价除清楚钢筋的规格型号外,还必须确定钢筋的形状与尺寸,要掌握这些知识除正确识读平法图和正确运用构造详图外,还要掌握必要的钢筋混凝土基本知识。

1.3.1 钢筋的符号与标注

1.3.1.1 钢筋符号

22G101 系列图集采用的钢筋种类分为《混凝土结构设计规范》(GB 50010—2010)(2015 版)推荐使用的 HPB300、HRB400、RRB400、HRBF400、HRB500、HRBF500 等强度等级的钢筋。在结构施工图中,为了区别每一种钢筋的级别,每一个等级用一个符号来表示,比如 HPB300 用Φ表示,HRB400 用Ф表示,RRB400 用Ф^R 表示,HRBF400 用Ф^F 表示,HRB500 用Φ̄表示,HRBF500 用Φ̄^{F} 表示。

注:HPB300——强度级别为 300 N/mm^2 的热轧光圆钢筋;

HRB400——强度级别为 400 N/mm^2 的普通热轧带肋钢筋;

HRBF400——强度级别为 400 N/mm^2 的细晶粒热轧带肋钢筋;

RRB400——强度级别为 400 N/mm^2 的余热处理带肋钢筋;

HRBF500——强度级别为 500 N/mm^2 的细晶粒热轧带肋钢筋;

HRB500——强度级别为 500 N/mm^2 的普通热轧带肋钢筋。

1.3.1.2 钢筋标注

在结构施工图中,构件的钢筋标注要遵循一定的规范:

(1)标注钢筋的根数、直径和等级,如 4 Ф 25:4 表示钢筋的根数,25 表示钢筋的公称直径,Ф表示钢筋的等级为 HRB400 钢筋。

(2)标注钢筋的等级、直径和相邻钢筋中心距,如Φ 10@ 100:10 表示钢筋直径,@ 表示相等中心距符号,100 表示相邻钢筋的中心距离,Φ表示钢筋的等级为 HPB300 钢筋。

(3)标注钢筋的根数、直径、等级和相邻钢筋中心距,如 9 Φ 10@ 100:就是把前两种注写方式同时应用。

上述三种标注方式中,方式一主要用于梁、柱构件;方式二用于板筋和梁柱箍筋;方式三应用较少,一般用于钢筋根数不很多、分布范围也不很大、分布尺寸又不便标注的位置。

1.3.2 构件的环境类别与混凝土保护层最小厚度

为了保护钢筋在混凝土内部不被侵蚀,并保证钢筋与混凝土之间的黏合力,钢筋混凝土构件都必须设置保护层,构件最外层钢筋的外部边缘到构件表面的距离称为混凝土保护层。影响保护层的四大因素是:环境类别、构件类型、混凝土强度等级、结构设计年限。

混凝土结构环境类别见表 1-1,混凝土保护层最小厚度见表 1-2。

表 1-1 混凝土结构环境类别

环境类别	条件
一	室内干燥环境； 无侵蚀性静水浸没环境
二(a)	室内潮湿环境； 非严寒和非寒冷地区的露天环境； 非严寒和非寒冷地区与无侵蚀性的水或土壤直接接触的环境； 严寒和寒冷地区的冰冻线以下与无侵蚀性的水或土壤直接接触的环境
二(b)	干湿交替环境； 水位频繁变动环境； 严寒和寒冷地区的露天环境； 严寒和寒冷地区的冰冻线以上与无侵蚀性的水或土壤直接接触的环境
三(a)	严寒和寒冷地区冬季水位变动区环境，受除冰盐影响环境，海风环境
三(b)	渍土环境；受除冰盐作用环境；海岸环境
四	海水环境
五	受人为或自然的侵蚀性物质影响的环境

表 1-2 混凝土保护层的最小厚度

环境类别	板、墙/mm	梁、柱/mm
一	15	20
二(a)	20	25
二(b)	25	35
三(a)	30	40
三(b)	40	50

注：1. 表中混凝土保护层厚度是指最外层钢筋外缘至混凝土表面的距离，适用于设计使用年限为 50 年的混凝土结构。

2. 构件中受力钢筋保护层厚度不应小于钢筋的公称直径。

3. 设计使用年限为 100 年的结构：一类环境中，最外层钢筋的保护层厚度不应小于表中数值的 1.4 倍；二类和三类环境中，应采取专门有效措施。

4. 混凝土强度等级不大于 C25 时，表中保护层厚度值应增加 5 mm。

5. 基础底面钢筋的保护层厚度，有混凝土垫层时应从垫层顶面算起，且不应小于 40 mm；无垫层时不应小于 70 mm。

1.3.3 钢筋的锚固和连接

1.3.3.1 钢筋的锚固长度

为了使钢筋和混凝土共同受力，使钢筋不会从混凝土中被拔出来，受力钢筋通过混凝土与钢筋的黏结将所受的力传递给混凝土所需的长度。

22G101 系列图集对受拉钢筋基本锚固长度做出了规定，具体见表 1-3～表 1-6。

表 1-3 受拉钢筋基本锚固长度 l_{ab}

钢筋种类	混凝土强度等级							
	C25	C30	C35	C40	C45	C50	C55	≥C60
HPB300	34*d*	30*d*	28*d*	25*d*	24*d*	23*d*	22*d*	21*d*
HRB400、HRBF400、RRB400	40*d*	35*d*	32*d*	29*d*	28*d*	27*d*	26*d*	25*d*
HRB500、HRBF500	48*d*	43*d*	39*d*	36*d*	34*d*	32*d*	31*d*	30*d*

表 1-4 抗震设计时受拉钢筋基本锚固长度 l_{abE}

钢筋种类	抗震等级	混凝土强度等级							
		C25	C30	C35	C40	C45	C50	C55	≥C60
HPB300	一、二级	39*d*	35*d*	32*d*	29*d*	28*d*	26*d*	25*d*	24*d*
	三级	36*d*	32*d*	29*d*	26*d*	25*d*	24*d*	23*d*	22*d*
	四级	34*d*	30*d*	28*d*	25*d*	24*d*	23*d*	22*d*	21*d*
HRB400、HRBF400、RRB400	一、二级	46*d*	40*d*	37*d*	33*d*	32*d*	31*d*	30*d*	29*d*
	三级	42*d*	37*d*	34*d*	30*d*	29*d*	28*d*	27*d*	26*d*
	四级	40*d*	35*d*	32*d*	29*d*	28*d*	27*d*	26*d*	25*d*
HRB500、HRBF500	一、二级	55*d*	49*d*	45*d*	41*d*	39*d*	37*d*	36*d*	35*d*
	三级	50*d*	45*d*	41*d*	38*d*	36*d*	34*d*	33*d*	32*d*
	四级	48*d*	43*d*	39*d*	36*d*	34*d*	32*d*	31*d*	30*d*

表 1-5 受拉钢筋锚固长度 l_a

钢筋种类	混凝土强度等级							
	C25		C30		C35		C40	
	d≤25	*d*>25	*d*≤25	*d*>25	*d*≤25	*d*>25	*d*≤25	*d*>25
HPB300	34*d*	—	30*d*	—	28*d*	—	25*d*	—
HRB400、HRBF400、RRB400	40*d*	44*d*	35*d*	39*d*	32*d*	35*d*	29*d*	32*d*
HRB500、HRBF500	48*d*	53*d*	43*d*	47*d*	39*d*	43*d*	36*d*	40*d*

钢筋种类	混凝土强度等级							
	C45		C50		C55		≥C60	
	d≤25	*d*>25	*d*≤25	*d*>25	*d*≤25	*d*>25	*d*≤25	*d*>25
HPB300	24*d*	—	23*d*	—	22*d*	—	21*d*	—
HRB400、HRBF400、RRB400	28*d*	31*d*	27*d*	30*d*	26*d*	29*d*	25*d*	28*d*
HRB500、HRBF500	34*d*	37*d*	32*d*	35*d*	31*d*	34*d*	30*d*	33*d*

1.3.3.2 钢筋的连接

在施工过程中,构件的钢筋不够长时(钢筋出厂长度多为 9 m 或 12 m)或者为了施工方便,需要对钢筋进行连接。钢筋的主要连接方式有三种:绑扎连接、机械连接和焊接。为了保证钢筋受力可靠,对钢筋连接接头范围和接头加工质量有如下规定:

(1)当受拉钢筋直径>25 mm 及受压钢筋直径>28 mm 时,不应采用绑扎搭接(实际工程中钢筋直径≥18 mm 时一般不采用绑扎搭接,钢筋直径越大采用搭接连接越不经济)。

(2)在轴心受拉及小偏心受拉构件中纵向受力钢筋不应采用绑扎搭接。

(3)纵向受力钢筋连接位置宜避开梁端、柱端箍筋加密区。

1.3.3.3 绑扎连接的搭接长度

钢筋搭接是指两根钢筋相互有一定的重叠长度,用铁丝绑扎(通过钢筋与混凝土之间的黏结传力)连接方法,适用于较小直径的钢筋连接。绑扎搭接是通过钢筋与混凝土的锚固传力,所以绑扎搭接长度与钢筋的锚固长度直接相关,22G101 图集规定见表 1-7、表 1-8。

表 1-6　受拉钢筋抗震锚固长度 l_{aE}

钢筋种类及抗震等级		混凝土强度等级															
		C25		C30		C35		C40		C45		C50		C55		≥C60	
		$d \leqslant 25$	$d>25$	$d \leqslant 25$	$d>25$	$d \leqslant 25$	$d>25$	$d \leqslant 25$	$d>25$	$d \leqslant 25$	$d>25$	$d \leqslant 25$	$d>25$	$d \leqslant 25$	$d>25$	$d \leqslant 25$	$d>25$
HPB300	一、二级	39*d*	—	35*d*	—	32*d*	—	29*d*	—	28*d*	—	26*d*	—	25*d*	—	24*d*	—
	三级	36*d*	—	32*d*	—	29*d*	—	26*d*	—	25*d*	—	24*d*	—	23*d*	—	22*d*	—
HRB400、HRBF400	一、二级	46*d*	51*d*	40*d*	45*d*	37*d*	40*d*	33*d*	37*d*	32*d*	36*d*	31*d*	35*d*	30*d*	33*d*	39*d*	32*d*
	三级	42*d*	46*d*	37*d*	41*d*	34*d*	37*d*	30*d*	34*d*	29*d*	33*d*	28*d*	32*d*	27*d*	30*d*	26*d*	29*d*
HRB500、HRBF500	一、二级	55*d*	61*d*	49*d*	54*d*	45*d*	49*d*	41*d*	46*d*	39*d*	43*d*	37*d*	40*d*	36*d*	39*d*	35*d*	38*d*
	三级	50*d*	56*d*	45*d*	49*d*	41*d*	45*d*	38*d*	42*d*	36*d*	39*d*	34*d*	37*d*	33*d*	36*d*	32*d*	35*d*

注:1. 当为环氧树脂涂层带肋钢筋时,表中数据应乘以 1.25。

2. 当纵向受拉钢筋在施工过程中易受扰动时,表中数据应乘以 1.1。

3. 当锚固长度范围内纵向受力钢筋周边保护层厚度为 $3d$、$5d$(d 为锚固钢筋的直径)时,表中数据可分别乘以 0.8、0.7;中间时按内插值。

4. 当纵向受拉普通钢筋锚固长度修正系数(注 1~注 3)多于一项时,可按连乘计算。

5. 受拉钢筋的锚固长度 l_a、l_{aE} 计算值不应小于 200。

6. 四级抗震时,$l_{aE}=l_a$。

7. 当锚固钢筋的保护层厚度不大于 $5d$ 时,锚固钢筋长度范围内应设置横向构造钢筋,其直径不应小于 $d/4$(d 为锚固钢筋的最大直径);对梁、柱等构件间距不应大于 $5d$,对板、墙等构件间距不应大于 $10d$,且均不应大于 100(d 为锚固钢筋的最小直径)。

表 1-7　纵向受拉钢筋搭接长度 l_l

钢筋种类及同一区段内搭接钢筋面积百分率		混凝土强度等级															
		C25		C30		C35		C40		C45		C50		C55		≥C60	
		$d\leq25$	$d>25$	$d\leq25$	$d>25$	$d\leq25$	$d>25$	$d\leq25$	$d>25$	$d\leq25$	$d>25$	$d\leq25$	$d>25$	$d\leq25$	$d>25$	$d\leq25$	$d>25$
HPB300	≤25%	41d	—	36d	—	34d	—	30d	—	29d	—	28d	—	26d	—	25d	—
	50%	48d	—	42d	—	39d	—	35d	—	34d	—	32d	—	31d	—	29d	—
	100%	54d	—	48d	—	45d	—	40d	—	38d	—	37d	—	35d	—	34d	—
HRB400、HRBF400、RRB400	≤25%	48d	53d	42d	47d	38d	42d	35d	38d	34d	37d	32d	36d	31d	35d	30d	34d
	50%	56d	62d	49d	55d	45d	49d	41d	45d	39d	43d	38d	42d	36d	41d	35d	39d
	100%	64d	70d	56d	62d	51d	56d	46d	51d	45d	50d	43d	48d	42d	46d	40d	45d
HRB500、HRBF500	≤25%	58d	64d	52d	56d	47d	52d	43d	48d	41d	44d	38d	42d	37d	41d	36d	40d
	50%	67d	74d	60d	66d	55d	60d	50d	56d	48d	52d	45d	49d	43d	48d	42d	46d
	100%	77d	85d	69d	75d	62d	69d	58d	64d	54d	59d	51d	56d	50d	54d	48d	53d

注:1. 表中数值为纵向受拉钢筋搭接接头的搭接长度。

2. 两根不同直径钢筋搭接时,表中 d 取较细钢筋直径。

3. 当为环氧树脂涂层带肋钢筋时,表中数据应乘以 1.25。

4. 当纵向受拉钢筋在施工过程中易受扰动时,表中数据应乘以 1.1。

5. 当搭接长度范围内纵向受力钢筋周边保护层厚度为 $3d$、$5d$(d 为搭接钢筋的直径)时,表中数据尚可分别乘以 0.8、0.7;中间时按内插值。

6. 当上述修正系数(注 3~注 5)多于一项时,可按连乘计算。

7. 任何情况下,搭接长度不应小于 300。

表 1-8 纵向受拉钢筋抗震搭接长度 l_{lE}

钢筋种类及同一区段内搭接钢筋面积百分率			混凝土强度等级															
			C25		C30		C35		C40		C45		C50		C55		≥C60	
			$d\leqslant25$	$d>25$	$d\leqslant25$	$d>25$	$d\leqslant25$	$d>25$	$d\leqslant25$	$d>25$	$d\leqslant25$	$d>25$	$d\leqslant25$	$d>25$	$d\leqslant25$	$d>25$	$d\leqslant25$	$d>25$
一、二级抗震等级	HPB300	≤25%	47*d*	—	42*d*	—	38*d*	—	35*d*	—	34*d*	—	31*d*	—	30*d*	—	29*d*	—
		50%	55*d*	—	49*d*	—	45*d*	—	41*d*	—	39*d*	—	36*d*	—	35*d*	—	34*d*	—
	HRB400 HRBF400	≤25%	55*d*	61*d*	48*d*	54*d*	44*d*	48*d*	40*d*	44*d*	38*d*	43*d*	37*d*	42*d*	36*d*	40*d*	35*d*	38*d*
		50%	64*d*	71*d*	56*d*	63*d*	52*d*	56*d*	46*d*	52*d*	45*d*	50*d*	43*d*	49*d*	42*d*	46*d*	41*d*	45*d*
	HRB500 HRBF500	≤25%	66*d*	73*d*	59*d*	65*d*	54*d*	59*d*	49*d*	55*d*	47*d*	52*d*	44*d*	48*d*	43*d*	47*d*	42*d*	46*d*
		50%	77*d*	85*d*	69*d*	76*d*	63*d*	69*d*	57*d*	64*d*	55*d*	60*d*	52*d*	56*d*	50*d*	55*d*	49*d*	53*d*
三级抗震等级	HPB300	≤25%	43*d*	—	38*d*	—	35*d*	—	31*d*	—	30*d*	—	29*d*	—	28*d*	—	26*d*	—
		50%	50*d*	—	45*d*	—	41*d*	—	36*d*	—	35*d*	—	34*d*	—	32*d*	—	31*d*	—
	HRB400 HRBF400	≤25%	50*d*	55*d*	44*d*	49*d*	41*d*	44*d*	36*d*	41*d*	35*d*	40*d*	34*d*	38*d*	32*d*	36*d*	31*d*	35*d*
		50%	59*d*	64*d*	52*d*	57*d*	48*d*	52*d*	42*d*	48*d*	41*d*	46*d*	39*d*	45*d*	38*d*	42*d*	36*d*	41*d*
	HRB500 HRBF500	≤25%	60*d*	67*d*	54*d*	59*d*	49*d*	54*d*	46*d*	50*d*	43*d*	47*d*	41*d*	44*d*	40*d*	43*d*	38*d*	42*d*
		50%	70*d*	78*d*	63*d*	69*d*	57*d*	63*d*	53*d*	59*d*	50*d*	55*d*	48*d*	52*d*	46*d*	50*d*	45*d*	49*d*

注:1. 表中数值为纵向受拉钢筋绑扎搭接接头的搭接长度。
2. 两根不同直径钢筋搭接时,表中 d 取较细钢筋直径。
3. 当为环氧树脂涂层带肋钢筋时,表中数据应乘以 1.25。
4. 当纵向受拉钢筋在施工过程中易受扰动时,表中数据应乘以 1.1。
5. 当搭接长度范围内纵向受力钢筋周边保护层厚度为 $3d$、$5d$(d 为搭接钢筋的直径)时,表中数据尚可分别乘以 0.8、0.7;中间时按内插值。
6. 当上述修正系数(注 3~注 5)多于一项时,可按连乘计算。
7. 任何情况下,搭接长度不应小于 300。
8. 四级抗震等级时,$l_{lE}=l_l$。

1.3.4 钢筋混凝土构件的钢筋构造与钢筋算量

1.3.4.1 纵向受力钢筋搭接构造

纵向受力钢筋搭接区箍筋构造见图 1-1。

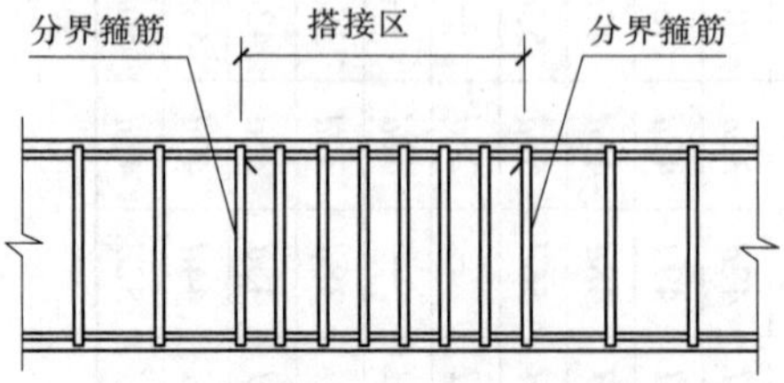

图 1-1　纵向受力钢筋搭接区箍筋构造

(1)本图用于梁、柱类构件搭接区箍筋设置。

(2)搭接区内箍筋直径不小于 $d/4$ (d 为搭接钢筋最大直径),间距不应大于 100 mm 及 $5d$(d 为搭接钢筋最小直径)。

(3)当受压钢筋直径大于 25 mm 时,应在搭接接头两个端面外 100 mm 的范围内各设置两道箍筋。

1.3.4.2 纵向钢筋连接构造

纵向钢筋连接构造见图 1-2。

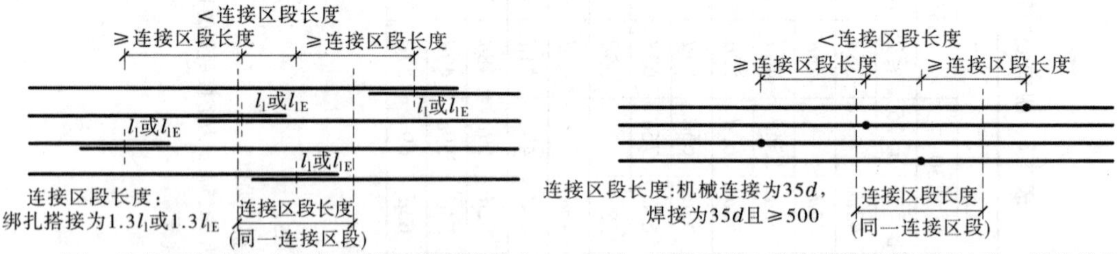

(a)同一连接区段内纵向受拉钢筋绑扎搭接接头　(b)同一连接区段内纵向受拉钢筋机械连接、焊接接头

注:1. d为相互连接两根钢筋中较小直径;当同一构件内不同连接钢筋计算连接区段长度不同时取大值。
2. 凡接头中点位于连接区段长度内,连接接头均属同一连接区段。
3. 同一连接区段内纵向钢筋搭接接头面积百分率,为该区段内有连接接头的纵向受力钢筋截面面积与全部纵向钢筋截面面积的比值(当直径相同时,图示钢筋连接接头面积百分率为50%)。
4. 当受拉钢筋直径>25 mm及受压钢筋直径>28 mm时,不宜采用绑扎搭接。
5. 轴心受拉及小偏心受拉构件中纵向受力钢筋不应采用绑扎搭接。
6. 纵向受力钢筋连接位置宜避开梁端、柱端箍筋加密区,如必须在此连接,则应采用机械连接或焊接。
7. 机械连接和焊接接头的类型及质量应符合国家现行有关标准的规定。

图 1-2　纵向钢筋连接构造

1.3.4.3 封闭箍筋及拉筋构造

封闭箍筋及拉筋构造见图 1-3。

1.3.4.4 梁柱纵向钢筋间距要求

梁纵向钢筋间距要求见图 1-4,柱纵向钢筋间距要求见图 1-5,梁并筋等效直径、最小净距见表 1-9。

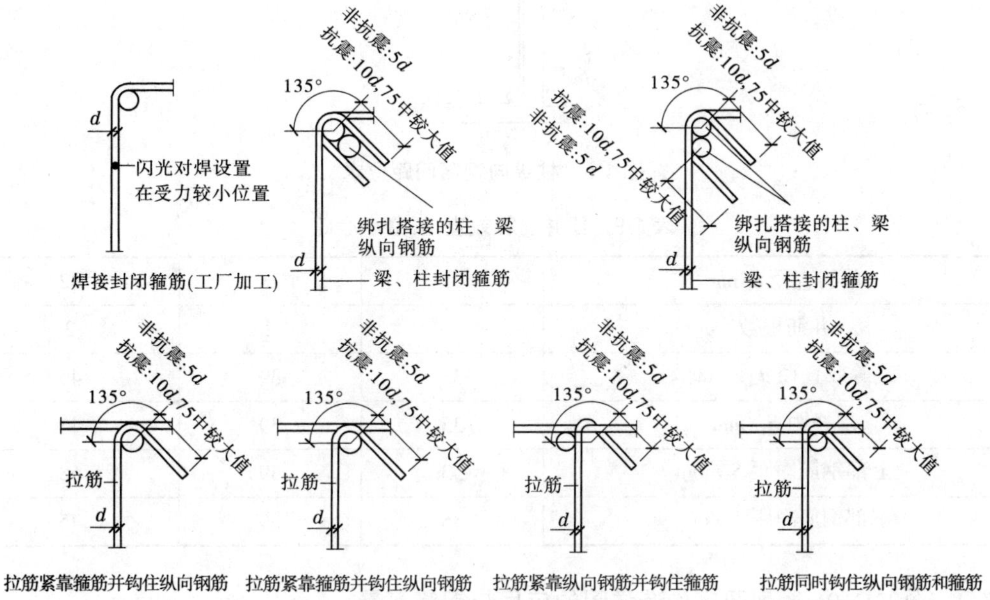

图 1-3 封闭箍筋及拉筋构造

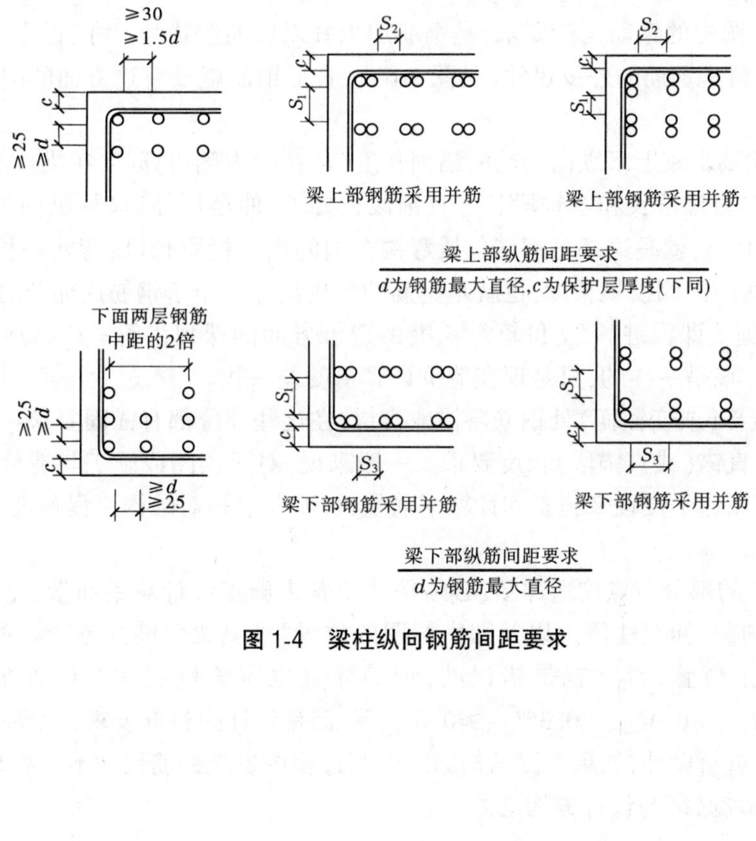

图 1-4 梁柱纵向钢筋间距要求

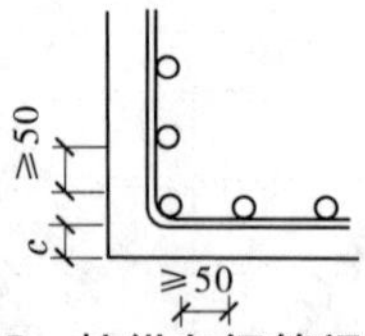

图 1-5　柱纵向钢筋间距要求

表 1-9　梁并筋等效直径、最小净距

单筋直径 d/mm	25	28	32
并筋根数	2	2	2
等效直径 d_{eq}/mm	35	39	45
层净距 S_1/mm	35	39	45
上部钢筋净距 S_2/mm	53	59	68
下部钢筋净距 S_3/mm	35	39	45

1.3.4.5　22G101 系列图集构造详图的应用与钢筋算量

平法识图的核心就是读出平法结构施工图中的钢筋型号、形状与尺寸，从而计算出每种类型钢筋的数量。

1. 构造详图的应用

(1) 构造详图中的钢筋构造要求，是钢筋加工好以后的形状和尺寸，这个尺寸是钢筋的投影尺寸，也就是钢筋的外皮尺寸(见图 1-6)。直形钢筋就没有这方面的问题，就是真实的尺寸。

图 1-6 中梁端支座上下纵向钢筋的锚固长度(从柱的内侧边算起，在梁柱节点内的长度)由两段组成：直锚段长和弯钩段长。直锚段长要求：伸至柱外边(柱纵向钢筋内侧)，且≥$0.4l_{abE}$($0.4l_{ab}$)，就是这部分钢筋包括弯钩在内的水平投影长度；弯钩段长度 $15d$，也是包括水平段在内的侧投影长度，也就是钢筋的外皮尺寸。至于钢筋这部分的真实长度，(下料长度)由施工课程讲解，造价算量长度由造价方面的课程讲解。严格地讲，下料与造价计算长度应该是一样的，只是现在造价计算精度差一些。

(2) 钢筋端部(或变截面)处钢筋弯锚或直锚，在这些部位都有锚固要求：一个是位置要求，另一个是直锚(或直锚段)长度要求。一般来说，对于读图或施工与造价，钢筋的位置更重要，应按照这个位置来施工和计算钢筋量，长度要求是对结构工程师进行结构设计的要求。

如图 1-7 中的部分节点构造详图，必须按照位置来施工或计算钢筋量，比如“伸至柱外侧纵向钢筋内侧、伸至柱顶”，以及图中标明的位置“外侧梁角筋内侧”等，施工中钢筋必须放置到这个位置，否则就是错误的，钢筋算量也应该按照这个位置来计算。图中≥$0.4l_{abE}$、≥l_{aE}、≥$0.4l_{ab}$、≥$0.35l_{ab}$、≥$0.6l_{ab}$ 等，都是设计的最低要求，如果不能满足这个要求，就必须重新设计，如果在读结构施工图纸过程中发现钢筋尺寸不能满足这个要求(设计错误)，那就必须与设计方沟通处理。

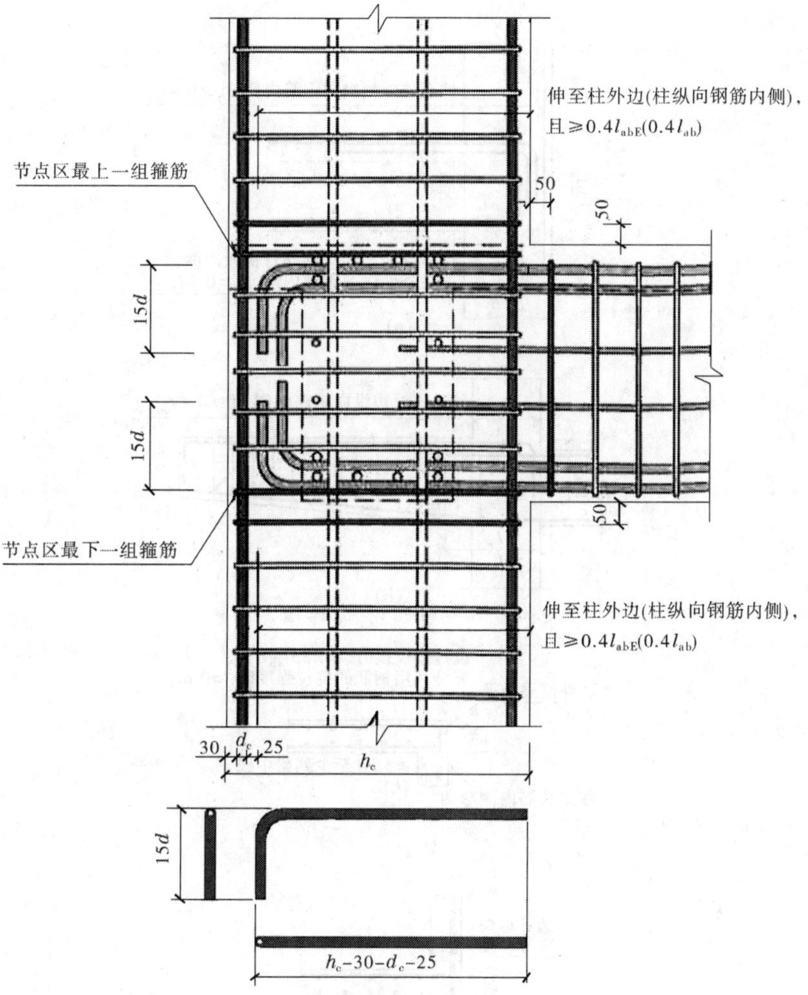

图 1-6　梁端支座弯锚尺寸

2. 钢筋算量

钢筋算量就是按照工程设计图纸和相关规范(标准),以及工程量清单和定额的要求,以设计长度计算工程的钢筋用量。钢筋算量应区别现浇、预制构件、不同钢种和规格,分别按设计长度乘以单位重量,以吨计算。如果有必要,钢筋算量还包括钢筋的接头类型与数量、搭接长度等。

下面所要讲解的钢筋算量,就是以 22G101 系列图集为标准,计算工程设计图纸的钢筋用量。某一规格的钢筋单位长度的重量是一定的(可以查相关的手册),因此只要计算出钢筋的设计长度就可以了。在平法图纸中,一般是没有设计长度的,设计长度是按照标准图集(22G101 系列图集)中的“构造详图”确定的。在造价计算中一般按照其外皮长度计算钢筋量。

(1)梁上部第一排钢筋在支座(柱)内的锚固(弯锚)长度计算(见图 1-6)。

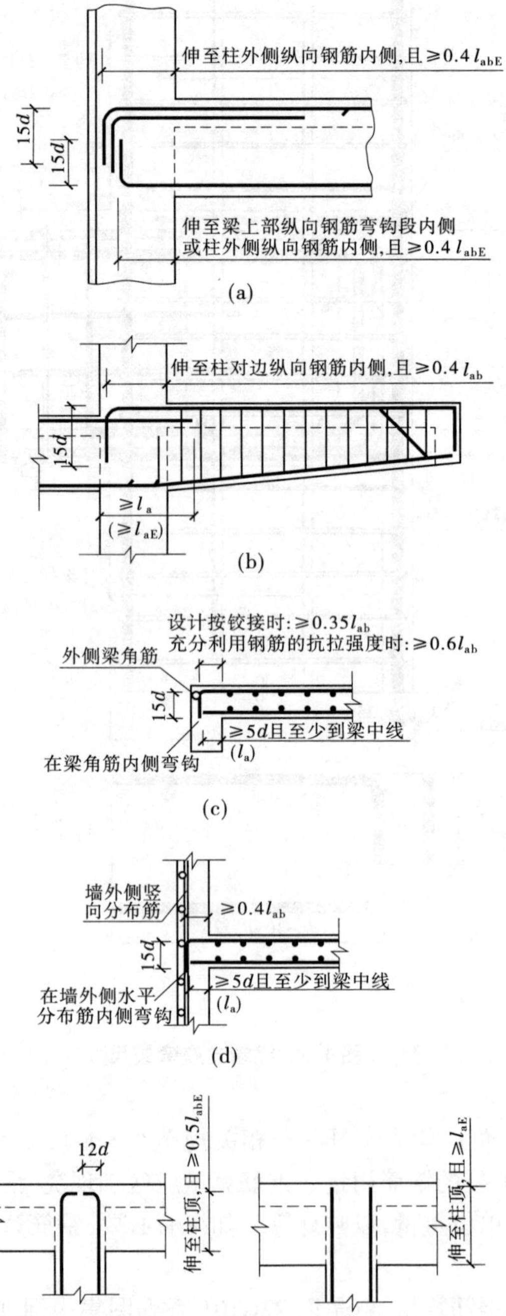

图1-7 部分构件端(边)部钢筋锚固

$$锚固长度=直锚段长度+弯钩段长度=(h_c-c-d_c-25)+15d \quad (1\text{-}1)$$

(2)抗震设计梁拉筋长度计算(见图1-8)。

$$拉筋长度=外皮长度+弯钩长度=L_1+2\times 11.9d \quad (1\text{-}2)$$

(3)抗震设计箍筋长度计算(见图1-8)。

$$箍筋长度=外皮长度+弯钩长度=2(b+h)+2\times 11.9d \quad (1\text{-}3)$$

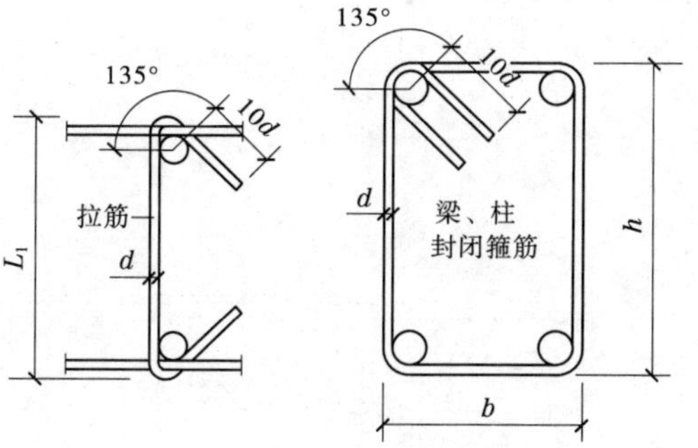

图1-8 封闭箍筋与拉筋抗震设计长度

上面各式中各个符号代表的含义及其数值计算将在后面的项目里具体讲解。一般来说弯形钢筋的计算长度大于其实际长度(下料长度),对于直形钢筋来说,计算长度与实际长度是一样的。

练习题

一、不定项选择题

1. 影响钢筋锚固长度 l_{aE} 大小选择的因素有( )。

A. 抗震等级　　B. 混凝土强度

C. 钢筋种类及直径　　D. 保护层厚度

2. 当钢筋在混凝土施工过程中易受扰动时,其锚固长度应乘以修正系数( )。

A. 1.3　　B. 1.4

C. 1.1　　D. 1.2

3. 纵向钢筋搭接连接,连接区段长是搭接长度的( )倍。

A. 1.1　　B. 1.2

C. 1.3　　D. 1.6

4. 抗震箍筋的弯钩构造要求采用135°弯钩,弯钩的平直段取值为( )。

A. 10d 和 85 mm 中取大值　　B. 10d 和 75 mm 中取大值

C. 12d 和 85 mm 中取大值　　D. 12d 和 75 mm 中取大值

5. 纵向受拉钢筋非抗震锚固长度任何情况下不得小于( )。

A. 250 mm　　B. 350 mm

C. 400 mm　　D. 200 mm

二、计算题

1. 混凝土C30,二级抗震,钢筋为4 ⌀22,不考虑其他因素,钢筋受拉时求其锚固长度。

2. 混凝土C30,非抗震,钢筋为⌀12,搭接连接,同一截面内钢筋接头“隔一接一”,不考虑其他因素,求钢筋受拉时的搭接长度。

项目 2　柱平法识图及其钢筋算量

【知识目标】

1. 掌握柱平法施工图的制图规则。
2. 掌握框架柱纵向钢筋的构造和箍筋构造。
3. 掌握抗震框架柱实操技能。

【能力目标】

1. 具备能够应用制图规则、熟练识读柱平法结构施工图、读懂各标注含义的能力。
2. 具备正确识读并应用框架柱各类钢筋构造图的能力。
3. 具备正确绘制框架柱横截面、立面钢筋排布图的能力。

【课程思政】

钢筋混凝土框架结构框架柱是框架的竖向承重构件,在框架结构中承受梁和板传来的荷载,并将荷载传给基础,对建筑物的安全与正常使用起着不可替代的作用。"卿五山镇地,一柱擎天;气压乾坤,量含宇宙。"作为当代大学生,应该具有建筑工程职业素养及道德情操,立志成为热爱伟大祖国、传承鲁班品质、践行工匠精神、严守职业行业规范的建筑行业高技能人才。

2.1　柱平法施工图的表示方法

柱结构施工图平面整体表示方法是一种常见的施工图标注方法,特别是在框架结构中非常有效且实用。它是将柱的尺寸和配筋,按照平面整体表示方法的制图规则,整体直接表达在柱的结构平面布置图上,再与柱的构造详图配合,构成一套完整的柱结构设计施工图。这种表达可高度降低传统设计中大量同值性重复表达的内容,从而使结构设计方便、表达准确、全面、数值唯一,易随机修正,提高设计效率;使施工看图、记忆和查找方便,表达顺序与施工一致,利于施工检查。具体见《混凝土结构施工图平面整体表示方法制图规则和构造详图(混凝土框架、剪力墙、梁、板)》(22G101-1)。

2.1.1　柱及柱钢筋分类

(1)柱分类及编号,如表 2-1 所示。

表 2-1　柱分类及编号

柱类型	柱编号	序号
框架柱	KZ	××
转换柱	ZHZ	××
芯柱	XZ	××

(2)框架柱的钢筋种类有纵向钢筋和箍筋。

2.1.2 柱平法施工图表示方法

柱平法施工图是在柱平面布置图上采用列表注写方式或截面注写方式进行表达。

(1)列表注写方式,如图2-1所示,是在柱平面布置图上,分别在同一编号的柱中选择一个(有时需要选择几个)截面标注几何参数代号;在柱表中注写柱编号、柱段起止标高、几何尺寸(含柱截面对轴线的偏心情况)与配筋的具体数值,并配以各种柱截面形状及其箍筋类型图的方式,来表达柱平法施工图。

(2)截面注写方式,如图2-2所示,是在柱平面布置图的柱截面上,分别在同一编号的柱中选择一个截面,以直接注写截面尺寸和配筋具体数值的方式,来表达柱平法施工图。

2.1.3 柱平法施工图的识读

2.1.3.1 列表注写方式

在柱平面布置图上,一般只需要采用适当比例绘制一张柱平面布置图,包括框架柱(KZ)、转换柱(ZHZ)、芯柱(XZ),分别在同一编号的柱中选择一个(有时需要选择几个)截面标注几何参数代号。同时,在柱表中注写柱号、柱段起止标高、几何尺寸(含柱截面对轴线的偏心情况)与配筋的具体数值,并配以各种柱截面形状及其箍筋类型,共同来表达柱的平法施工图,如图2-1所示。

柱表中注写的柱矩形截面几何尺寸 b 和 h,统一规定与图面 X 方向平行的柱边为 b 边,与图面 Y 方向平行的柱边为 h 边。

柱表注写内容规定如下:

(1)注写柱号。柱号由类型代号和序号组成,应符合表2-1的规定。

(2)注写各段柱的起止标高。自柱根部往上以变截面位置或截面未变但配筋改变处为界分段注写,分段柱可以注写为起止层数,也可注写为起止标高。

(3)注写柱截面尺寸。矩形柱截面尺寸注写 $b\times h$ 及与轴线关系的几何参数代号 b_1、b_2 和 h_1、h_2的具体数值,须对应于各段柱分别注写。其中,$b=b_1+b_2$,$h=h_1+h_2$。当截面的某一边收缩变化至与轴线重合或偏到轴线的另一侧时,b_1、b_2、h_1、h_2中的某项为0或为负值。

圆柱截面尺寸表中 $b\times h$ 一栏改用在圆柱直径数字前加 D 表示。

(4)注写柱纵向钢筋。当柱纵向钢筋直径相同,各边根数也相同时(包括矩形柱、圆柱和芯柱),将纵向钢筋注写在"全部纵向钢筋"一栏中。否则,柱纵向钢筋分为角筋、b 边中部筋、h 边中部筋三项分别注写。框架柱通常采用对称配筋,所以只注写一侧中部筋,对称边省略不标注。

(5)注写柱箍筋。包括钢筋级别、直径与间距。

①当为抗震设计时,用斜线"/"区分柱端箍筋加密区与柱身非加密区长度范围内箍筋的不同间距。如Φ10@100/250,表示箍筋为HPB300钢筋,直径为10,加密区间距为100,非加密区间距为250。

②当箍筋沿柱全高为一种间距时,不使用"/"线。如Φ10@100,表示箍筋为HPB300钢筋,直径为10,区间距为100,沿柱全高加密。

层号	标高/m	层高/m
屋面2	65.670	
塔层2	62.370	3.30
屋面1(塔层1)	59.070	3.30
16	55.470	3.60
15	51.870	3.60
14	48.270	3.60
13	44.670	3.60
12	41.070	3.60
11	37.470	3.60
10	33.870	3.60
9	30.270	3.60
8	26.670	3.60
7	23.070	3.60
6	19.470	3.60
5	15.870	3.60
4	12.270	3.60
3	8.670	3.60
2	4.470	4.20
1	-0.030	4.50
-1	-4.530	4.50
-2	-9.030	4.50

结构层楼面标高
结构层高

上部结构嵌固部位:
-4.530

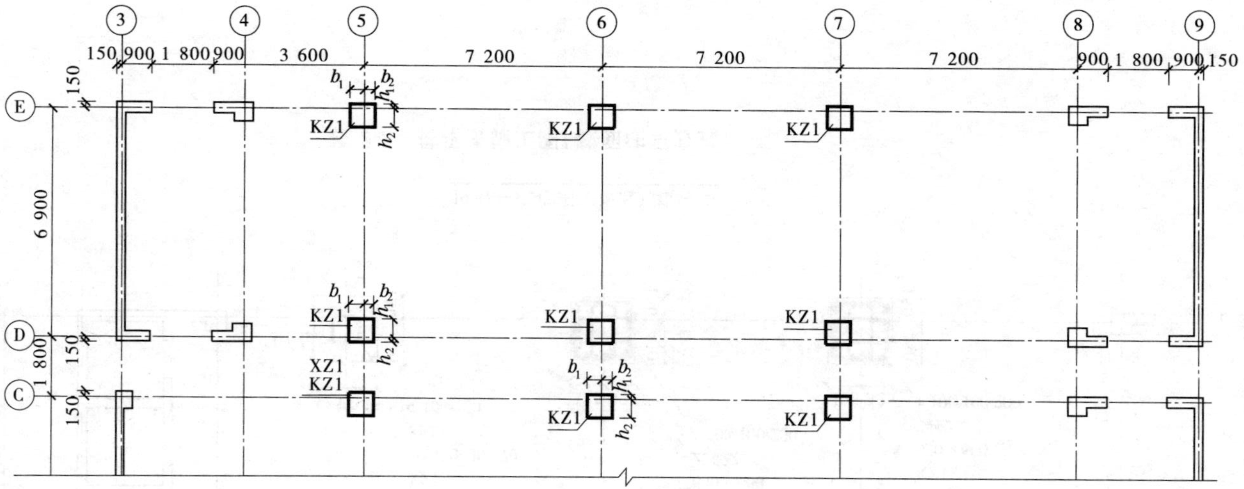

柱表

柱编号	标高	$b\times h$(圆柱直径D)	b_1	b_2	h_1	h_2	全部纵筋	角筋	b边一侧中部筋	h边一侧中部筋	箍筋类型号	箍筋	备注
KZ1	-4.530~-0.030	750×700	375	375	150	550	28⌀25				1(6×6)	Φ10@100/200	
	-0.030~19.470	750×700	375	375	150	550	24⌀25				1(5×4)	Φ10@100/200	
	19.470~37.470	650×600	325	325	150	450		4⌀22	5⌀22	4⌀20	1(4×4)	Φ10@100/200	
	37.470~59.070	550×500	275	275	150	350		4⌀22	5⌀22	4⌀20	1(4×4)	Φ8@100/200	
XZ1	-4.530~8.670						8⌀25				按标准构造详图	Φ10@100	⑤×Ⓒ轴KZ1中设置

注:1.如采用非对称配筋，需在柱表中增加相应栏目分别表示各边的中部筋。
2.箍筋对纵筋至少隔一拉一。
3.类型1、5的箍筋肢数可有多种组合，右图为5×4的组合,其余类型为固定形式,在表中只注类型号即可。
4.地下一层(-1层)、首层(1层)柱端箍筋加密区长度范围及纵筋连接位置均按嵌固部位要求设置。

-4.530~59.070柱平法施工图(局部)

图 2-1 柱平法施工图(列表注写方式)

层号	标高/m	层高/m
屋面2	65.670	
塔层2	62.370	3.30
屋面1(塔层1)	59.070	3.30
16	55.470	3.60
15	51.870	3.60
14	48.270	3.60
13	44.670	3.60
12	41.070	3.60
11	37.470	3.60
10	33.870	3.60
9	30.270	3.60
8	26.670	3.60
7	23.070	3.60
6	19.470	3.60
5	15.870	3.60
4	12.270	3.60
3	8.670	3.60
2	4.470	4.20
1	−0.030	4.50
−1	−4.530	4.50
−2	−9.030	4.50

结构层楼面标高

结构层高

上部结构嵌固部位:

−0.030

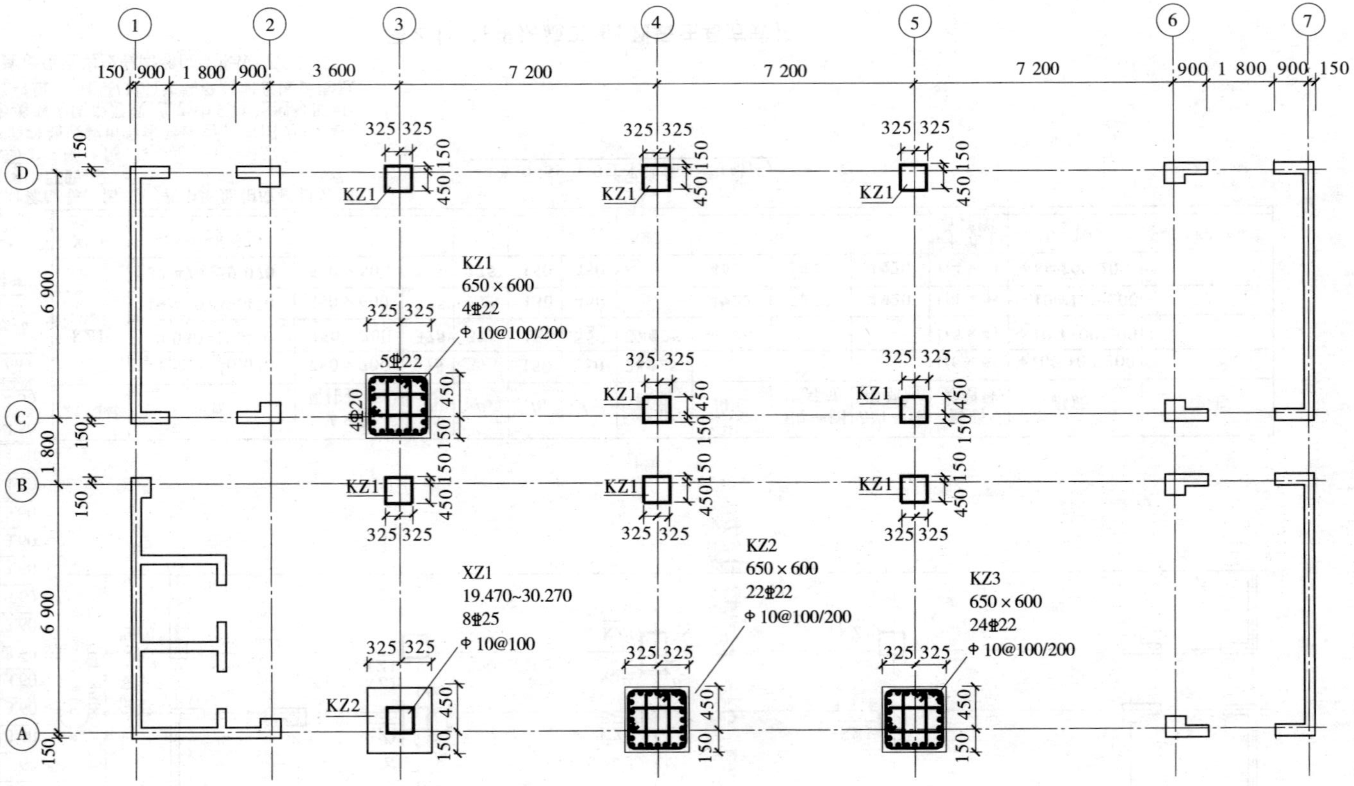

19.470~37.470柱平法施工图(局部)

图 2-2 柱平法施工图(截面注写方式)

③当圆柱采用螺旋箍筋时，需在箍筋前加“L”。

柱平法施工图中应根据具体工程的设计绘制箍筋类型图，并标注与柱表中相应的 b 和 h 及类型号，箍筋类型图一般绘制在柱表的上部或其他合适的位置。当为抗震设计时，确定箍筋肢数要满足“隔一拉一”以及箍筋肢数的要求。

2.1.3.2 截面注写方式

截面注写方式，是在分标准层绘制的柱平面布置图的柱截面上，分别在同一编号的柱中选择一个截面，以直接注写截面尺寸和配筋具体数值的方式来表达柱平法施工图。

如图 2-2 所示的截面法注写柱平法施工图中，分别在很多相同编号的柱中选择一个截面来表达 KZ1、KZ2、KZ3 和 XZ1。以图 2-2 中的 KZ1 为例说明。

(1)柱号：KZ1，由柱类型代号和序号组成。

(2)截面尺寸：650×600。与轴线关系的几何参数代号 b_1、b_2 和 h_1、h_2 的具体数值分别为 325、325 和 150、450。

(3)角筋：配有角筋 4 Φ 22。b 边中部筋：5 Φ 22；h 边中部筋：4 Φ 20。

(4)箍筋：Φ 10@ 100/200。包括钢筋级别、直径与间距。

(5)柱标高段：19.470~37.470。

2.2 抗震框架柱插筋构造

2.2.1 抗震框架柱插筋在基础中的锚固构造

(1) 插筋保护层厚度>$5d$，基础高度满足直锚(h_j-基地保护层-基地双向钢筋直径之和≥l_{aE})，抗震框架柱插筋在基础中的锚固构造见图 2-3(a)。

①抗震框架柱插筋竖直插至基础板底部支承在底板钢筋网片上，然后做 90°弯钩，弯钩长度取 $6d$ 且≥150 mm，即取 max($6d$、150 mm)。

②抗震框架柱基础内插筋为矩形封闭非复合箍筋，间距≤500 mm，且不少于两道，距离基础顶面 100 mm 箍第一道箍筋。

③h_j 表示基础底面至基础顶面的高度，对于带基础梁的基础为基础梁顶面至基础梁底面的高度，当柱两侧基础梁标高不同时取较低标高。

(2)插外侧插筋保护层厚度≤$5d$，基础高度满足直锚(h_j-基地保护层-基地双向钢筋直径之和≥l_{aE})，抗震框架柱插筋在基础中的锚固构造见图 2-3(b)。

①抗震框架柱插筋竖直插至基础板底部支承在底板钢筋网片上，然后做 90°弯钩，弯钩长度取 $6d$ 且≥150 mm，即取 max($6d$、150 mm)。

②抗震框架柱基础内插筋锚固区设横向非复合箍筋，箍筋直径≥$d/4$(d 为插筋最大直径)，间距≤$5d$(d 为插筋最小直径)且≤100 mm。距离基础顶面 100 mm 箍第一道箍筋。

③h_j 表示基础底面至基础顶面的高度，对于带基础梁的基础为基础梁顶面至基础梁底面的高度，当柱两侧基础梁标高不同时取较低标高。

(3)插筋保护层厚度>$5d$；基础高度不满足直锚(h_j-基地保护层-基地双向钢筋直径之和<l_{aE})，抗震框架柱插筋在基础中的锚固构造见图 2-3(c)。

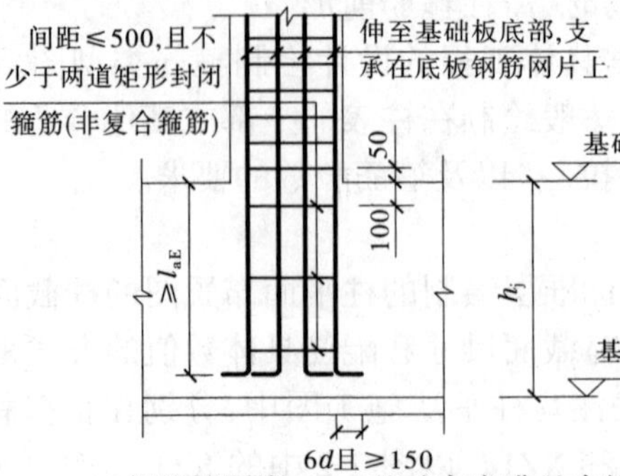

(a)保护层厚度>5d;基础高度满足直锚

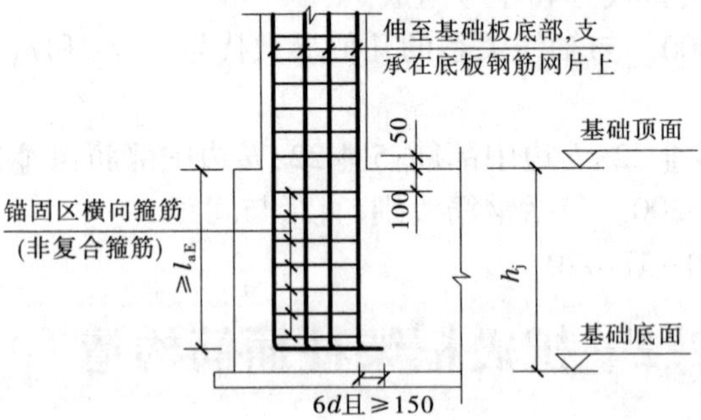

(b)保护层厚度≤5d;基础高度满足直锚

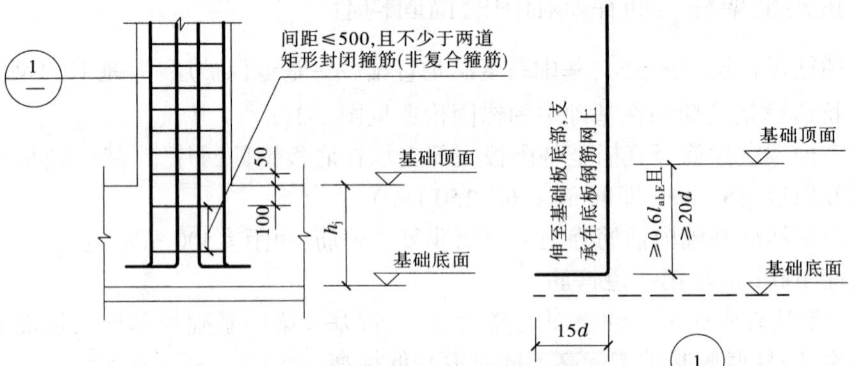

(c)保护层厚度>5d;基础高度不满足直锚

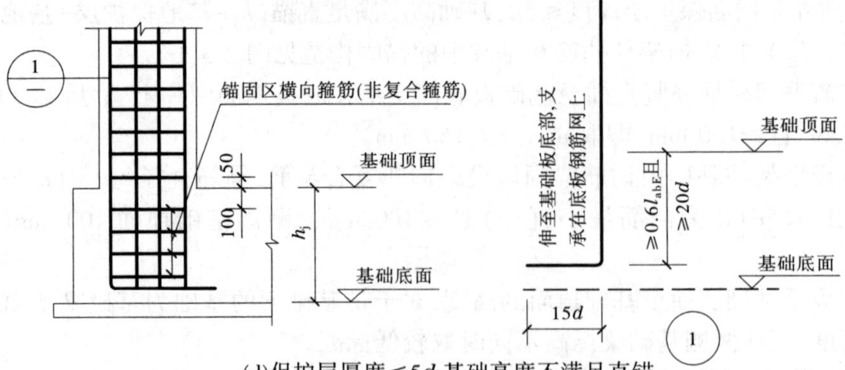

(d)保护层厚度≤5d;基础高度不满足直锚

图 2-3 抗震框架柱插筋在基础中的锚固构造

①抗震框架柱插筋竖直插至基础板底部支承在底板钢筋网片上，然后做 90°弯锚，弯钩段长度取 15d，见构造详图①。

②抗震框架柱在基础中的竖向直锚长度应≥0.6l_{abE} 且≥20d。

③抗震框架柱基础内插筋为矩形封闭非复合箍筋，间距≤500 mm，且不少于两道，距离基础顶面 100 mm 箍第一道箍筋。

④h_j表示基础底面至基础顶面的高度，对于带基础梁的基础为基础梁顶面至基础梁底面的高度，当柱两侧基础梁标高不同时取较低标高。

（4）插筋保护层厚度≤5d；基础高度不满足直锚（h_j-基地保护层-基地双向钢筋直径之和<l_{aE}），抗震框架柱插筋在基础中的锚固构造见图 2-3（d）。

①抗震框架柱插筋竖直插至基础板底部支承在底板钢筋网片上，然后做 90°弯锚，弯钩段长度取 15d，见构造详图①。

②抗震框架柱在基础中的竖向直锚长度应≥0.6l_{abE} 且≥20d。

③抗震框架柱基础内插筋锚固区设横向非复合箍筋，箍筋直径≥d/4（d 为插筋最大直径），间距≤5d（d 为插筋最小直径）且≤100 mm。距离基础顶面 100 mm 箍第一道箍筋。

④h_j 表示基础底面至基础顶面的高度，对于带基础梁的基础为基础梁顶面至基础梁底面的高度，当柱两侧基础梁标高不同时取较低标高。

2.2.2　抗震框架梁上柱钢筋构造

抗震框架梁上柱 KZ，是指一般抗震框架梁上的少量起柱（如承托层间梯梁的柱），其构造不适用于结构转换层上的转换大梁起柱。

（1）梁上柱插筋应深至框架梁底部配筋位置，直锚深度应≥0.6l_{abE} 且≥20d，然后插筋端部做 90°弯钩，弯钩段长度取 15d，如图 2-4 所示。

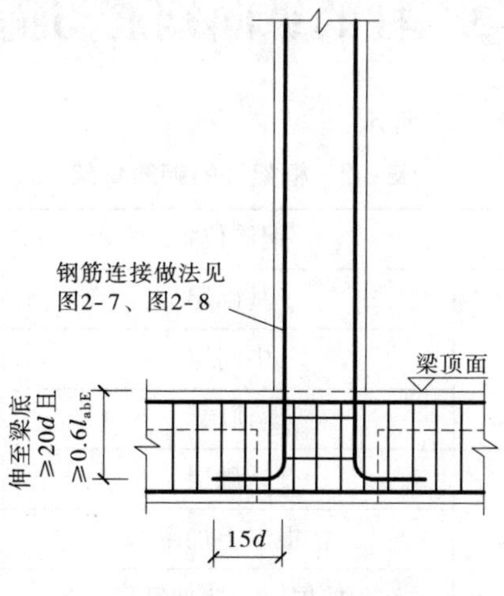

图 2-4　梁上柱 KZ 纵向钢筋构造

（2）钢筋连接做法同抗震框架柱纵向钢筋连接构造。

(3)抗震框架梁宽度应尽可能设计成梁宽度大于柱宽度,当梁宽度小于柱宽时,梁应设水平加腋。

(4)梁上起柱时,在梁内设两道柱箍筋。

2.2.3 抗震剪力墙上起柱钢筋构造

(1)抗震剪力墙上起柱有两种做法(见图2-5):

①柱与剪力墙重叠一层。

②柱插筋锚固于墙顶,插至墙顶面以下$1.2l_{aE}$,然后水平弯折90°,弯折长度150 mm。

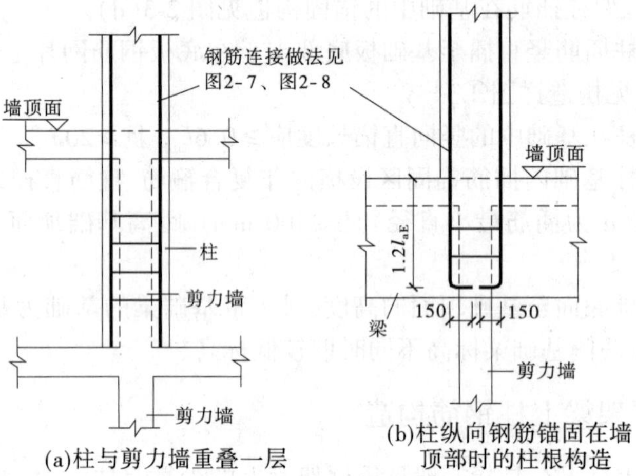

图2-5 剪力墙上柱KZ纵向钢筋构造

(2)钢筋连接做法同抗震框架柱纵向钢筋连接构造。

(3)墙顶面标高以下锚固范围内的柱箍筋按上柱非加密区箍筋要求设置。

2.3 柱的纵向钢筋与箍筋

框架柱的钢筋骨架如表2-2所示。

表2-2 框架柱的钢筋骨架

钢筋种类	钢筋位置	钢筋详称
纵向钢筋	基础层	柱插筋
	中间层	柱身纵向钢筋
	顶层	柱顶层纵向钢筋
箍筋	基础层	插筋范围箍筋
	柱根以上加密区	加密区箍筋
	柱根以上非加密区	非加密区箍筋

纵向钢筋和箍筋在框架柱中的布置情况见图2-6。

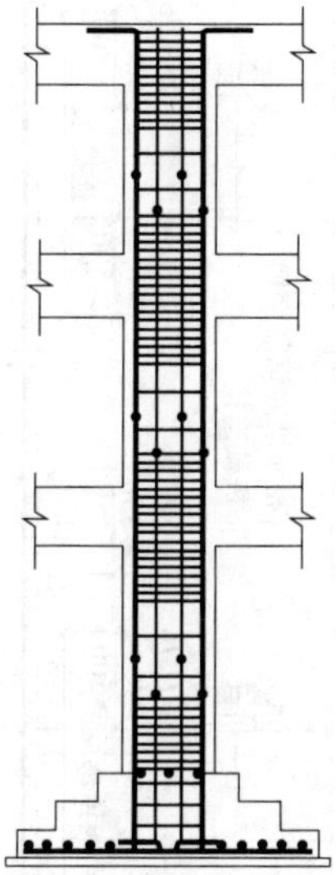

序号	施工顺序
14	浇筑混凝土
13	顶层柱箍筋
12	顶层柱纵向钢筋
11	浇筑混凝土
10	标准层柱箍筋
9	标准层柱纵向钢筋
8	浇筑混凝土
7	第一层柱箍筋
6	第一层柱纵向钢筋
5	浇筑混凝土
4	基内箍筋
3	柱插筋
2	基板钢筋
1	基础垫层

图 2-6　纵向钢筋和箍筋在框架柱中的布置

2.3.1　抗震框架柱纵向钢筋连接构造

h_c 表示柱截面长边尺寸(圆柱为截面直径)，H_n 表示框架柱所在楼层的柱净高，抗震框架柱纵向钢筋连接构造如图 2-7 和图 2-8 所示。

(1)地上一层柱下端(嵌固部位)非连接区高度：$\geq H_n/3$；其他部位柱上端和下端的非连接区高度：$\geq H_n/6$、$\geq h_c$、≥ 500 mm，即 $\geq \max(H_n/6、h_c、500\ \text{mm})$；纵向钢筋可以在非连接区之外的任何位置进行连接。

(2)钢筋连接的方式有绑扎搭接、焊接和机械连接。柱纵向相邻钢筋连接接头相互错开，在同一截面内钢筋接头面积百分率不宜大于 50%。

①绑扎搭接时，搭接长度为 l_{lE}(按较小钢筋直径计算)，相邻纵向钢筋连接点应错开 $0.3l_{lE}$。当受拉钢筋直径>25 mm 及受压钢筋直径>28 mm 时不宜采用绑扎搭接。

②当采用机械连接时，相邻纵向钢筋连接点应错开 $35d$(d 为较大纵向钢筋的直径)。

③当采用焊接时，相邻纵向钢筋连接点应错开 $35d$、500 mm，即 $\max(35d、500\ \text{mm})$。

(3)柱纵向钢筋发生变化时的连接构造见图 2-9。

①柱上、下层纵向钢筋直径相同，但上层纵向钢筋根数增加的连接构造：

上柱比下柱多出的纵向钢筋应从该楼层梁顶标高处向下柱锚入 $1.2l_{aE}$，如图 2-9“图 1”所示。

②柱上、下层纵向钢筋根数相同，但上层纵向钢筋直径大于下层纵向钢筋直径的连接构造：

上层柱纵向钢筋应当向下深入到下层柱上端非连接区之外区域进行连接，如图 2-9“图 2”所示。

③柱上、下层纵向钢筋直径相同，但下层纵向钢筋根数增加的连接构造：

下柱比上柱多出的纵向钢筋应从该楼层梁底标高处向上柱锚入 $1.2l_{aE}$，如图 2-9

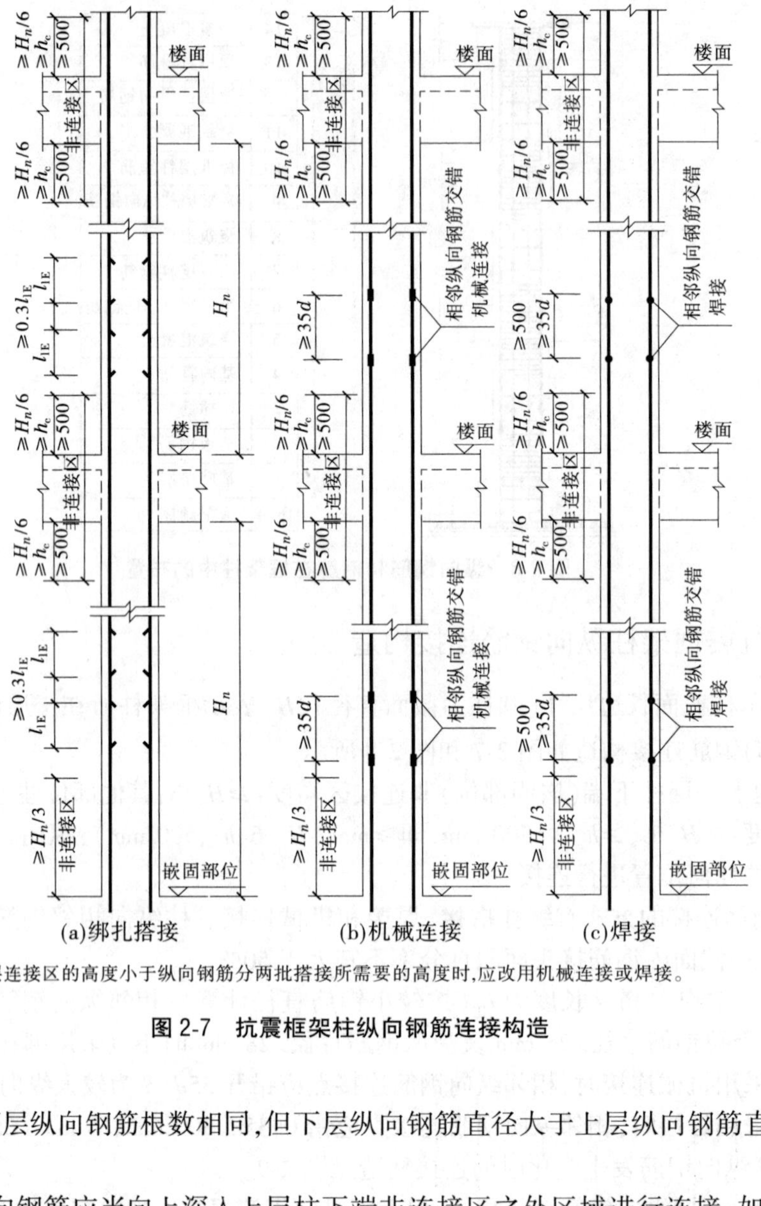

注:当某层连接区的高度小于纵向钢筋分两批搭接所需要的高度时,应改用机械连接或焊接。

图 2-7 抗震框架柱纵向钢筋连接构造

"图 3"所示。

④柱上、下层纵向钢筋根数相同,但下层纵向钢筋直径大于上层纵向钢筋直径的连接构造:

下层柱纵向钢筋应当向上深入上层柱下端非连接区之外区域进行连接,如图 2-9"图 4"所示。

2.3.2 抗震柱(KZ)箍筋构造

箍筋加密区范围布置在柱梁节点附近的区域,同时该区域也是柱纵向钢筋的非连接区。除非连接区外,柱的其他部位为可连接区,也是箍筋的非加密区。

1. 抗震柱箍筋加密区范围

抗震柱(KZ)箍筋加密区范围如图 2-10 所示。

(1)底层柱下端(嵌固部位)箍筋加密区范围:$\geq H_n/3$。与柱纵向钢筋非连接区范围

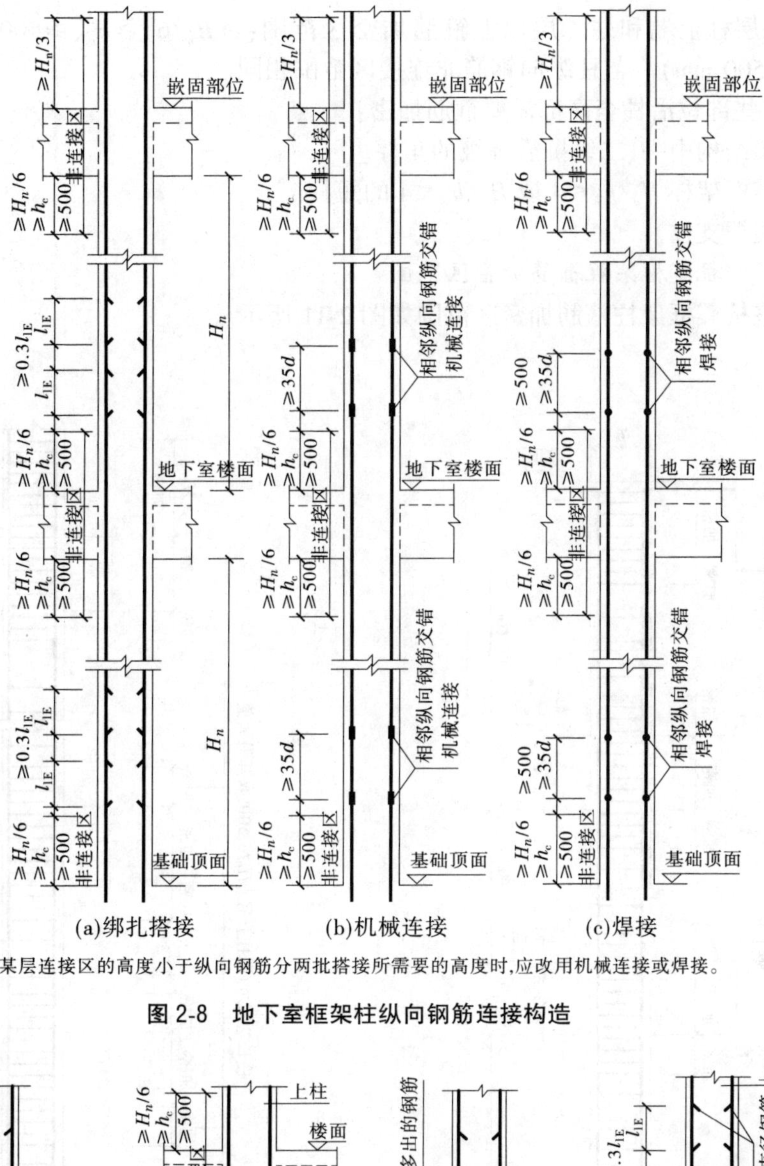

(a)绑扎搭接　　(b)机械连接　　(c)焊接

注：当某层连接区的高度小于纵向钢筋分两批搭接所需要的高度时，应改用机械连接或焊接。

图 2-8　地下室框架柱纵向钢筋连接构造

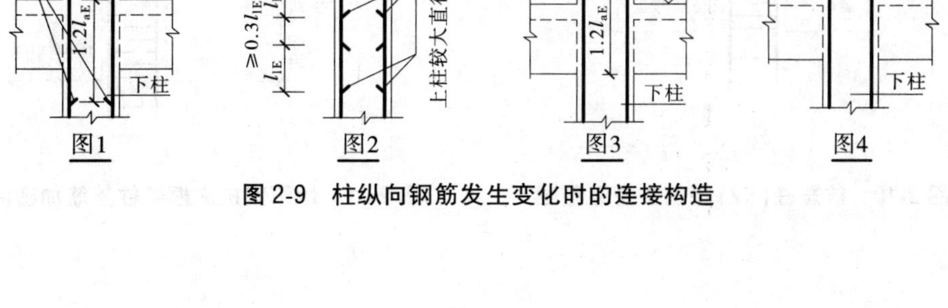

图1　　图2　　图3　　图4

图 2-9　柱纵向钢筋发生变化时的连接构造

相同。

(2)底层柱上端和柱二层以上箍筋加密区范围：≥$H_n/6$、≥h_c、≥500 mm，即≥max($H_n/6$、h_c、500 mm)。与柱纵向钢筋非连接区范围相同。

(3)有些部位沿柱全高都需要箍筋加密：

①框架结构中一、二级抗震等级的角柱。

②抗震框架柱 $H_n/h_0 \leqslant 4$ 或 $H_n/h_c \leqslant 4$ 的短柱。

③抗震框支柱。

2. 地下室抗震框架柱箍筋加密区范围

地下室抗震框架柱箍筋加密区范围如图 2-11 所示。

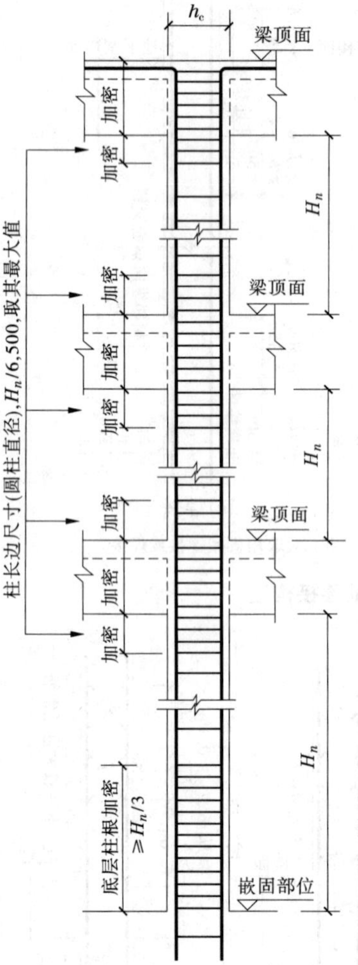

图 2-10　抗震柱(KZ)箍筋加密区范围

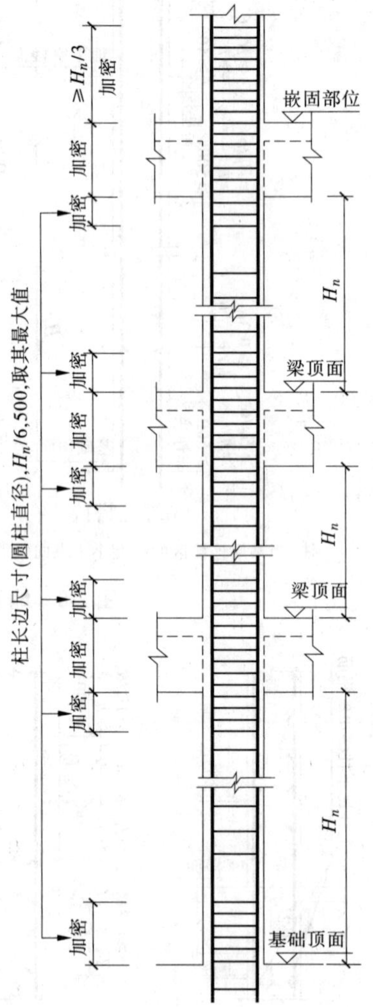

图 2-11　地下室抗震框架柱箍筋加密区范围

(1)地上一层柱下端(嵌固部位)箍筋加密区范围:≥H_n/3,与柱纵向钢筋非连接区范围相同。

(2)地上一层柱上端和柱二层以上箍筋加密区范围:≥H_n/6、≥h_c、≥500 mm,即≥max(H_n/6、h_c、500 mm),与柱纵向钢筋非连接区范围相同。

(3)地下室从基础顶面至嵌固部位柱箍筋加密区。≥H_n/6、≥h_c、≥500 mm,即≥max(H_n/6、h_c、500 mm),与柱纵向钢筋非连接区范围相同。

①该柱段下端箍筋加密区范围:≥H_n/6、≥h_c、≥500 mm,即≥max(H_n/6、h_c、500 mm),与柱纵向钢筋非连接区范围相同。

②该柱段上端箍筋加密区范围:≥H_n/6、≥h_c、≥500 mm,即≥max(H_n/6、h_c、500 mm),与柱纵向钢筋非连接区范围相同。

3. 箍筋的复合形式

框架柱的箍筋按不同的组合可分为以下类型,如图 2-12 所示。

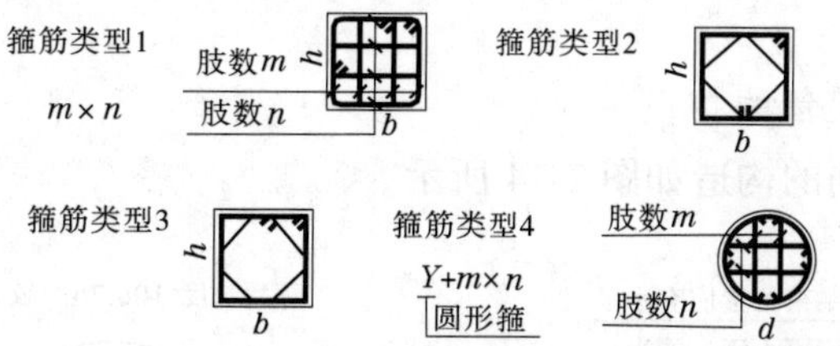

图 2-12　框架柱箍筋的类型

1)矩形箍筋复合形式

根据构造要求,当柱截面短边尺寸大于 400 mm 且各边纵向钢筋根数多于 3 根或当柱截面短边尺寸小于 400 mm 且各边纵向钢筋根数多于 4 根时,应设置复合箍筋。

矩形截面的柱箍筋常见为类型 1,用 $m \times n$ 表示两向箍筋肢数的多种不同组合,其中 m 为 b 边宽度上的肢数,n 为 h 边宽度上的肢数,如图 2-12 所示。

例如图 2-1 柱表中箍筋类型号:1(5×4)表示矩形截面箍筋为类型 1,b 边宽度上的肢数为 5,h 边宽度上的肢数为 4。

2)矩形箍筋的构造

矩形箍筋的构造如图 2-13 所示。

(1)沿复合箍周边,箍筋局部重叠不宜多于两层。以复合箍筋最外围的封闭箍筋为基准,柱内的其他横向箍筋紧挨其设置在下(或上),柱内的其他纵向箍筋紧挨其设置在上(或下)。

(2)抗震柱箍筋的弯钩角度为 135°,箍筋弯钩平直长度为 10d(d 为箍筋直径)与 75 mm 中的较大值,即 max(10d、75 mm)。

(3)柱内复合箍也可采用拉筋,拉筋的弯钩角度为 135°,箍筋弯钩平直长度为 10d(d 为箍筋直径)与 75 mm 中的较大值,即 max(10d、75 mm)。

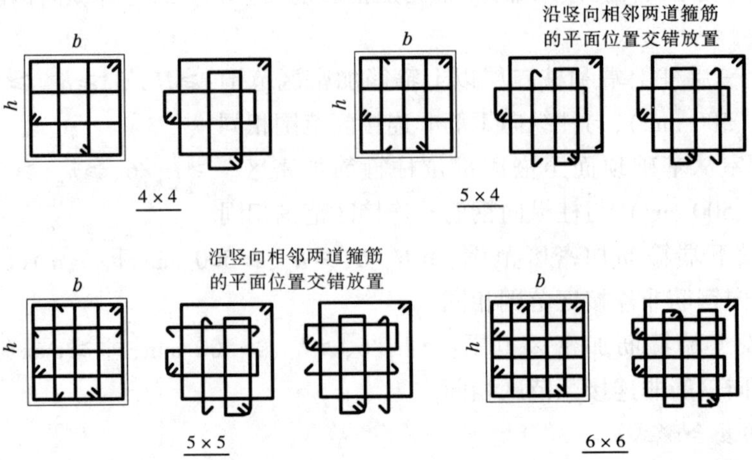

图 2-13 矩形箍筋复合形式

3) 抗震圆柱螺旋箍筋的构造

抗震圆柱螺旋箍筋的构造如图 2-14 所示。

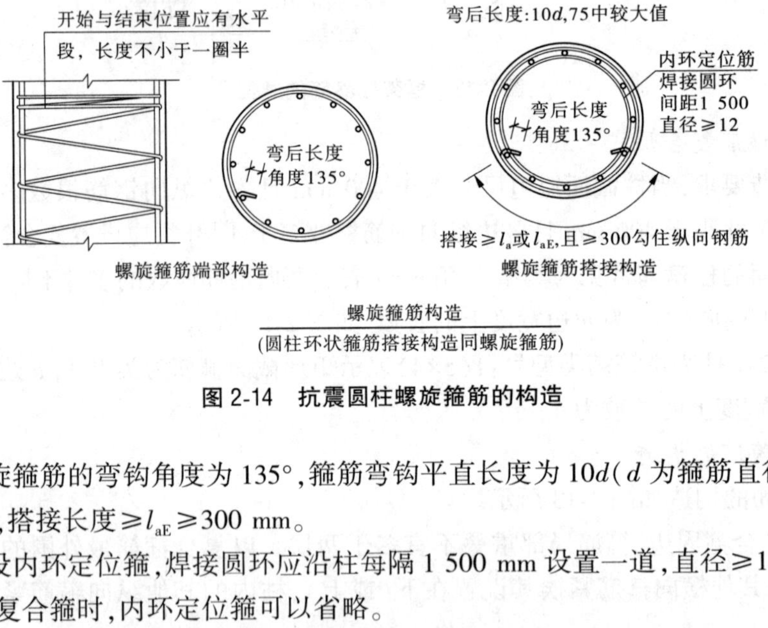

图 2-14 抗震圆柱螺旋箍筋的构造

(1)螺旋箍筋的弯钩角度为 135°,箍筋弯钩平直长度为 10d(d 为箍筋直径)与 75 mm 中的较大值,搭接长度≥l_{aE}≥300 mm。

(2)如设内环定位箍,焊接圆环应沿柱每隔 1 500 mm 设置一道,直径≥12 mm。当采用螺旋箍筋复合箍时,内环定位箍可以省略。

2.4 抗震框架柱节点构造

2.4.1 抗震框架柱楼层变截面处节点构造

抗震框架柱楼层变截面通常上柱截面比下柱截面向内缩进,即上柱截面变小。

2.4.1.1　抗震框架柱楼层变截面纵向钢筋非直通构造

1. 上柱截面双侧缩进

上柱截面双侧缩进时变截面纵向钢筋非直通构造如图 2-15 所示。

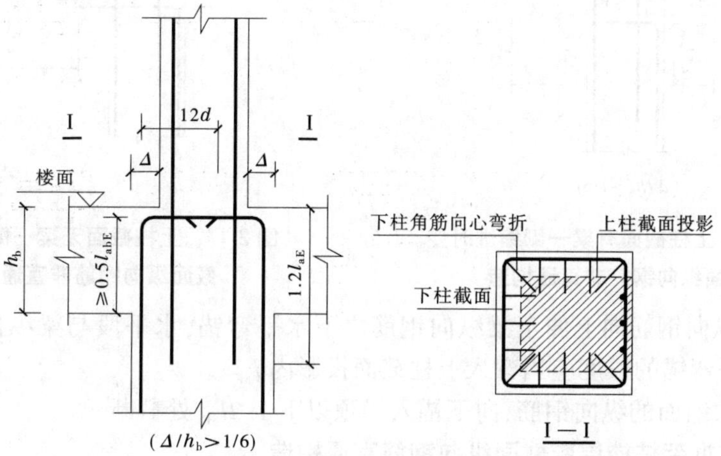

图 2-15　上柱截面双侧缩进时变截面纵向钢筋非直通构造

(1)当 $\Delta/h_b>1/6$ 时,采用柱纵向钢筋非直通构造。Δ 为上柱截面缩进尺寸,h_b 为框架梁截面高度。

(2)下柱纵向钢筋向上伸至梁底以上 $\geq 0.5l_{abE}$ 处进行弯锚,水平弯锚长度取 $12d$。

(3)上柱收缩面的纵向钢筋,向下锚入梁顶以下 $1.2l_{aE}$ 处截断。

(4)抗震框架柱变截面时,下柱非直通纵向钢筋弯锚于节点内,注意柱角筋弯钩方向朝向截面中心。

2. 上柱截面单侧缩进

1)有梁一侧截面缩进

上柱截面有梁一侧缩进时,变截面纵向钢筋非直通构造如图 2-16 所示。

(1)当 $\Delta/h_b>1/6$ 时,采用柱纵向钢筋非直通构造。Δ 为上柱截面缩进尺寸,h_b 为框架梁截面高度。

(2)缩进的一侧下柱纵向钢筋向上伸至梁底以上 $\geq 0.5l_{abE}$ 处进行弯锚,水平弯锚长度取 $12d$。

(3)上柱收缩面的纵向钢筋,向下锚入梁顶以下 $1.2l_{aE}$ 处截断。

(4)抗震框架柱变截面时,下柱非直通纵向钢筋弯锚于节点内,注意柱角筋弯钩方向朝向截面中心。

(5)没有缩进的一侧纵向钢筋上下柱贯通。

2)无梁一侧(外侧)截面缩进

上柱截面无梁一侧缩进时,变截面纵向钢筋非直通构造如图 2-17 所示。

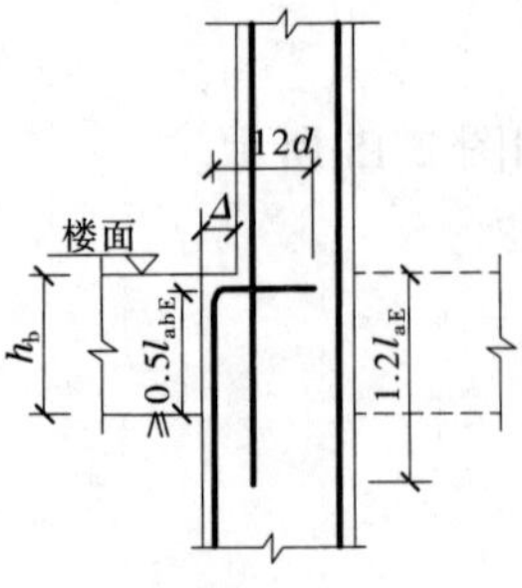

($\Delta/h_b>1/6$)

图 2-16　上柱截面有梁一侧缩进时变截面纵向钢筋非直通构造

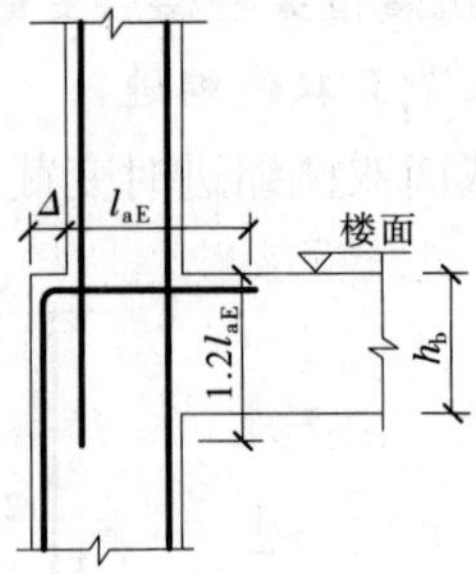

图 2-17　上柱截面无梁一侧缩进时变截面纵向钢筋非直通构造

(1)下柱纵向钢筋向上伸至梁纵向钢筋之下水平弯锚,水平段与梁纵向钢筋的净距为 25 mm,水平弯锚的长度应当弯入上柱截面投影内 l_{aE}。

(2)上柱收缩面的纵向钢筋,向下锚入梁顶以下 $1.2l_{aE}$ 处截断。

2.4.1.2　抗震框架柱楼层变截面纵向钢筋直通构造

1. 上柱截面双侧缩进

上柱截面双侧缩进时,变截面纵向钢筋直通构造如图 2-18 所示。

(1)当 $\Delta/h_b\leqslant1/6$ 时,采用柱纵向钢筋直通构造。Δ 为上柱截面缩进尺寸,h_b 为框架梁截面高度。此时,下柱纵向钢筋略向内斜弯后再向上直通。

(2)节点内箍筋应按加密区箍筋设计,顺斜弯度紧扣纵向钢筋设置。

2. 上柱截面单侧缩进

上柱截面单侧缩进时,变截面纵向钢筋直通构造如图 2-19 所示。

(1)当 $\Delta/h_b\leqslant1/6$ 时,采用柱纵向钢筋直通构造。Δ 为上柱截面缩进尺寸,h_b 为框架梁截面高度。此时,缩进的一侧下柱纵向钢筋略向内斜弯后再向上直通。

(2)没有缩进的一侧纵向钢筋直通入上柱。

(3)节点内箍筋应按加密区箍筋设计,顺斜弯度紧扣纵向钢筋设置。

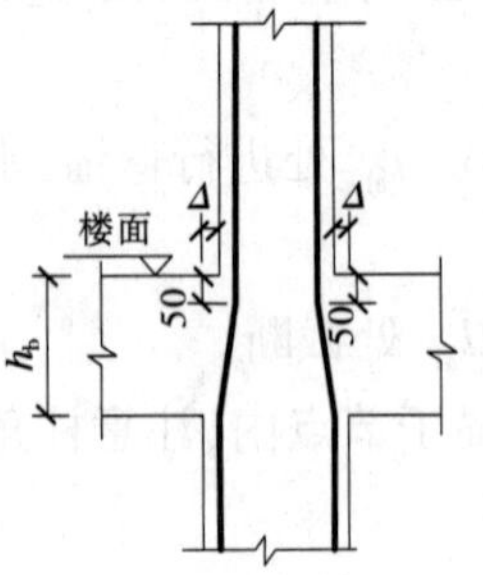

($\Delta/h_b\leqslant1/6$)

图 2-18　上柱截面双侧缩进时变截面纵向钢筋直通构造

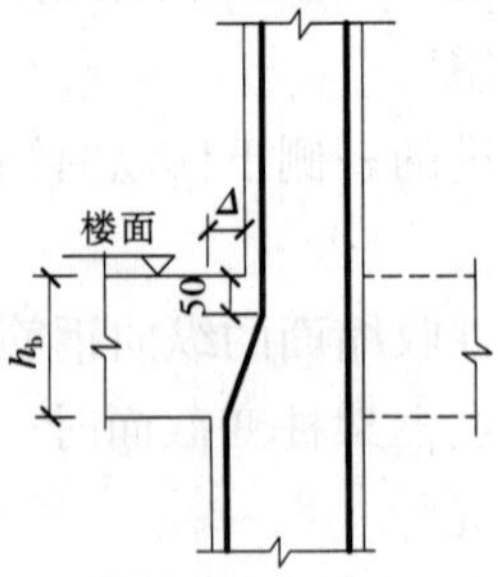

($\Delta/h_b\leqslant1/6$)

图 2-19　上柱截面单侧缩进时变截面纵向钢筋直通构造

2.4.2　抗震框架柱柱顶节点构造

抗震框架柱柱顶节点构造中关于角柱和边柱要与图纸上的定义区分。

2.4.2.1　抗震框架柱边柱和角柱柱顶纵向钢筋节点构造

22G101-1 图集第 70、71 页中抗震框架柱边柱和角柱柱顶纵向钢筋构造是指柱一侧无梁的情况。建筑平面施工图图纸中的角柱 b 边和 h 边两个方向均有一侧无梁，边柱其中一个方向一侧无梁，因此两种情况属于柱顶一侧无梁的构造。

1. 抗震框架柱边柱和角柱柱顶纵向钢筋节点构造①

如图 2-20 所示，“柱筋作为梁上部钢筋使用”构造要点如下：

(1) 柱外侧纵向钢筋直接弯入梁内做梁上部纵向钢筋，此时柱外侧纵向钢筋直径不小于梁上部纵向钢筋。

(2) 在柱宽范围的柱箍筋内侧设置角部附加纵向钢筋，间距不大于 150 mm，但不少于 3 Φ 10。

(3) 柱内侧纵向钢筋同中柱柱顶纵向钢筋构造，此时柱内侧纵向钢筋向上伸至梁纵向钢筋之下弯锚，弯锚平直段与梁纵向钢筋净距≥25 mm。

(4) 柱顶箍筋按复合箍加密至柱顶，最高处的复合箍筋外框封闭箍筋应比下方一道的外框封闭箍筋稍紧。

2. 抗震框架柱边柱和角柱柱顶纵向钢筋节点构造②

(1) 柱外侧纵向钢筋向上伸至梁上部纵向钢筋之下进行弯锚（柱纵向钢筋弯锚后的水平延伸段与梁上部纵向钢筋的净距≥25 mm），自梁底算起弯折搭接长度≥$1.5l_{abE}$；此时梁上部纵向钢筋伸至柱外侧纵向钢筋内侧，进行弯锚至梁底位置≥$15d$，如图 2-20 所示。

(2) 在柱宽范围的柱箍筋内侧设置角部附加钢筋，间距不大于 150 mm，但不少于 3 Φ 10。

(3) 柱外侧纵向钢筋配筋率>1.2%时，柱外侧纵向钢筋伸至梁内弯锚的纵向钢筋应当分两批截断，相邻纵向钢筋的截断点应相互错开，延伸错开距离≥$20d$。

边柱外侧纵向钢筋配筋率为边柱外侧纵向钢筋（包括两根角筋）的截面面积与柱总截面面积的比值，即

$$\rho = A_s/bh \tag{2-1}$$

式中　ρ——边柱外侧纵向钢筋配筋率；

A_s——边柱外侧纵向钢筋（包括两根角筋）的截面面积；

b、h——柱截面尺寸。

(4) 柱内侧纵向钢筋同中柱柱顶纵向钢筋构造，此时柱内侧纵向钢筋向上伸至梁纵向钢筋之下弯锚，弯锚平直段与梁纵向钢筋净距≥25 mm。

(5) 柱顶箍筋按复合箍加密至柱顶，最高处的复合箍筋外框封闭箍筋应比下方一道的外框封闭箍筋稍紧。

3. 抗震框架柱边柱和角柱柱顶纵向钢筋节点构造③

抗震框架柱边柱和角柱柱顶纵向钢筋构造③与抗震框架柱边柱和角柱柱顶纵向钢筋

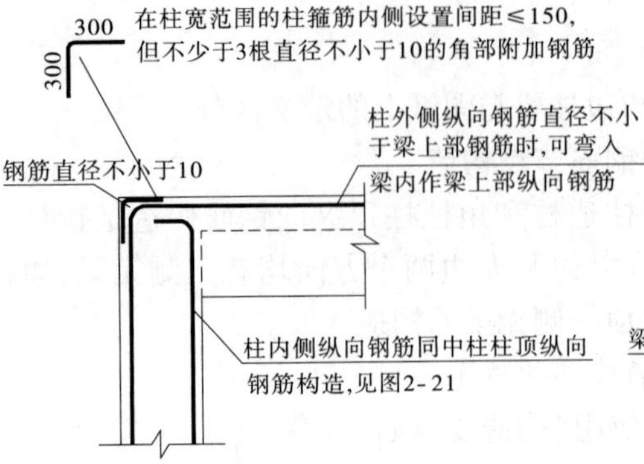

①

柱筋作为梁上部钢筋使用

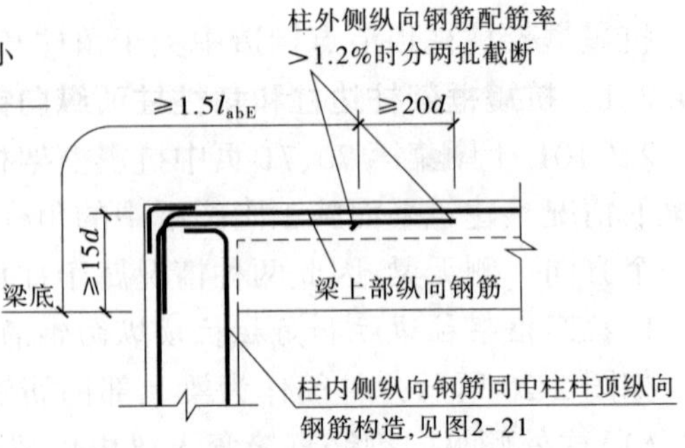

②

从梁底算起1.5l_{abE}超过柱内侧边缘

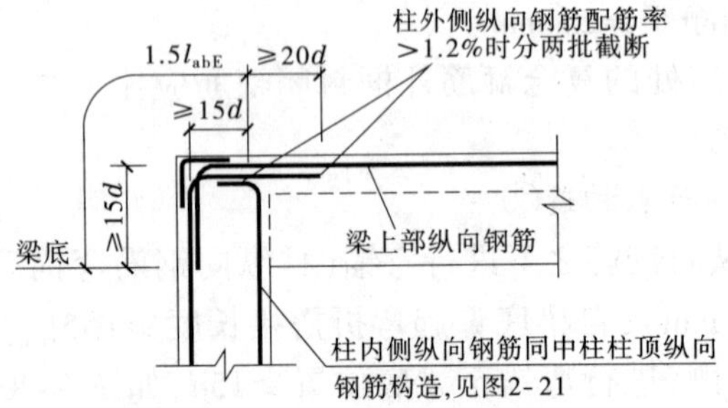

③

从梁底算起1.5l_{abE}未超过柱内侧边缘

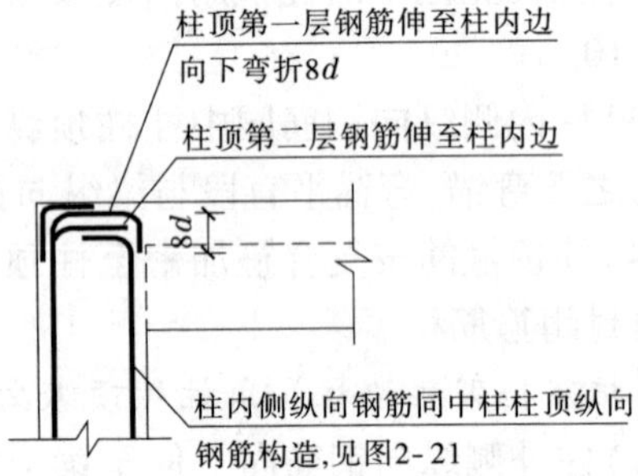

(用于①、②或③节点未伸入梁内的柱外侧钢筋锚固)

④

当现浇板厚度不小于100时，也可按②节点方式伸入板内锚固，且伸入板内长度不宜小于15d

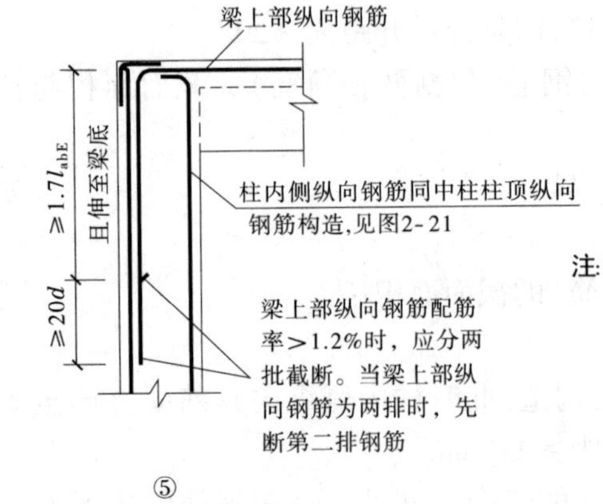

⑤

梁、柱纵向钢筋搭接接头沿节点外侧直线布置

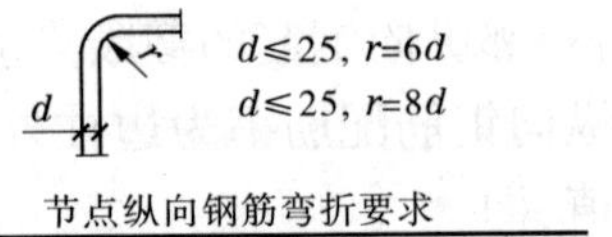

节点纵向钢筋弯折要求

用于柱外侧纵向钢筋及梁上部纵向钢筋

注:1.节点①、②、③、④应配合使用，节点④不应单独使用(仅用于未伸入梁内的柱外侧纵向钢筋锚固)，伸入梁内的柱外侧纵向钢筋不宜少于柱外侧全部纵向钢筋面积的65%。可选择②+④或③+④或①+②+④或①+③+④的做法。

2.节点⑤用于梁、柱纵向钢筋接头沿节点柱顶外侧直线布置的情况，可与节点①组合使用。

图 2-20　抗震框架柱边柱和角柱柱顶纵向钢筋节点构造

构造②的构造要点基本一致，区别在于柱外侧纵向钢筋向上伸至梁上部纵向钢筋之下进行弯锚自梁底算起弯折搭接长度 $1.5l_{abE}$ 是否超过柱内侧边缘，同时应当满足水平段长度≥15d。

4. 抗震框架柱边柱和角柱柱顶纵向钢筋节点构造④

(1)当柱外侧纵向钢筋无法延伸入梁或板内时，柱顶第一层钢筋伸至柱内边向下弯折 8d，柱顶第二层钢筋伸至柱内边截断。柱顶弯锚的第一层钢筋与第二层钢筋之间的净距≥25 mm。

(2)在柱宽范围的柱箍筋内侧设置角部附加钢筋，间距不大于 150 mm，但不少于 3 Φ 10。

(3)柱外侧纵向钢筋配筋率>1.2%时，柱外侧纵向钢筋伸至梁内弯锚的纵向钢筋应当分两批截断，相邻纵向钢筋的截断点应相互错开，延伸错开距离≥20d。

(4)当现浇板厚度不小于 100 mm 时，也可以按照②节点方式伸入板内锚固，且伸入板内长度应≥15d。

(5)柱顶箍筋按复合箍加密至柱顶，最高处的复合箍筋外框封闭箍筋应比下方一道的外框封闭箍筋稍紧。

5. 抗震框架柱边柱和角柱柱顶纵向钢筋节点构造⑤

(1)柱外侧纵向钢筋向上伸至柱顶混凝土保护层厚度位置即可。

(2)在柱宽范围的柱箍筋内侧设置角部附加钢筋，间距不大于 150 mm，但不少于 3 Φ 10。

(3)梁上部纵向钢筋伸至柱外侧纵向钢筋内侧向下竖直弯锚，竖直端与柱外侧纵向钢筋搭接总长度≥$1.7l_{abE}$(梁上部纵向钢筋弯锚后的竖直段与柱外侧纵向钢筋的净距≥25 mm)。

(4)梁上部纵向钢筋配筋率>1.2%时，梁上部纵向钢筋伸至柱外侧纵向钢筋内侧向下弯锚的纵向钢筋应当分两批截断，截断点相互错开，延伸错开距离≥20d。

梁外侧纵向钢筋配筋率的计算：梁外侧(上部)纵向钢筋配筋率等于梁上部纵向钢筋(如有两排钢筋，两排都要考虑)的截面面积与梁有效截面面积的比值，即

$$\rho = A_s / bh_0 \tag{2-2}$$

式中 ρ——梁上部纵向钢筋配筋率；

A_s——梁上部纵向钢筋伸至柱外侧纵向钢筋内侧向下弯锚的纵向钢筋截面面积；

b——梁宽；

h_0——梁有效高度，配一排纵向钢筋时为梁高减 35 mm，配两排纵向钢筋时为梁高减 60 mm。

2.4.2.2 抗震框架柱中柱柱顶纵向钢筋节点构造

22G101-1 图集第 72 页中抗震框架柱中柱柱顶纵向钢筋构造是指柱两侧有梁的情况。建筑平面施工图图纸中的中柱 b 边和 h 边两个方向两侧都有梁，边柱其中一个方向两侧有梁，因此两种情况属于柱顶两侧有梁的构造，其纵向钢筋构造应遵循 22G101-1 图集第 72 页中“抗震框架柱中柱柱顶纵向钢筋构造”，如图 2-21 所示。

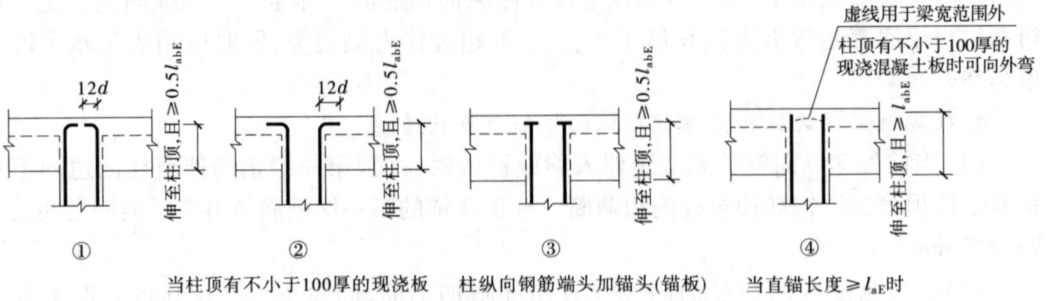

图 2-21 抗震框架柱中柱柱顶纵向钢筋节点构造

(1)当柱纵向钢筋从梁底伸至柱顶混凝土保护层厚度位置,即直锚长度≥l_{aE} 时,柱顶钢筋采用直锚。不能直锚时再采用弯锚,所以中柱柱顶处纵向钢筋的锚固形式应当首先进行校核确定,见图 2-21④。

(2)当柱纵向钢筋从梁底伸至柱顶混凝土保护层厚度位置,即柱纵向钢筋向上允许直通高度<l_{aE} 时,柱顶钢筋采用弯锚。此时,柱纵向钢筋伸至梁纵向钢筋之下(与梁纵向钢筋的间距≥25 mm),且≥0.5l_{abE} 处朝向柱截面内弯锚,弯锚长度取 12d,见图 2-21①。当柱顶有不小于 100 mm 厚的现浇板时,可朝向柱截面外弯锚,弯锚长度仍取 12d,见图 2-21②。

(3)当柱纵向钢筋从梁底伸至柱顶混凝土保护层厚度位置时,可在柱纵向钢筋端头加锚头或锚板,见图 2-21③。

(4)与该框架梁相交的另一向框架梁的上部纵向钢筋,在柱纵向钢筋顶部弯锚与梁纵向钢筋之间的净距穿过。两向框架梁的上部纵向钢筋分别走顶部第一层和第二层,并交叉接触,在每一交叉点均应进行绑扎。

2.5 抗震框架柱实训

某房屋建筑框架柱平法施工图如图 2-22 所示。其结构形式为钢筋混凝土框架结构,地上二层,层高 3.9 m,主要功能为办公和就餐。框架抗震等级为三级。所有混凝土构件混凝土强度等级 C30。环境类别为一类。框架柱纵向钢筋的连接方式采用焊接。现浇楼板厚度为 100 mm。基础高 800 mm,基底设厚 100 mmC15 混凝土垫层,基础底板配筋 X:ⴔ 12@ 125;Y:ⴔ 12@ 125。

KZ1 工程概况见表 2-3。

2.5.1 实训要求

(1)正确识读框架柱平法施工图,并绘制③和Ⓓ两定位轴线相交处 KZ1 的横截面图。

(2)要求绘制 KZ1 的钢筋排布图,并且计算各类纵向钢筋的长度和箍筋的数量。

2.5.2 案例分析

通过识读框架柱的平法施工图,绘制 KZ1 截面图,如图 2-23 所示。

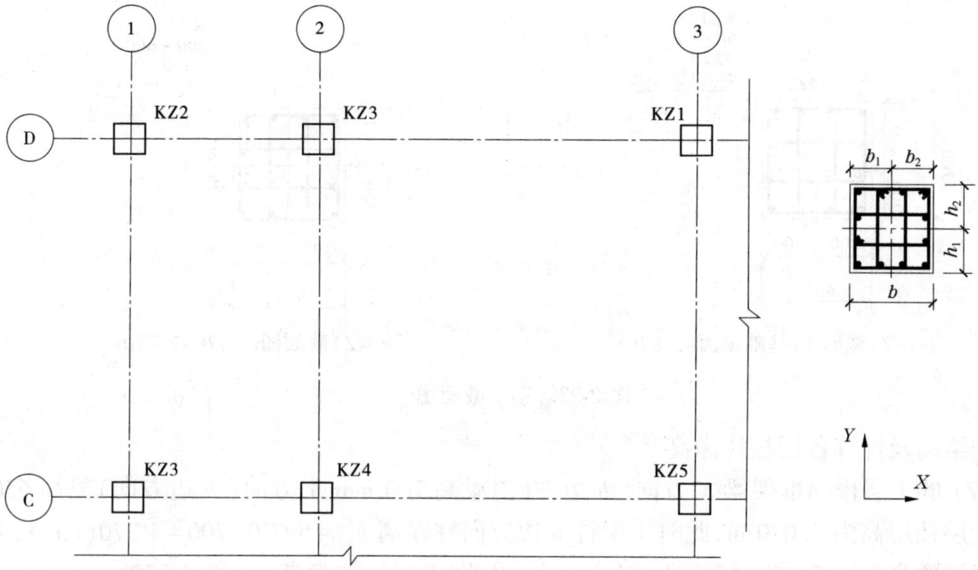

柱号	标高/m	$b \times h$/(mm × mm)	b_1/mm	b_2/mm	h_1/mm	h_2/mm	全部纵向钢筋	角筋	b边一侧中部筋	h边一侧中部筋	箍筋类型号	箍筋
KZ1	基础顶面~3.870	600 × 700	300	300	300	400		4Φ25	2Φ22	2Φ22	1(4 × 4)	Φ8@100/200
	3.870~7.770	600 × 600	300	300	300	300		4Φ20	2Φ18	2Φ18	1(4 × 4)	Φ8@100/200

图 2-22 框架柱平法施工图

表 2-3 KZ1 工程概况

层号	顶面标高/m	层高/m	梁截面高度(X 向/Y 向)/mm	梁上部纵向钢筋直径	梁箍筋
2	7.770	3.9	700/700	4 Φ 25	Φ 10@ 100/200
1	3.870	3.9	700/650	4 Φ 25	Φ 10@ 100/200
基础	-1.200	基础顶面~3.870 高差为 5.070	基础高度 800		

KZ1 内各类钢筋构造分析与计算如下。

2.5.2.1 分析

(1)由已知条件可知,基础高度 800 mm,基础顶面标高-1.200 m。

(2)查看各层楼面结构层标高。1 层楼面结构层标高 3.870 m,2 层楼面结构层标高 7.770 m。从而确定 1 层柱柱高 5.070 m,即 3.870-(-1.200)= 5.070(m),2 层柱柱高 3.9 m,即 7.770-3.870=3.9(m)。

(3)查看各层楼面框架梁结构施工图,确定③和Ⓓ两定位轴线相交 KZ1 各层楼面框

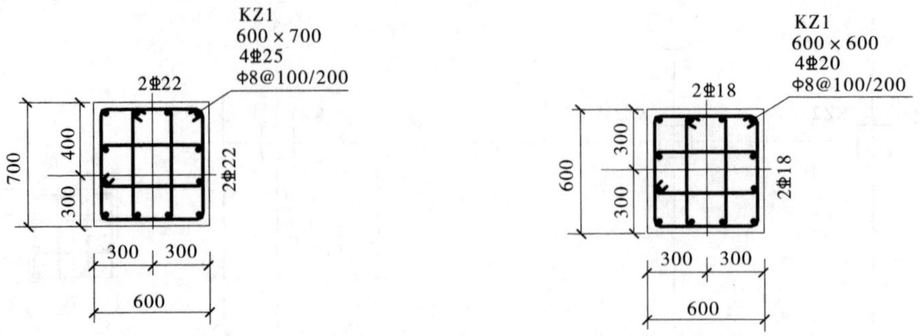

(a)KZ1截面图(基础顶面~3.870)　　(b)KZ1截面图(3.870~7.770)

图 2-23　KZ1 截面图

架梁的梁高及计算各层柱柱净高。

KZ1 的 1 层楼面框架梁 X 方向(b 边方向)梁高 700 mm,Y 方向(h 边方向)梁高 650 mm, 1 层柱层高为 5.070 m,此时 1 层柱 b 边方向柱净高 h_{n1} = 5 070−700 = 4 370(mm), h 边方向柱净高 h_{n1} = 5 070−650 = 4 420(mm)。因此,1 层柱柱净高 h_{n1} 取 4 370 mm。

KZ1 的 2 层楼面框架梁 X 方向(b 边方向)梁高 700 mm,Y 方向(h 边方向)梁高 700 mm,2 层柱层高为 3.9 m,此时 2 层柱 b 边方向和 h 边方向柱净高均为 h_{n2} = 3 900−700 = 3 200(mm)。

(4)KZ1 纵向钢筋非连接区。

①第一层柱纵向钢筋非连接区。

地上一层柱下端非连接区高度:≥h_{n1}/3 = 4 370/3 = 1 457(mm),取 1 500 mm;

地上一层柱上端非连接区高度:≥max(h_{n1}/6、h_c、500 mm) = max(4 370/6、700、500 mm) = 729 mm,取 750 mm。

②第二层柱纵向钢筋非连接区。

第二层柱上、下端非连接区高度:≥max(h_{n2}/6、h_c、500 mm) = max(3 200/6、600、500 mm) = 600(mm),取 600 mm。

(5)由已知条件可知, KZ1 纵向钢筋采用焊接,相邻纵向钢筋焊接点错开距离≥max(35d、500 mm),同一截面有两种钢筋直径时,取较大者。

①第一层柱,纵向钢筋连接点错开距离,取 35×25 = 875(mm)。

②第二层柱,纵向钢筋连接点错开距离,取 35×20 = 700(mm),为了施工方便应该取 875 mm。

2.5.2.2　计算

相应钢筋编号如图 2-24 所示。

1. 插筋在基础中构造与计算

(1)根据已知条件可知,基础高度为 800 mm,基础底板配筋保护层厚度为 40 mm,柱插筋保护层厚度>5d。基础底板配筋 X:⌀ 12@ 125;Y:⌀ 12@ 125。

根据已知条件可知,框架抗震等级为三级,框架柱混凝土强度等级 C30。

查表 1-6 得:l_{aE} = 37d。

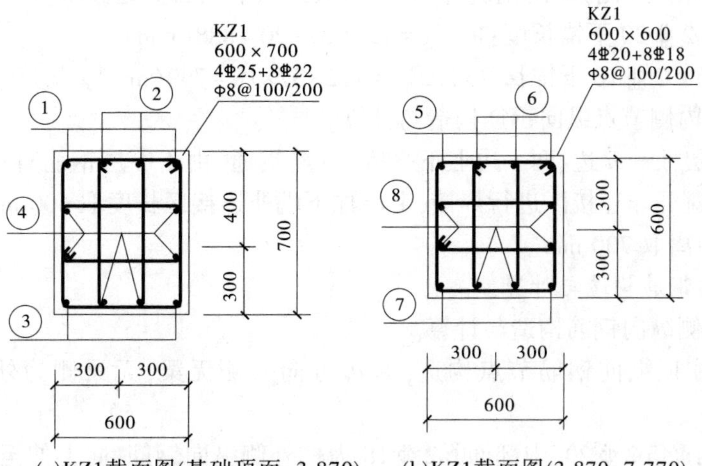

(a)KZ1截面图(基础顶面~3.870)　(b)KZ1截面图(3.870~7.770)

图 2-24　钢筋编号示图

⌀25，$l_{aE}=37d=37\times25=925$(mm)；

⌀22，$l_{aE}=37d=37\times22=814$(mm)。

由于 $h_j=800\text{ mm}<l_{aE}$，不满足直锚要求，只能采用弯锚，KZ1 柱插筋应弯锚插至基础板底部支承在底板钢筋网片上，弯锚弯钩长度取 15d，见图 2-3(c)。

(2)KZ1 柱插筋插至基础板底部支承在底板钢筋网片上，则插筋在基础内的弯锚直线段长度为：800(h_j)−40(基础底板配筋保护层厚度)−2×12(基础底板配筋直径)＝736(mm)。

角筋 4⌀25 弯锚弯钩段长度 $15d=15\times25=375$(mm)；

中部筋 8⌀22 弯锚弯钩段长度 $15d=15\times22=330$(mm)。

2. 柱身纵向钢筋中间节点钢筋构造与计算

(1)变截面处外侧节点构造与计算。

KZ1 的 h 边方向由原来的 $h_1=300$ mm，$h_2=400$ mm 变截面至 $h_1=300$ mm，$h_2=300$ mm，上柱截面单侧缩进 100 mm，为 h 边方向无梁一侧(外侧)截面缩进，节点构造如图 2-17 所示。

下层柱纵向钢筋向上伸至梁纵向钢筋之下水平弯折，水平段与梁纵向钢筋的净距为 25 mm，水平弯折锚固长度应当弯折从上柱外侧算起，长度为 l_{aE}。

则角筋①2⌀25 水平弯折长度：

$(\Delta-\text{柱纵向钢筋保护层厚度})+l_{aE}=(100-20-8)+37d=72+37\times25=72+925=997$(mm)

中部筋②2⌀22 水平弯折长度：

$$72+37\times22=72+814=886\text{(mm)}$$

角筋①2⌀25、中部筋②2⌀22 在梁内的锚固垂直长度：

$$650-20-10-25-25=570\text{(mm)}$$

保护层厚度为 20 mm，梁箍筋直径为 10 mm，纵向钢筋直径为 25 mm，柱纵向钢筋弯锚水平段与梁纵向钢筋的净距为 25 mm。

上层柱收缩面(外侧)纵向钢筋,向下锚入梁顶以下 $1.2l_{aE}$ 处截断。

外侧角筋⑤2 ⌀20 下锚长度: $1.2l_{aE}=1.2\times37\times20=888$(mm);

外侧中部筋⑥2 ⌀18 下锚长度: $1.2l_{aE}=1.2\times37\times18=799$(mm)。

(2)变截面内侧节点纵向钢筋构造与计算。

KZ1 上、下层柱一 h 边、两 b 边上下平齐,钢筋贯通,由于下层钢筋直径较大,向上深入上层柱下端,避开非连接区进行焊接,上层柱下端非连接区长度取 600 mm,相邻纵向钢筋焊接点错开距离取 700 mm。

3. 柱顶纵向钢筋构造与计算

(1)柱顶外侧纵向钢筋构造与计算。

分析 KZ1 柱顶纵向钢筋节点构造, h 边方向一侧无梁,无梁侧为外侧边,构造如图 2-20②所示。

外侧 h 边角筋⑤2 ⌀20、中部筋⑥2 ⌀18 为柱外侧纵向钢筋,向上伸至梁上部纵向钢筋之下进行弯折锚固(柱纵向钢筋弯锚后的水平延伸段与梁上部纵向钢筋的净距≥25 mm),自梁底算起弯折锚固长度 $\geq1.5l_{abE}$。

①角筋⑤2 ⌀20: $1.5l_{abE}=1.5\times740=1\ 110$(mm)。

其中在梁内的竖向长度:700−20−10−25−25=620(mm)。

水平弯折段长度:1 110−620=490(mm)≥ $15d=15\times20=300$(mm),满足要求。

②中部筋⑥2 ⌀18: $1.5l_{abE}=1.5\times666=999$(mm)。

其中在梁内的竖向长度:700−20−10−25−25=620(mm)。

水平弯折段长度:999−620=379(mm)≥ $15d=15\times20=300$(mm),满足要求。

$$配筋率\ \rho=A_s/bh=2\times[3.14\times(20^2+18^2)]/(4\times600\times600)=0.32\%<1.2\%$$

所以,柱外侧纵向钢筋在柱顶处分一批截断即可。

(2)柱顶内侧边钢筋构造与计算。

分析 KZ1 柱顶纵向钢筋节点构造, b 边方向两侧有梁, b 边方向为内侧边, h 边一侧有梁,有梁侧为内侧边,构造如图 2-20②所示。

角筋⑦2 ⌀20: $l_{aE}=37d=37\times20=740$(mm)。

中部筋⑧6 ⌀18: $l_{aE}=37d=37\times18=666$(mm)。

柱保护层厚度为 20 mm,记 $c_{柱}=20$ mm。

$h_b-c_{柱}=700-20=680$(mm)。

对于角筋⑦2 ⌀20:由于 $h_b-c_{柱}=680$(mm)$<l_{aE}=740$ mm,不满足直锚要求,采用弯锚,弯锚弯钩段(水平段)长度为 $12d=12\times20=240$(mm);弯锚直线段长度为 700−20−10−25−25=620(mm)。

中部筋⑧6 ⌀18: $h_b-c_{柱}=680$(mm)$>l_{aE}=666$(mm),满足直锚要求,采用直锚,伸至柱顶,直锚长度取 680 mm。

4. KZ1 柱纵向钢筋算量

KZ1 柱钢筋排布见图 2-25。

(1)一层柱纵向钢筋算量。

外侧 h 边①2 ⌀25 单根长度=375+736+4 420+570+997=7 098(mm)。

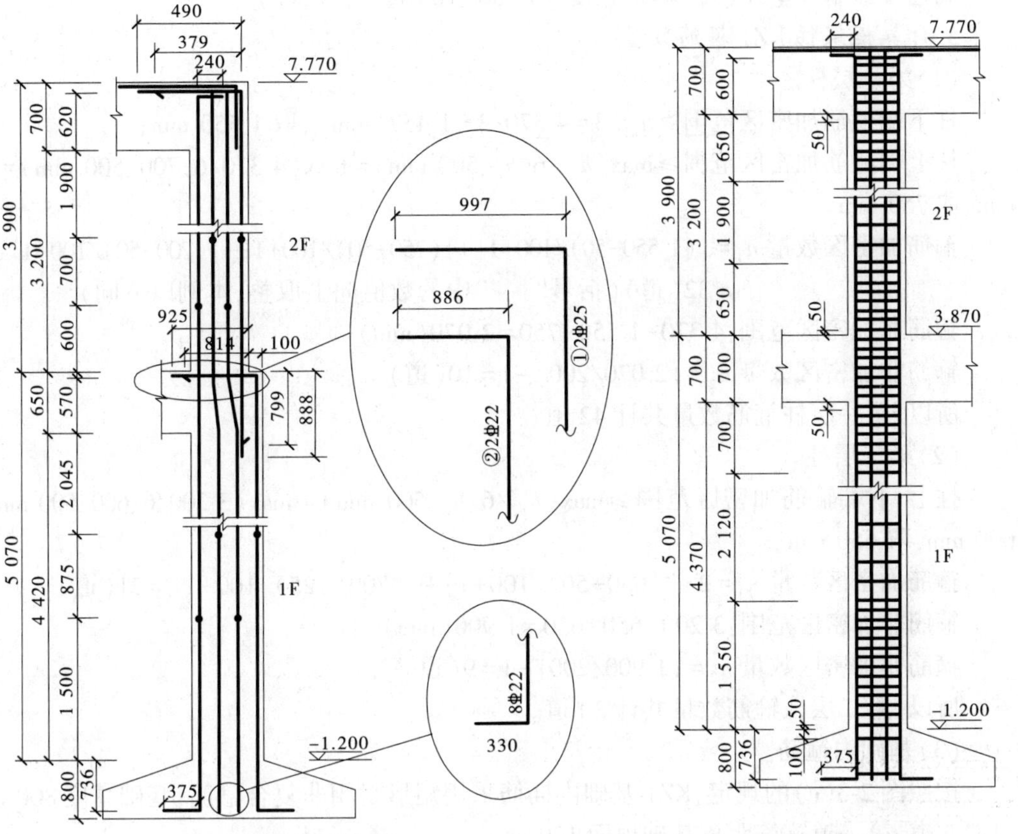

(a)KZ1纵向钢筋排布图　　(b)KZ1箍筋排布图

图 2-25　KZ1 柱钢筋排布图

外侧 h 边②2 Φ 22 单根长度＝330+736+4 420+570+886＝6 942(mm)。

内侧角筋③2 Φ 25 与上部筋连接点高低错开 700 mm：

低连接点者(短)单根长度＝375+736+5 070+600＝6 781(mm)。

高连接点者(长)单根长度＝6 781+700＝7 481(mm)。

内侧中部筋④6 Φ 22 与上柱筋分两批连接，连接点错开 700 mm：

低连接点者 3 Φ 22(短)单根长度＝330+736+5 070+600＝6 736(mm)。

高连接点者 3 Φ 22(长)单根长度＝6 736+700＝7 436(mm)。

(2)二层柱钢筋算量。

外侧角筋⑤2 Φ 20 单根长度：888+3 200+1 110＝5 198(mm)。

外侧中部筋⑥2 Φ 18 单根长度：799+3 200+999＝4 998(mm)。

内侧角筋⑦2 Φ 20 分别与一层柱③2 Φ 25 连接，两连接点错开 700 mm：

低连接点者(长)单根长度：700+1 900+(620−20−25)+240＝3 415(mm)。

高连接点者(短)单根长度：3 415−700＝2 715(mm)。

内侧中部筋⑧6 Φ 18 分两批与一层④6 Φ 22 连接，连接点上下错开 700 mm：

低连接点者 3 Φ 18(长)单根长度＝700+1 900+680＝3 280(mm)。

高连接点者 3 ⏀18(短)单根长度=3 280−700=2 580(mm)。

5. 计算框架柱 KZ1 箍筋数量

(1)第一层柱。

柱下端箍筋加密区范围≥h_{n1}/3=4 370/3=1 457(mm),取 1 550 mm;

柱上端箍筋加密区范围≥max(h_{n1}/6、h_c、500 mm)= max(4 370/6、700、500 mm)= 729 mm,取 750 mm。

箍筋加密区数量 n_1={(1 550−50)/100+1}+{(750−50)/100+1}+{(700−50)/100+1}

=32(道)(括号“{ }”中的数值向上取整,本例以下同)

箍筋非加密区范围:4 370−1 550−750=2 070(mm)

箍筋非加密区数量 n_2={2 070/200}−1=10(道)

所以,第一层柱箍筋数量共计 42 道。

(2)第二层柱。

柱上、下端箍筋加密区范围≥max(h_{n2}/6、h_c、500 mm)= max(3 200/6、600、500 mm)= 600 mm,取 650 mm。

箍筋加密区数量 n_1=2×{(650−50)/100+1}+{(700−125)/100+1}=21(道)

箍筋非加密区范围:3 200−650−650=1 900(mm)

箍筋非加密区数量 n_2={1 900/200}−1=9(道)

所以,第二层柱箍筋数量共计 30 道。

(3)基础内箍筋。

按照图 2-3(c)的规定,KZ1 基础内插筋采用矩形封闭非复合箍筋,基础高度 800 mm,设置 3 道,第一道箍筋距离基础顶面 100 mm。

6. 绘制柱 KZ1 纵向钢筋抽筋图

柱纵向钢筋抽筋图如图 2-26 所示。

2.5.3 知识扩展

柱 KZ1 钢筋翻样图(严格来说,根据钢筋翻样图计算钢筋量是最精确合理的,同时可以计算连接点数量),如图 2-27 所示。

2.5.4 工程术语

平法:全称“混凝土结构施工图平面整体表示方法制图规则和构造详图”,是把结构构件的尺寸和配筋,按照平面整体表示方法的制图规则,整体直接表达在各类构件的结构平面布置图上的一种制图方法。

框架结构:是指由梁、柱组成的纯框架结构。其主要优点是建筑平面布置灵活,能够较大程度地满足建筑使用的要求。但框架结构的侧移刚度小,水平作用下抵抗变形的能力较差,在强震下结构顶点水平位移与层间相对水平位移都较大。为了同时满足承载能力和侧移刚度的要求,柱子截面往往很大,很不经济,也减少了使用面积。所以,在地震区的框架结构不宜太高。

框架柱:框架柱就是在框架结构中承受梁和板传来的荷载,并将荷载传给基础,是主

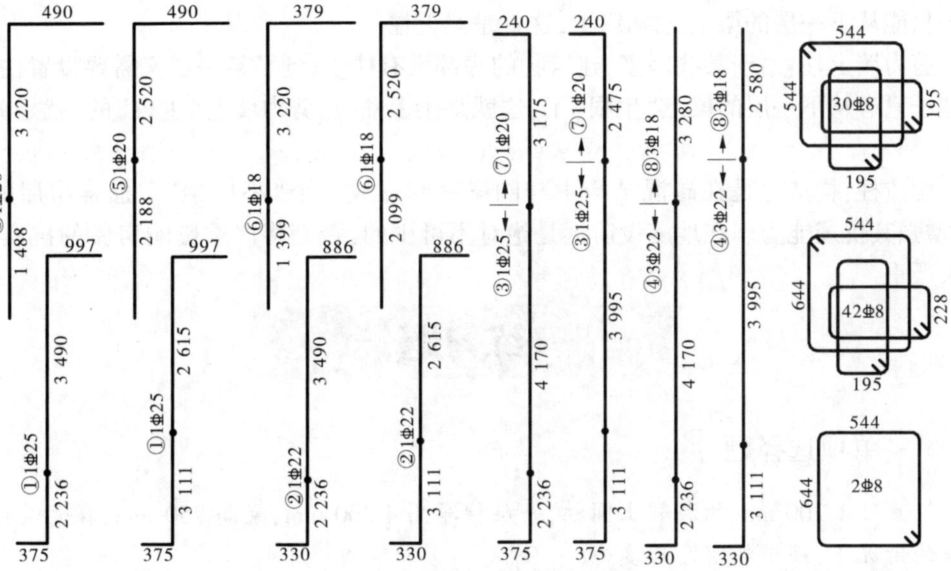

图 2-26　柱纵向钢筋抽筋图

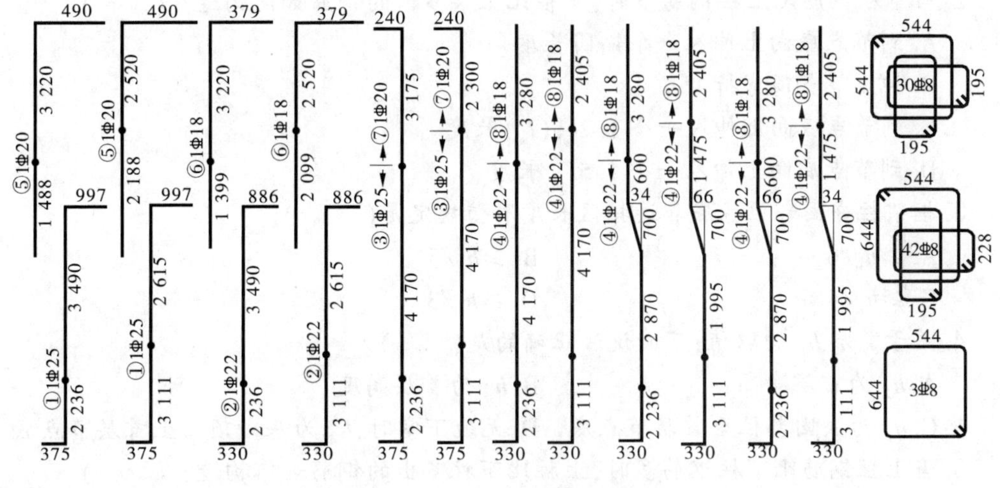

图 2-27　柱 KZ1 钢筋翻样图

要的竖向受力构件。

框支梁与框支柱:因为建筑功能要求,下部空间大,上部部分竖向构件不能直接连续贯通落地,而通过水平转换结构与下部竖向构件连接。当布置的转换梁支撑上部剪力墙的时候,转换梁称为框支梁,支撑框支梁的柱子就叫作框支柱。框支柱是框架梁上的柱,用于转换层。如下部为框架结构,上部为剪力墙结构,支撑上部结构的梁柱为框支柱与框架柱,它们的区别在于框架柱与基础相连,框支柱与框架梁相连。

芯柱:就是柱中柱,其构造和其他柱子基本类似,也会有主筋箍筋,只不过是被包在一个柱子的内部,其作用是可以增强整体柱子的抗剪抗弯能力,提高整体稳定性。

梁上柱:由于某些因素,建筑物的底部没有柱子,到了某一层后又需要设置柱子,那么柱子只能从下一层的梁上“生根”了,这就是梁上柱。

剪力墙上柱:由于某些因素,建筑物的底部没有柱子,到了某一层又需要设置柱子,那么柱子只有从下一层的梁上“生根”了,这就是梁上柱,从剪力墙上“生根”的,就是剪力墙上柱。

构造柱:构造柱是在砖混结构中与圈梁一起形成一个“小框架”。加强房屋的整体性,增强其抗震能力。在地震设防区是绝对不可少的,否则将严重影响房屋的抗震性能,后果严重。

练习题

一、单项选择题

1. 直径1 200 mm的混凝土圆柱,一层柱净高4 200 mm,梁高750 mm,在无其他特殊要求的情况下,柱根加密区长度为(　　)。

A. 1 800 mm　　B. 1 400 mm

C. 700 mm　　D. 该柱为短柱,通长加密

2. 当下柱钢筋比上柱钢筋多时,下柱比上柱多出的钢筋如何构造?(　　)。

A. 到节点底向上伸入一个锚固长度

B. 伸至节点顶弯折15d

C. 到节点底向上伸入一个1.2l_{aE}(l_a)长度

D. 到节点底向上伸入一个1.5l_{aE}长度

3. 框架柱嵌固部位柱底非连接区长度取值规定是(　　)。

A. $\geqslant h_n/6$　　B. $\geqslant h_n/5$

C. $\geqslant h_n/4$　　D. $\geqslant h_n/3$

4. 关于首层h_n的取值,下面说法正确的是(　　)。

A. h_n为首层净高　　B. h_n为首层高度

C. h_n为嵌固部位至首层节点底　　D. 无地下室时,h_n为基础顶面至首层节点底

5. 当上柱钢筋比下柱钢筋多时,上柱比下柱多出的钢筋如何构造?(　　)

A. 从楼面直接向下插1.5l_{aE}

B. 从楼面直接向下插1.6l_{aE}

C. 从楼面直接向下插1.2l_{aE}

D. 单独设置插筋,从楼面向下插1.2l_a,和上柱多出钢筋搭接

6. 柱箍筋在基础内设置不少于(　　),间距不大于(　　)。

A. 2根　400 mm　　B. 2根　500 mm

C. 3根　400 mm　　D. 3根　50 mm

7. 梁上起柱时,柱在梁内设(　　)箍筋。

A. 2道　　B. 3道

C. 1道　　D. 不确定

二、不定项选择题

1. 柱箍筋加密范围包括(　　)。

A. 节点范围　　B. 底层刚性地面上、下500 mm

C. 基础顶面嵌固部位向上 $1/3h_n$　　D. 搭接范围

2. 两个柱编成统一编号必须相同的条件是(　　)。

A. 柱的总高相同　　B. 分段截面尺寸相同

C. 截面和轴线的位置关系相同　　D. 配筋相同

3. 抗震框架柱中间层柱根箍筋加密区范围与以下(　　)条件有关。

A. 500　　B. h_c

C. $h_n/3$　　D. $h_n/6$

4. 墙上起柱时,柱纵向钢筋从墙顶向下的锚固长度为(　　)。

A. $1.6l_{aE}+12d$　　B. $1.5l_{aE}+15d$

C. $1.2l_{aE}+150$　　D. $0.5l_{aE}+150$

5. 柱在楼面处节点上下非连接区的判断条件是(　　)。

A. 500　　B. $\frac{1}{6}h_n$

C. h_c(柱截面长边尺寸)　　D. $\frac{1}{3}h_n$

6. 下面有关柱顶层节点构造,描述错误的是(　　)。

A. 边柱和角柱柱顶,柱外侧纵筋配筋率>1.2%时,纵筋分两批截断

B. 边柱柱顶纵筋,锚固长度自梁底开始,取值为15d

C. 边柱和角柱柱顶纵筋,锚固长度自梁底开始,取值$\geq 1.5l_{abE}$

D. 中柱柱顶纵向钢筋,当直锚长度$\geq l_{aE}$时,可以直锚

E. 中柱柱顶纵向钢筋弯锚时,弯锚长度取12d

三、计算题

某框架柱KZ1,采用柱下独立基础,基础采用C40混凝土,基础高度550 mm,基础底部配筋双向均为⏀10,基底设C15混凝土垫层,首层柱净高4 500 mm,计算其纵向钢筋⏀22插筋的长度,假设构件环境为二(a)类。

项目3　梁平法识图及其钢筋算量

【知识目标】

1. 掌握梁平法施工图的制图规则。
2. 掌握框架梁纵向钢筋的构造和箍筋构造。

【能力目标】

1. 具备能够应用制图规则的能力,熟练识读梁结构施工图。
2. 具备正确应用梁钢筋构造详图的能力。
3. 具备依据平法施工图计算梁钢筋量的能力。

【课程思政】

钢筋混凝土框架结构框架柱是框架的水平向承重构件,与柱形成框架结构,是框架结构的骨架,并为框架结构建筑抵抗竖向荷载与水平荷载。梁、柱平法施工图是建筑结构施工图的精髓,它的出现改变了投影制图的约束,使建筑结构施工图大大简化,大大减少了建筑结构施工图的数量,完全符合党的二十大报告中提出的"加快发展方式绿色转型,发展绿色低碳产业,推动形成绿色低碳的生产方式和生活方式",同时也对建筑结构施工图的识读提出了更高的要求,要求学生掌握平法结构施工图的制图规则与构造详图,成为国家的栋梁之才。

梁平法施工图是在梁平面布置图上采用平面注写方式或截面注写方式表达的。在梁平法施工图中,也应注明结构层的顶面标高及相应的结构层号,同柱平法标注一样,如图3-1所示。

3.1　梁平法施工图制图规则

3.1.1　平面注写方式

平面注写方式是在梁平面布置图上,分别在不同编号的梁中各选一根梁,在其上注写截面尺寸和配筋具体数值的方式来表达梁平法施工图(见图3-2)。

平面注写包括集中标注和原位标注,集中标注表达梁的通用数值,即梁多数跨都相同的数值;原位标注表达梁的特殊数值,即梁个别截面与其不同的数值。当集中标注中的某项数值不适用于梁的某部位时,将该项数值原位标注,施工时,原位标注取值优先。既有效减少了表达上的重复,又保证了数值的唯一性。

3.1.1.1　集中标注

梁集中标注的内容,有五项必注值及一项选注值,规定如下:

(1)梁编号,该项为必注值。由梁类型、代号、序号、跨数及有无悬挑代号组成。根据

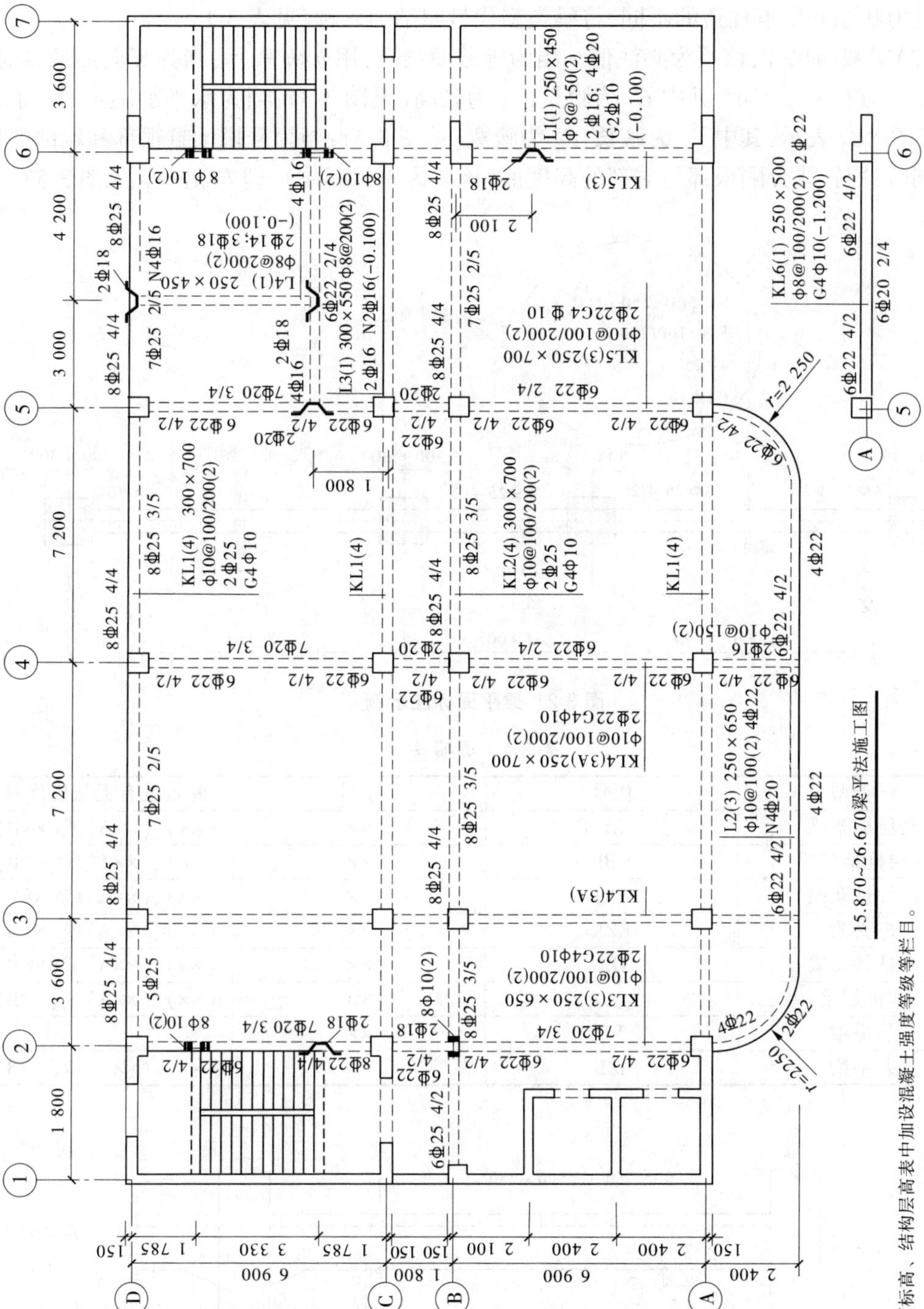

层号	标高/m	层高/m
屋面2	65.670	
塔层2	62.370	3.30
屋面1(塔层1)	59.070	3.30
16	55.470	3.60
15	51.870	3.60
14	48.270	3.60
13	44.670	3.60
12	41.070	3.60
11	37.470	3.60
10	33.870	3.60
9	30.270	3.60
8	26.670	3.60
7	23.070	3.60
6	19.470	3.60
5	15.870	3.60
4	12.270	3.60
3	8.670	3.60
2	4.470	4.20
1	−0.030	4.50
−1	−4.530	4.50
−2	−9.030	4.50

结构层楼面标高
结构层高

注：可在结构层楼面标高、结构层高表中加设混凝土强度等级等栏目。

图 3-1　梁平法施工图示例

梁的受力状态和节点构造的不同,将梁类型代号归纳为六种,见表3-1。

(2)梁截面尺寸,该项为必注值。当为等截面梁时,用 $b\times h$ 表示;当为竖向加腋梁时,用 $b\times h$ GY$C_1\times C_2$ 表示,其中 C_1 为腋长,C_2 为腋高(见图3-3);当为水平加腋梁时,用 $b\times h$ PY$C_1\times C_2$ 表示,其中 C_1 为腋长,C_2 为腋宽(见图3-4);当为悬挑梁且根部和端部的高度不同时,用斜线分隔根部与端部的高度值(该项为原位标注),即 $b\times h_1/h_2$(见图3-5)。

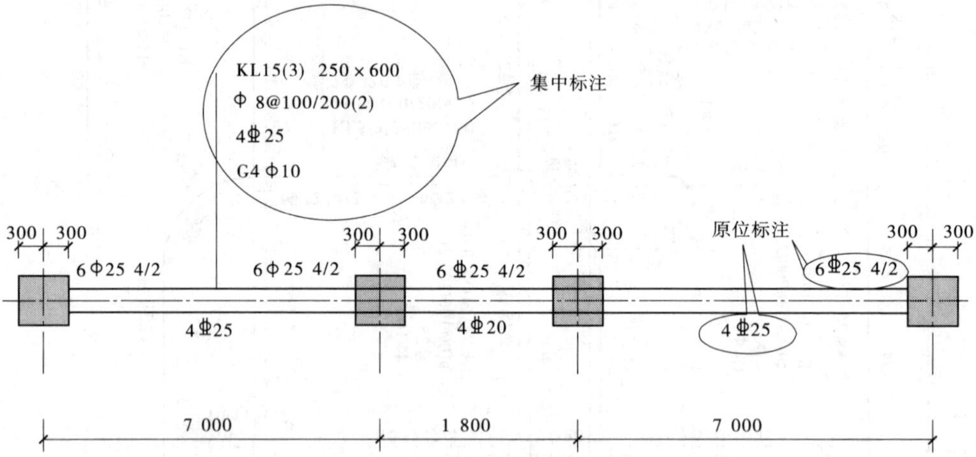

图3-2 梁平面标注示例

表3-1 梁编号

梁类型	代号	序号	跨数及有无悬挑代号
楼层框架梁	KL	××	(××)、(××A)或(××B)
楼层框架扁梁	KBL	××	(××)、(××A)或(××B)
屋面框架梁	WKL	××	(××)、(××A)或(××B)
框支梁	KZL	××	(××)、(××A)或(××B)
托柱转换梁	TZL	××	(××)、(××A)或(××B)
非框架梁	L	××	(××)、(××A)或(××B)
悬挑梁	XL	××	
井字梁	JZL	××	(××)、(××A)或(××B)

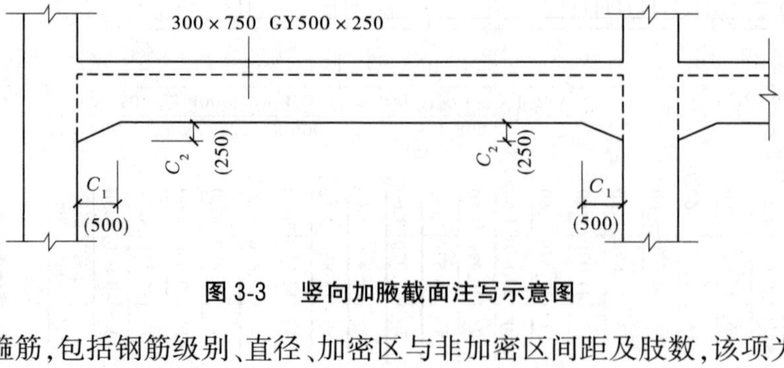

图3-3 竖向加腋截面注写示意图

(3)梁箍筋,包括钢筋级别、直径、加密区与非加密区间距及肢数,该项为必注值。箍

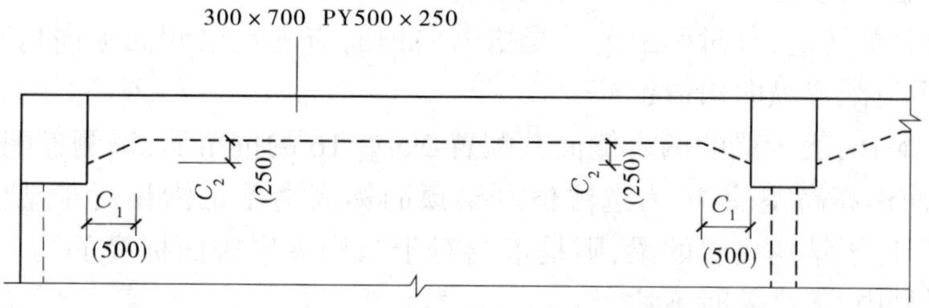

图 3-4　水平加腋截面注写示意图

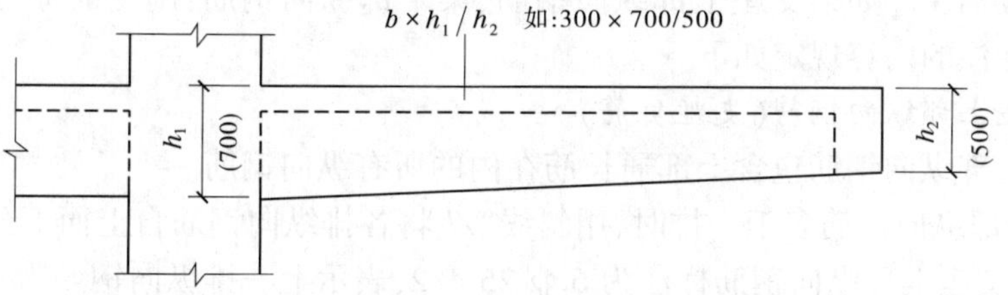

图 3-5　悬挑梁不等高截面注写示意图

筋加密区与非加密区的不同间距及肢数需用斜线分隔；当梁箍筋为同一种间距及肢数时，不需用斜线；当加密区与非加密区的箍筋肢数相同时，将肢数注写一次；箍筋肢数应写在括号内。加密区范围见相应抗震级别的构造详图。

如图 3-1 中Φ 8@ 100/200(2)，表示箍筋为 HPB300 级钢筋，直径为 8 mm，加密区间距为 100 mm，非加密区间距为 200 mm，均为双肢箍。

(4)梁上部通长筋或架立筋配置，该项为必注值。通长筋指直径不一定相同但必须采用搭接、焊接或机械连接接长且两端不一定在端支座锚固的钢筋。当同排纵向钢筋中既有通长筋又有架立筋时，用加号“+”将通长筋和架立筋相联。标注时将角部纵向钢筋写在加号的前面，架立筋写在加号后面的括号内，以示不同直径及与通长筋的区别。当全部采用架立筋时，将其写入括号内。

例如，2 Φ 20 用于双肢箍；2 Φ 20+(4 Φ 12)用于 6 肢箍，其中 2 Φ 20 为通长筋，4 Φ 12 为架立筋。

当梁的上部纵向钢筋和下部纵向钢筋为全跨相同，且多数跨配筋相同时，此项可加注下部纵向钢筋的配筋值，用分号“；”将上部与下部纵向钢筋的配筋值分隔开来。

例如，4 Φ 22；3 Φ 20 表示梁的上部配置 4 Φ 22 的通长筋，梁的下部配置 3 Φ 20 的通长筋。

(5)梁侧面纵向构造钢筋或受扭钢筋配置，该项为必注值。当梁腹板高度≥450 mm 时，需配置纵向构造钢筋，此项标注值以大写字母 G 打头，标注值是梁两个侧面的总配筋值，是对称配置的。

例如，G4 Φ 12，表示梁的两个侧面共配置 4 Φ 12 的纵向构造钢筋，每侧各配置 2 Φ 12。

当梁侧面需配置受扭纵向钢筋时,此项标注值以大写字母 N 打头,接续标注配置在梁两个侧面的总配筋值,且对称配置。受扭纵向钢筋应满足梁侧面纵向构造钢筋的间距要求,且不再重复配置纵向构造钢筋。

例如,N6 ⌀ 16,表示梁的两个侧面共配置 N6 ⌀ 16 的抗扭筋,每侧各配置 3 ⌀ 16。

(6)梁顶面标高高差,该项为选注值。梁顶面标高高差是指相对于结构层楼面标高的高差值,对于位于结构夹层的梁,则是指相对于结构夹层楼面标高的高差。有高差时,须将其写入括号内,无高差时不注。

3.1.1.2 **原位标注**

原位标注表达梁的特殊数值。当集中标注中的某项数值不适用于梁的某部位时,将该项数值原位标注。如梁支座上部纵向钢筋、梁下部纵向钢筋,施工时原位标注取值优先。梁原位标注的内容规定如下。

1. 梁支座上部纵向钢筋(支座负筋)

梁支座上部纵向钢筋包含上部通长筋在内的所有纵向钢筋。

(1)当上部纵向钢筋多于一排时,用斜线"/"将各排纵向钢筋自上而下分开。

例如,梁支座上部纵向钢筋标注为 6 ⌀ 25 4/2,表示上一排纵向钢筋为 4 ⌀ 25, 下一排纵向钢筋为 2 ⌀ 25。

(2)当同排纵向钢筋有两种直径时,用加号"+"将两种直径的纵向钢筋相联,标注时将角部纵向钢筋写在前面。

例如,梁支座上部标注为 2 ⌀ 25+2 ⌀ 22,表示梁支座上部有 4 根纵向钢筋,2 ⌀ 25 放在角部,2 ⌀ 22 放在中部。

(3)当梁中间支座两边的上部纵向钢筋不同时,须在支座两边分别标注;当梁中间支座两边的上部纵向钢筋相同时,可仅在支座的一边标注配筋值,另一边省去不注。

2. 梁下部纵向钢筋

(1)当下部纵向钢筋多于一排时,用斜线"/"将各排纵向钢筋自上而下分开。

例如,梁下部纵向钢筋标注为 6 ⌀ 25 2/4,表示上排纵向钢筋为 2 ⌀ 25,下排纵向钢筋为 4 ⌀ 25,全部伸入支座。

(2)当同排纵向钢筋有两种直径时,用"+"将两种直径的纵向钢筋相联,标注时角筋写在前面。

(3)当梁下部纵向钢筋不全部伸入支座时,将梁支座下部纵向钢筋减少的数量写在括号内。

例如,梁下部纵向钢筋标注为 6 ⌀ 20 2(-2)/4,表示上排纵向钢筋为 2 ⌀ 20,且不伸入支座;下排纵向钢筋为 4 ⌀ 20,全部伸入支座。

梁下部纵向钢筋标注为 2 ⌀ 25+3 ⌀ 22(-3)/5 ⌀ 25,表示上排纵向钢筋为 2 ⌀ 25 和 3 ⌀ 22,其中 3 ⌀ 22 不伸入支座;下一排纵向钢筋为 5 ⌀ 25,全部伸入支座。

(4)当梁的集中标注中已分别标注了梁上部和下部均为通长的纵向钢筋值时,不必再在梁下部重复做原位标注。

(5)当梁设置竖向加腋时,加腋部位下部斜纵向钢筋应在支座下部以 Y 打头标注在括号内(见图 3-6);当梁设置水平加腋时,水平加腋内上、下部斜纵向钢筋应在加腋支座上部以 Y 打头标注在括号内,上下部纵向钢筋之间用“/”分隔(见图 3-7)。

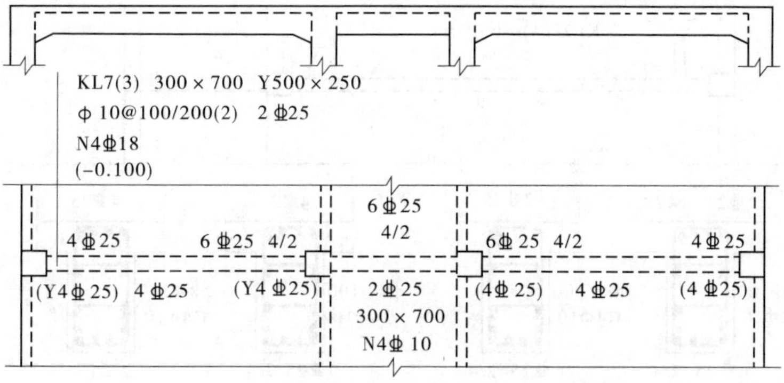

图 3-6　梁加腋平面注写方式表达示例图

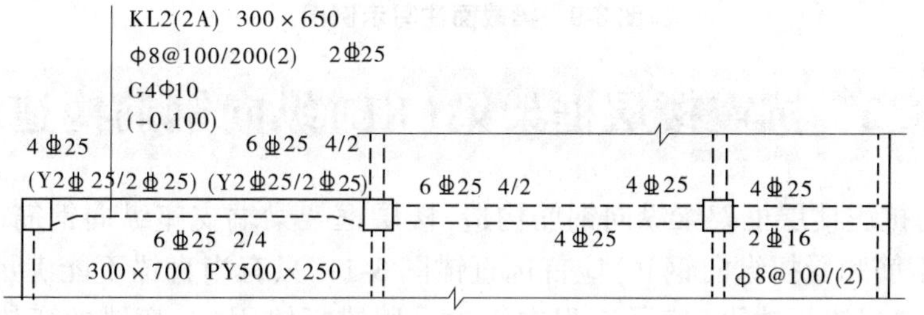

图 3-7　梁水平加腋平面注写方式表达示例图

3. 附加箍筋或吊筋

在主次梁相交处的主梁上一般要设附加箍筋或吊筋,直接将附加箍筋或吊筋画在主梁上,用引线注总配筋值(附加箍筋的肢数注在括号内)。当多数附加箍筋或吊筋相同时,可在梁平法施工图上统一注明,少数与统一注明值不同时,再原位引注(见图 3-8)。

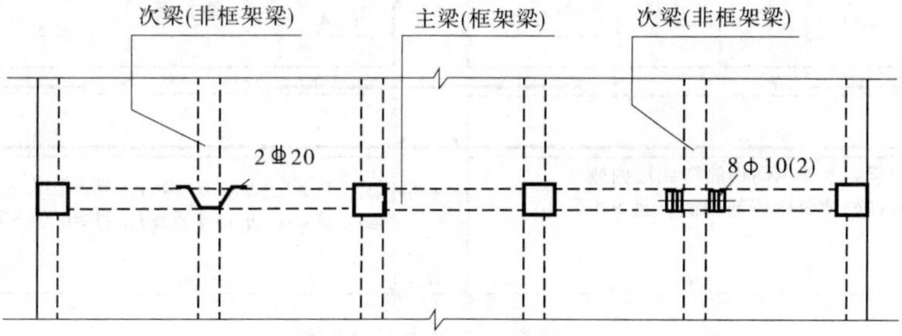

图 3-8　附加箍筋和吊筋画法示例图

3.1.2　截面注写方式

截面注写方式是在分标准层绘制的梁平面布置图上,分别在不同编号的梁中各选择一根梁用剖面号引出配筋图,并通过在其上注写截面尺寸和配筋具体数值的方式来表达梁平法施工图(见图3-9)。

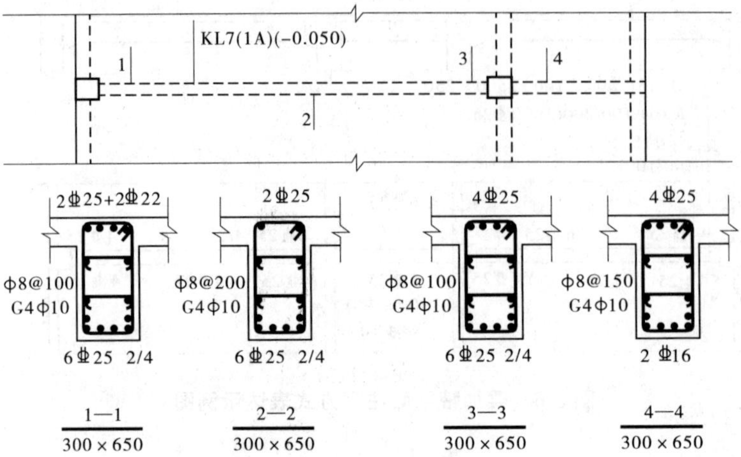

图3-9 梁截面注写示例图

3.2 抗震楼层框架梁(KL)纵向钢筋构造

图3-10为抗震楼层框架梁纵向钢筋构造,楼层框架梁端支座纵向钢筋(上部纵向钢筋、下部纵向钢筋和受扭纵向钢筋)应首选直锚图3-11,只有当直锚不能满足锚固长度要求时才选择弯锚或锚板锚固(实际工程中很少采用锚板锚固)。弯锚的弯钩段与柱的外侧纵向钢筋以及弯钩段之间不能平行接触(交叉时可以接触),应有不小于25 mm的净距。

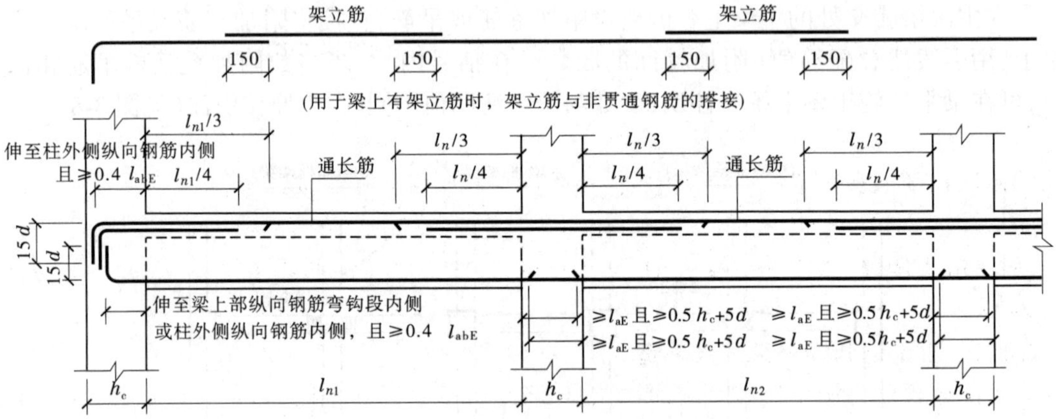

图3-10 抗震楼层框架梁纵向钢筋构造详图

3.2.1 梁上部纵向钢筋构造

梁上部纵向钢筋包括支座负筋、上部通长筋和架立筋。

3.2.1.1　支座负筋构造

梁支座上部纵向钢筋,有贯通与非贯通之分。一般结构构件内力弯矩分正弯矩和负弯矩,抵抗负弯矩所配备的钢筋称为负筋,梁支座处的内力弯矩为负弯矩,所以称为支座负筋。

楼层框架梁端支座负筋在端支座的锚固应首选直锚,只有当直锚不能满足锚固长度要求时才选择弯锚或锚板锚固(实际工程中很少采用锚板锚固)。中间支座两侧的支座负筋一般是相同的,这样就不用考虑锚固问题。

1. 端支座负筋构造

(1)直锚时(见图 3-11),锚固长度≥l_{aE} 和≥0.5h_c+5d。

(2)弯锚时(见图 3-12、图 3-13),要伸到柱的外边(柱纵向钢筋内侧),直锚段长 h_c-c-d_c 且≥0.4l_{aE},弯钩段长 15d;弯锚时弯钩段与柱的纵向钢筋以及上、下排弯钩段之间不能平行接触,应有不小于 25 mm 的净距。

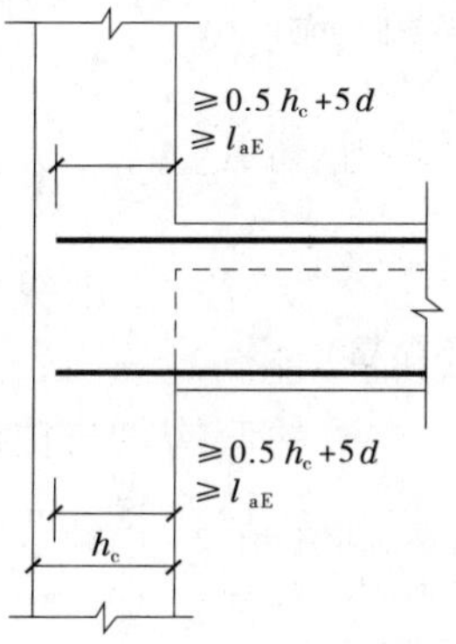

图 3-11　端支座直锚构造

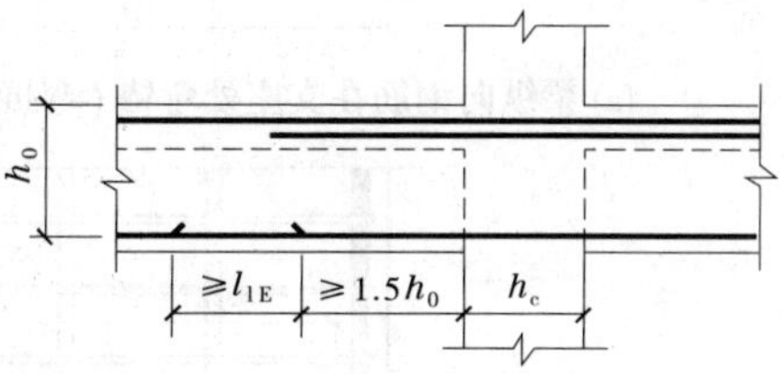

图 3-12　中间层中间节点梁下部筋在节点外搭接

2. 中间支座负筋

为方便施工,框架梁的所有支座和非框架梁(不包括井字梁)的中间支座上部纵向钢筋的伸出长度值在标准构造详图中统一取值为:第一排非通长筋及与跨中直径不同的通长筋从柱(梁)边起伸出至 l_n/3 位置;第二排非通长筋伸出至 l_n/4 位置。l_n 的取值规定为:对于端支座,l_n 为本跨的净跨值;对于中间支座,l_n 为支座两边较大一跨的净跨值,见图 3-10。

3.2.1.2　上部通长筋和架立筋构造

上部通长筋为满足抗震要求而设,通长筋与支座负筋相同时,可以这样理解:通长筋就是没有被切断的支座负筋,当需要续接时通长筋可在跨中 1/3 净跨范围内连接;当通长筋直径比支座负筋小时,可以采用绑扎搭接、焊接或机械连接与支座负筋连接。

架立筋是梁的一种纵向构造钢筋,用来固定箍筋和形成钢筋骨架,一肢箍筋必须有一根纵向钢筋架立,如梁上部设有通长筋可以满足箍筋架立要求,则可不再配置架立钢筋,比如梁的箍筋为 4 肢箍时,梁的上部通长筋为 2 根,这时就需要设 2 根架立筋。架立筋与支座负筋的连接也可以采用绑扎搭接、焊接或机械连接。

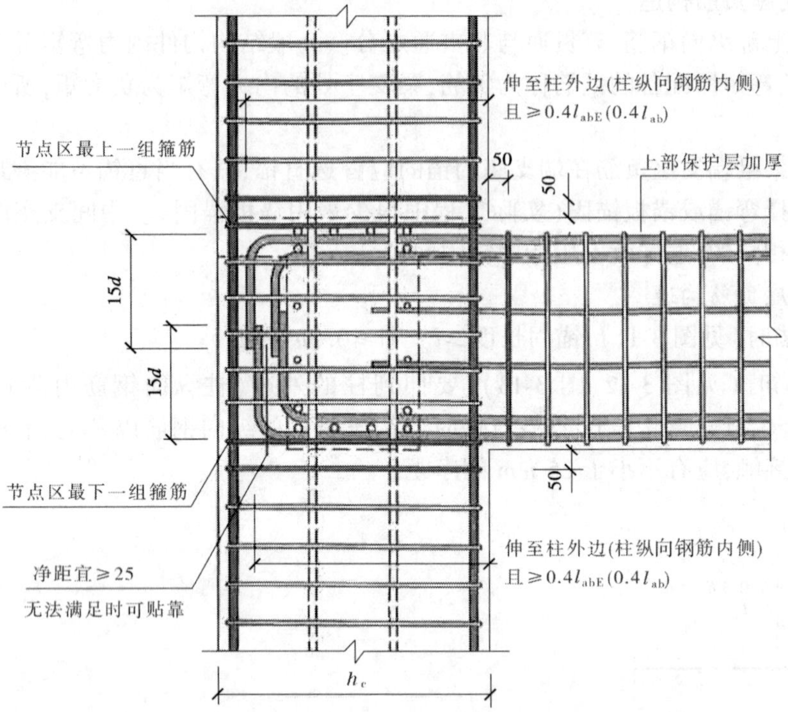

(a) 梁纵向钢筋在支座处弯锚(弯折段重叠， 内外排不贴靠)

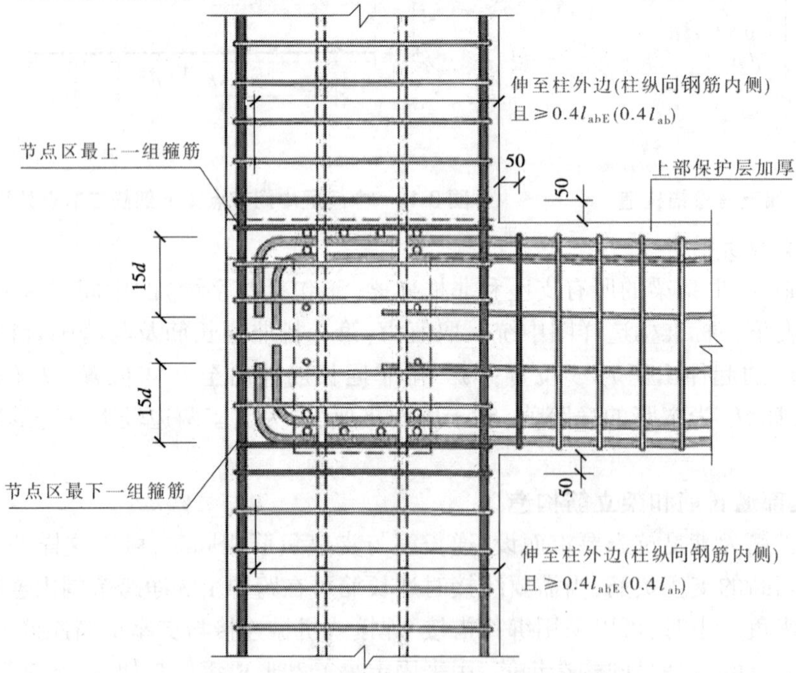

(b) 梁纵向钢筋在支座处弯锚(弯折段未重叠)

图 3-13　框架中间层端节点钢筋排布构造详图

3.2.2　梁下部纵向钢筋构造

3.2.2.1　梁下部通长筋构造

这里讲的下部纵向钢筋也适用于屋面梁,集中标注的梁下部通长筋,基本上是按跨布置的,即两端都需要考虑锚固问题,端支座的锚固同上部筋(见图3-13)。中间支座直锚(见图3-11)锚固长度$\geqslant l_{aE}$且$\geqslant 0.5h_c+5d$;如果支座两边梁的下部相同,也可以考虑两边贯通(实际工程中由于贯通施工不便,所以很少采用)。

3.2.2.2　不伸入支座的梁下部纵向钢筋长度规定

当梁下部纵向钢筋(非角筋)不伸入支座时,不伸入支座的梁下部纵向钢筋截断点距支座边的距离,在标准构造详图中统一取为$0.1l_n$(l_n为本跨梁的净跨值)。

3.2.3　梁侧面中部纵向钢筋构造

梁侧面中部筋习惯称为"腰筋",包括构造纵向钢筋或受扭钢筋。

(1)当梁的腹板高度≥450 mm时,需要配置纵向构造钢筋,构造筋在梁内按跨布置,在本跨两端柱内锚固,锚固长度为$15d$。

(2)梁受扭钢筋一般是指由于梁两侧荷载不同,对框架梁产生一定扭矩时,在梁两侧面对称设置的钢筋来抵抗扭矩的,同时受扭钢筋应满足构造筋的要求,因此梁配置了受扭钢筋就不重复布置构造筋,受扭钢筋属于受力筋,锚固应满足受拉钢筋的锚固要求,受扭钢筋一般按跨布置,锚固在本跨两端柱内,锚固方式同梁上、下纵向钢筋。

3.3　抗震屋面框架梁(WKL)纵向钢筋构造

抗震屋面框架梁纵向钢筋构造,除端支座上部纵向钢筋与抗震楼层框架梁不同外,其余纵向钢筋构造均与抗震楼层框架梁相同。

抗震屋面框架梁端支座上部纵向钢筋不存在弯锚与直锚的判断问题,均应弯折到本梁底面标高处,见图3-14。

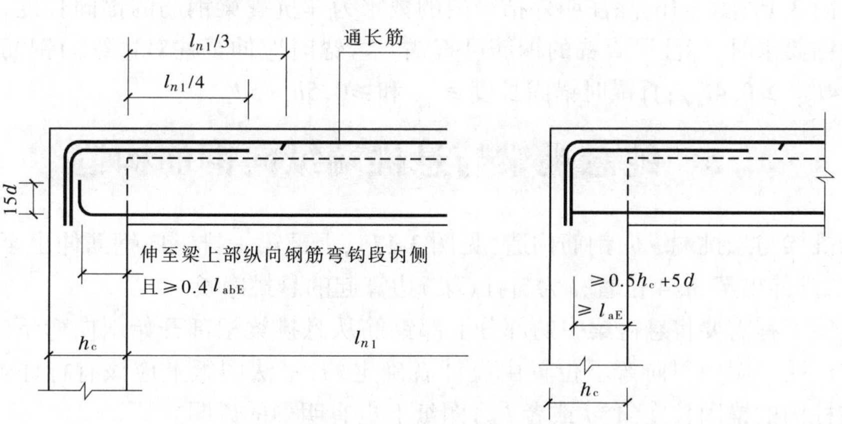

图3-14　抗震屋面框架梁端支座纵向钢筋构造

3.4 框架梁(KL、WKL)中间支座纵向钢筋构造

屋面框架梁(WKL)中间支座纵向钢筋构造见图3-15,楼层框架梁(KL)中间支座纵向钢筋构造见图3-16。

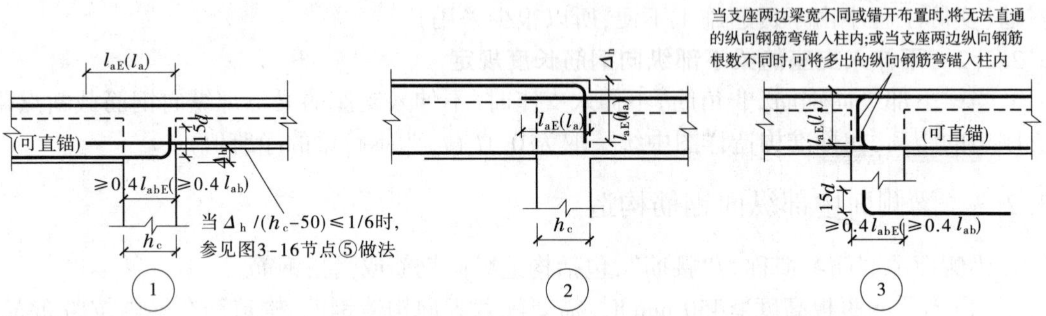

图3-15　WKL中间支座纵向钢筋构造(节点①~③)

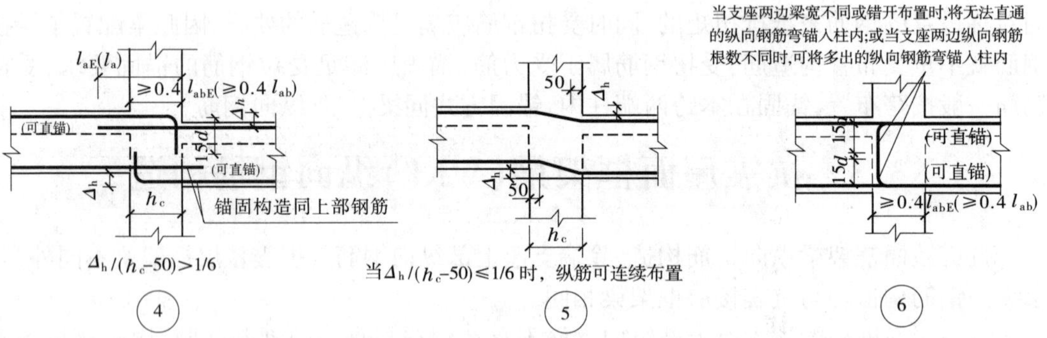

图3-16　KL中间支座纵向钢筋构造(节点④~⑥)

对于图3-15、图3-16,除注明外括号内的数字为非抗震梁钢筋的锚固长度,当支座宽度满足直锚要求时,标注可直锚的钢筋可直锚。弯锚时应伸至柱对边纵向钢筋内侧且直锚段≥0.4l_{aE}(≥0.4l_a);直锚时锚固长度≥l_{aE}和≥0.5h_c+5d。

3.5 纯悬挑梁与悬挑端纵向钢筋构造

纯悬挑梁与悬挑端纵向钢筋构造(见图3-17),上部第一排纵向钢筋伸出至梁端头并下弯,第二排伸出至3l/4位置,l为自柱(梁)边算起的悬挑净长。

当具体工程需要将悬挑梁中的部分上部钢筋从悬挑梁根部开始斜向弯下时,应由设计者另加注明。图中斜向弯下位置由设计者确定的,平法图纸上应该有标注或者注明。下部筋在柱内的锚固长度(15d或者l_{aE})图纸上也有明确的说明。

当悬挑梁顶面与临跨框架梁顶面不平或者两侧上部纵向钢筋不同,上部纵向钢筋无法贯通支座时,两侧纵向钢筋各自锚固,能直锚就不采用弯锚,构造做法同梁中间支座

（见图 3-17）。

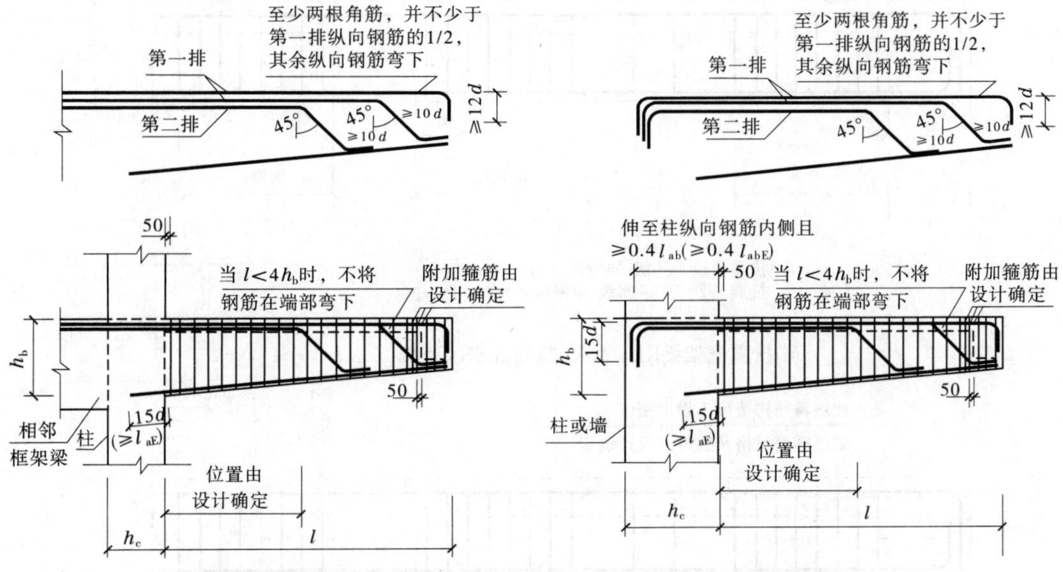

(a)悬挑梁　　(b)纯悬挑梁

图 3-17　纯悬挑梁与悬挑端纵向钢筋构造

3.6　梁箍筋与拉筋构造

3.6.1　抗震框架梁箍筋加密构造

框架梁箍筋加密区设置在梁支座附近，范围与其抗震级别有关，见图 3-18。

（1）抗震等级为一级的框架梁：箍筋加密区范围≥500 mm 且≥$2h_b$（h_b 为梁截面高度）。

（2）抗震等级为二～四级的框架梁：箍筋加密区范围≥500 mm 且≥$1.5h_b$（h_b 为梁截面高度）。

（3）非抗震框架梁和非框架梁：不设箍筋加密区。

3.6.2　梁截面纵向钢筋与箍筋排布构造

梁截面纵向钢筋与箍筋排布构造，如图 3-19 所示。

（1）图中标注 $m/n(k)$ 说明：m 为梁上部第一排纵向钢筋根数，n 为梁下部第一排纵向钢筋根数，k 为梁箍筋肢数。图为 $m \geq n$ 时的钢筋排布方案；当 $m<n$ 时，可根据排布规则将图中纵向钢筋上下换位后应用。

（2）当梁箍筋为双肢箍时，梁上部纵向钢筋、下部纵向钢筋及箍筋的排布无关联，各自独立排布；当梁箍筋为复合箍时，梁上部纵向钢筋、下部纵向钢筋及箍筋的排布有关联，钢筋排布应按以下规则综合考虑：

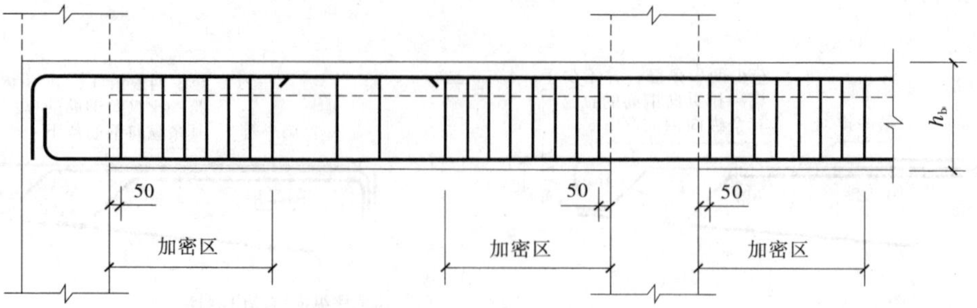

抗震等级为一级:加密区≥$2h_b$且≥500;
抗震等级为二~四级:加密区≥$1.5h_b$且≥500

(a)抗震框架梁KL、WKL箍筋加密区范围

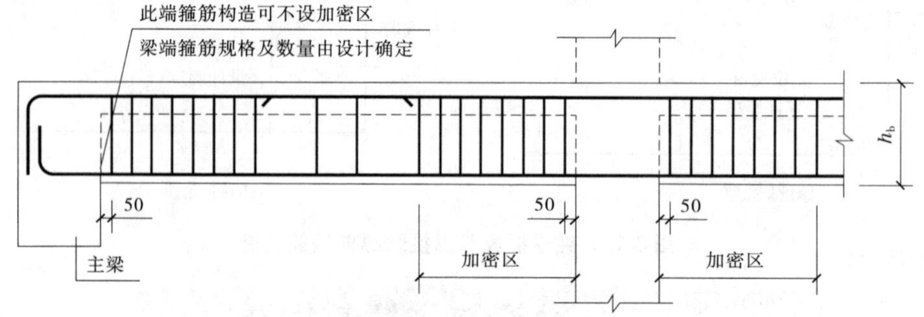

抗震等级为一级:加密区≥$2h_b$且≥500;
抗震等级为二~四级:加密区≥$1.5h_b$且≥500

(b)抗震框架梁KL、WKL(尽端为梁)箍筋加密区范围

图3-18 抗震框架梁KL、WKL箍筋加密构造

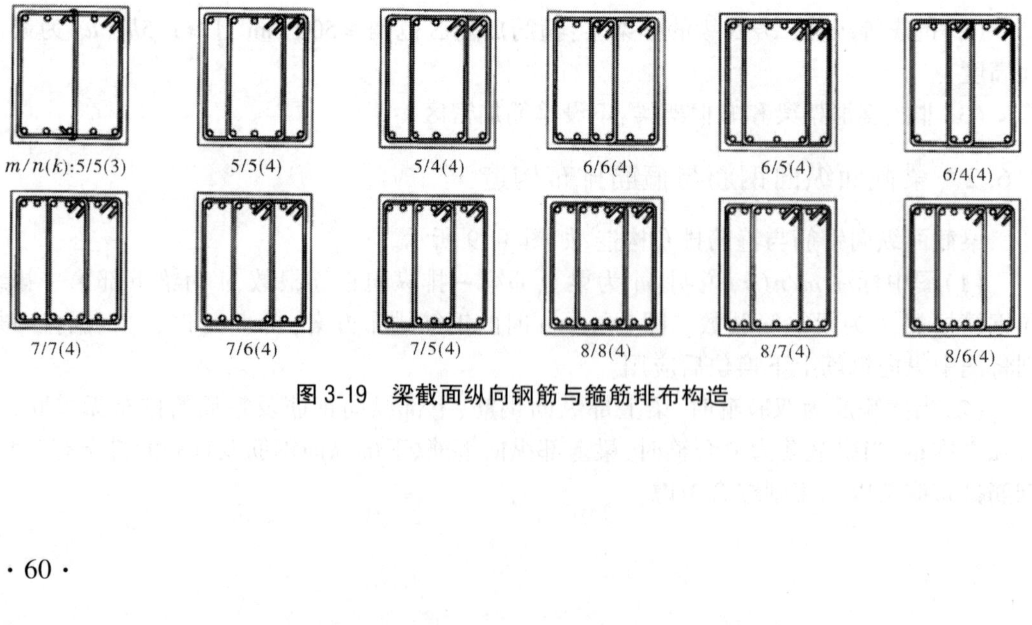

图3-19 梁截面纵向钢筋与箍筋排布构造

①梁上部纵向钢筋、下部纵向钢筋及复合箍筋排布时应遵循对称均匀原则。

②梁复合箍筋应采用截面周边外封闭大箍加内封闭小箍的组合方式(大箍套小箍)。内部复合箍筋可采用相邻两肢形成一个内封闭小箍的形式;当梁箍筋肢数≥6,相邻两肢形成的内封闭小箍水平段尺寸较小,施工中不易加工及安装绑扎时,内部复合箍筋也可采用非相邻肢形成一个内封闭小箍的形式(连环套),但沿外封闭箍筋周边箍筋重叠不宜多于 3 层。

③梁复合箍筋肢数宜为双数,当复合箍筋的肢数为单数时,设一个单肢箍。单肢箍筋宜紧靠纵向钢筋并勾住外封闭箍筋。

④梁箍筋转角处应有纵向钢筋,当箍筋上部转角处的纵向钢筋未能贯通全跨时,在跨中上部可设置架立筋(架立筋的直径:当梁的跨度小于 4 m 时,不宜小于 8 mm;当梁的跨度为 4~6 m 时,不宜小于 10 mm;当梁的跨度大于 6 m 时,不宜小于 12 mm。架立筋与梁纵向钢筋搭接长度为 150 mm)。

⑤梁上部通长筋应对称设置,通长筋宜置于箍筋转角处。

⑥梁同一跨内各组箍筋的复合方式应完全相同。当同一组内复合箍筋各肢位置不能满足对称性要求时,此跨内每相邻两组箍筋各肢的安装绑扎位置应沿梁纵向交错对称排布。

⑦梁横截面纵向钢筋与箍筋排布时,除考虑本跨内钢筋排布关联因素外,还应综合考虑相邻跨之间的关联影响。

(3)框架梁箍筋加密区长度内的箍筋肢距:一级抗震等级不宜大于 200 mm 和 20 倍箍筋直径的较大值;二、三级抗震等级不宜大于 250 mm 和 20 倍箍筋直径的较大值;各抗震等级,不宜大于 300 mm。框架梁非加密区内的箍筋肢距不宜大于 300 mm。

3.6.3　拉筋直径与间距

拉筋是拉住梁两侧面钢筋的,在平法施工图中为非标注项,施工与造价人员根据 22G101-1 图集构造详图处理(见图 3-20、图 3-21)。当梁宽≤350 mm 时,拉筋直径为 6 mm;当梁宽>350 mm 时,拉筋直径为 8 mm。拉筋间距为非加密区箍筋间距的 2 倍。

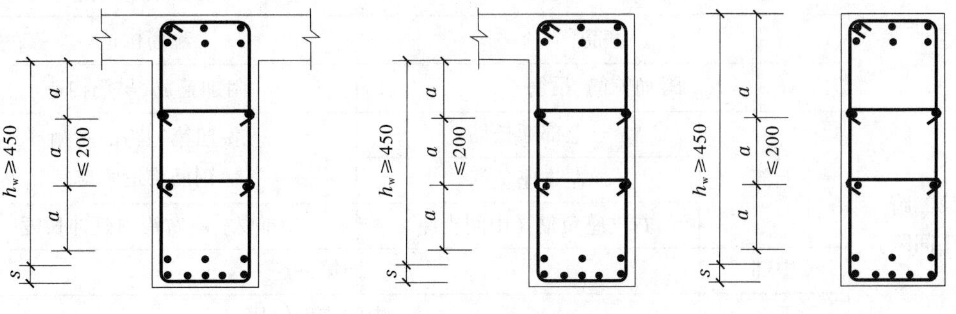

图 3-20　梁侧面构造筋与拉筋构造详图

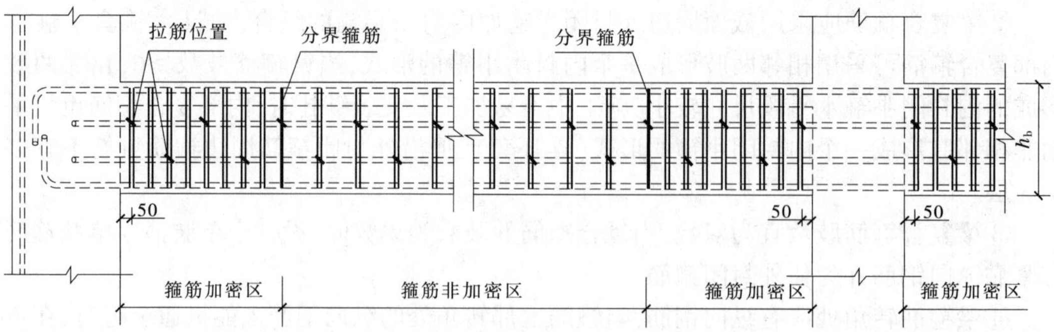

图 3-21 梁箍筋、拉筋排布构造详图

3.7 抗震框架梁钢筋算量

3.7.1 钢筋排列表

框架梁中设有各种钢筋,如果按照一定的顺序排列,则在进行钢筋下料计算和钢筋工程量计算时就很方便,又不漏项,所以先对框架梁钢筋进行排列,见表 3-2。

表 3-2 钢筋排列表

跨位	钢筋位置	钢筋名称	钢筋构造
第一跨（端跨）	上部	上部通长筋	支座内锚固
		左支座负筋（端支座）	左支座内锚固
			向右跨内延伸长度
		右支座负筋(中间支座)	向左、向右跨内延伸长度
	下部	下部筋	左支座锚固(端支座)
			右支座锚固(中间支座)
	中部	侧面构造钢筋	侧面构造钢筋构造
		受扭钢筋	受扭钢筋构造
	箍筋		箍筋构造
	附加箍筋、吊筋		附加箍筋、吊筋构造
第二跨（中间跨）	上部	上部通长筋	按照第一跨的右侧钢筋构造考虑
		左支座负筋	
		右支座负筋（中间支座）	向左、向右跨内延伸长度
	中部	同第一跨	
	下部	中间支座锚固	
…	…	…	

3.7.2　三跨抗震梁钢筋算量

图 3-22 为某教学楼框架梁(KL4),通过其立面钢筋图、截面钢筋图和抽筋图,练习抗震框架梁的识图读图能力。

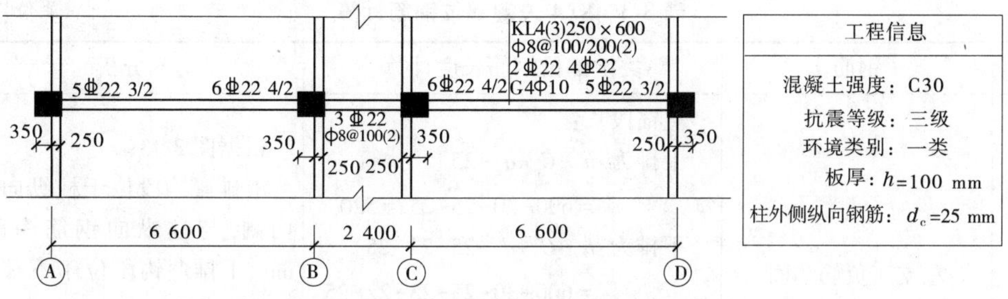

图 3-22　某教学楼框架梁(KL4)

3.7.2.1　KL4 钢筋排布图

根据 KL4 平法图标注内容,按照抗震框架梁构造详图,绘制其立面钢筋排布图[见图 3-23(a)]与截面钢筋排布图[见图 3-23(b)]。

梁的净跨长度与梁柱(墙)定位关系有关,因此框架梁定位与尺寸应结合基础平面图和柱(墙)定位图确定。

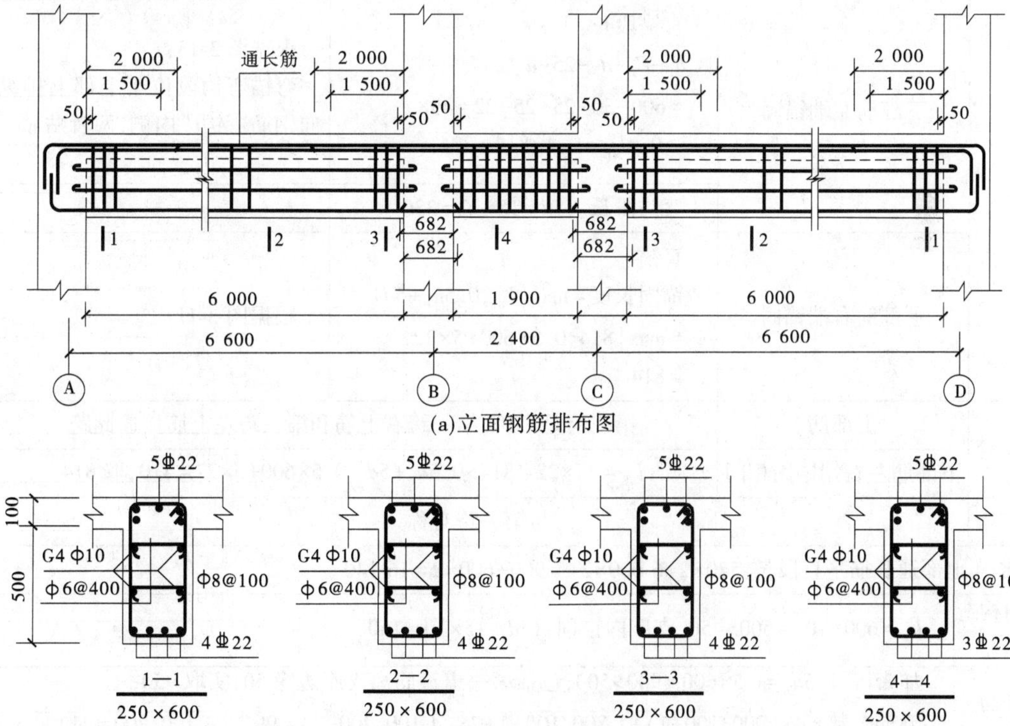

(a)立面钢筋排布图

(b)截面钢筋排布图

图 3-23　KL4 钢筋排布图

3.7.2.2　KL4 钢筋形状、尺寸确定

端支座钢筋锚固：根据工程信息与钢筋信息，Φ22 钢筋锚固长度 $l_{aE}=37d=37\times22=814$ (mm)，柱截面沿 KL4 方向的尺寸为 600 mm，无法直锚，因此只能弯锚。具体计算见表 3-3。

表 3-3　KL4 关键部位钢筋计算　　单位：mm

跨位	钢筋	关键部位钢筋长度计算	分析
第一跨	左支座负筋锚固	直锚段长： 上排为：$h_c-C_c-d_c-25$ $=600-30-25-25=520$ 下排为：$h_c-C_c-d_c-25-22-25$ $=600-30-25-25-22-25$ $=473$ $\geq 0.4l_{aE}=0.4\times814=326$	根据图 3-13； 上排弯钩段位于柱纵向钢筋内侧，与柱纵向钢筋净距 25 mm，下排弯钩段位于下部纵向钢筋弯钩段内侧 25 mm。 C_c——柱纵向钢筋保护层； d_c——柱纵向钢筋直径
		弯钩段长：$15d=15\times22=330$	
	左支座负筋伸入梁内	$l_{n1}/3=6\ 000/3=2\ 000$ $l_{n1}/4=6\ 000/4=1\ 500$	根据图 3-10
	右支座负筋伸入梁内	$l_n/3=6\ 000/3=2\ 000$ $l_n/4=6\ 000/4=1\ 500$	根据图 3-10； 中间支座取左右两跨较大者
	下部筋左端锚固	直锚段长： $h_c-C_c-d_c-25-d_b$ $=600-30-25-25-22=498$ $\geq 0.4l_{aE}=0.4\times814=326$	根据图 3-13； 弯锚弯钩段位于上部上排纵向钢筋弯钩段内侧，两者贴靠
		弯钩段长：$15d=15\times22=330$	
	下部筋右端锚固	直锚 锚固长度 $=\max\{l_{aE},0.5h_c+5d\}$ $=\max\{814,0.5\times600+5\times22\}$ $=814$	根据图 3-11
第二跨	上部筋	第二跨是小跨，第一跨右上筋和第三跨左上筋贯通此跨	
	下部筋左右端锚固相同	$l_{aE}=37\times22=814>0.5h_c+5d=0.5\times600+5\times22=410$，取 814	
第三跨	与第一跨对称		
KL4 上部通长筋平直段长：$520\times2+6\ 000\times2+1\ 900+600\times2=16\ 140$			
侧向构造钢筋	$h_w=600-100=500>450$，支座内锚固：$15d=15\times10=150$		
箍筋	加密区：$1.5h_b=1.5\times600=900>500$，包括第一道箍筋离支座边缘 50，实取 950； 箍筋个数 $=4\times(900/100+1)+1\ 800/100+1+2\times(4\ 100/200-1)=99$。$(4\ 100/200=21)$		
拉筋	梁宽 $250<350$，拉筋直径为 6，个数 $=2\times(2\times6\ 000/400+1\ 900/400+3)=76$		

注：框架梁排序从左向右为第一跨，第二跨，第三跨。

3.7.2.3　KL4 钢筋排布与钢筋翻样图

KL4 钢筋排布与钢筋翻样图如图 3-24 所示。钢筋所标尺寸为该侧正投影尺寸，即钢筋外皮尺寸，假定钢筋定尺长度 9 000 mm。

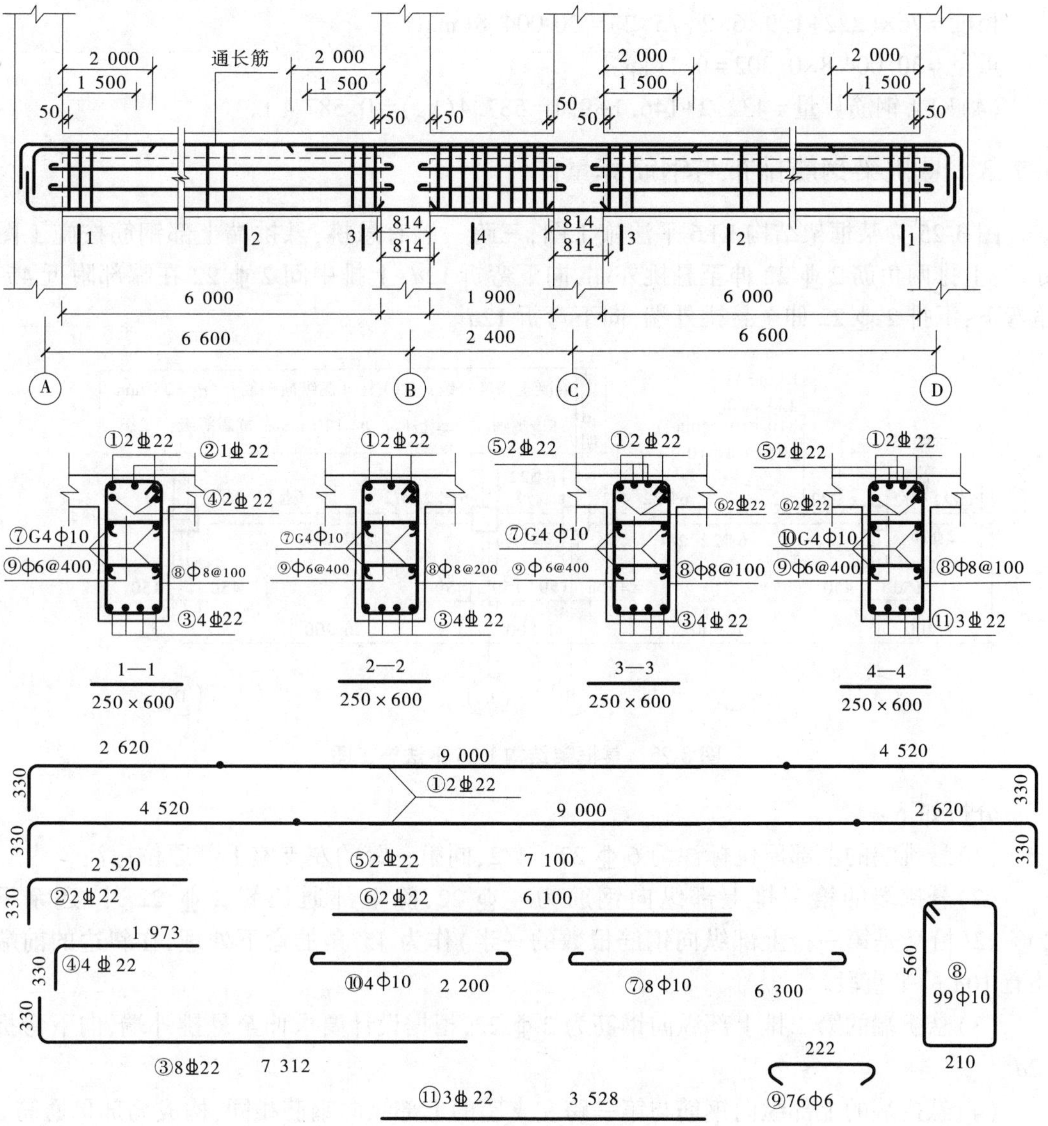

图 3-24　KL4 钢筋排布与钢筋翻样图

3.7.2.4　KL4 钢筋算量

（1）Φ 22 钢筋：

长度＝330×18+16 140×2+2 520×2+1 973×4+7 312×8+7 100×2+6 100×2+3 528×3＝146 632（mm）

重量＝146 632×2.984＝437.5（kg）

（2）Φ 10 钢筋：

长度=4×(2 200+6.25×10×2)+8×(6 300+6.25×10×2)+99×(560+210+11.9×10)×2
=236 722(mm)

重量=236.722×0.617=146.1(kg)

(3)Φ6钢筋：

长度=76×(222+1.9×6×2+75×2)= 30 004.8(mm)

重量=30.004 8×0.302=9.1(kg)

(4)KL4钢筋算量=432.2+146.1+9.1=587.4(kg)=0.587 4 t。

3.7.3 悬挑梁钢筋排布与钢筋算量图

图3-25为某框架结构KL6平法施工图，三跨一端有悬挑，悬挑端上部钢筋按施工图处理：上排两角筋2 Φ 22伸至悬挑外端，向下弯折12d；上排中间2 Φ 22在端部附近45°角弯下；下排2 Φ 22伸至悬挑外端，向下弯折12d。

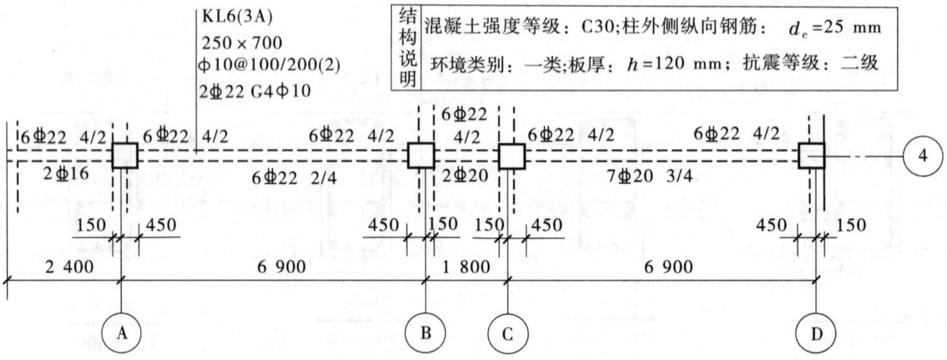

图3-25 某框架结构KL6平法施工图

分析如下：

(1)悬挑端的上部原位标注为6 Φ 22 4/2，同第一跨的左支座上部原位标注。

(2)悬挑端的第一排上部纵向钢筋为4 Φ 22，除上部通长筋2 Φ 22外，还余下2 Φ 22(恰巧是第一排上部纵向钢筋根数的一半)作为45°角的弯下处理，在斜边的前端还有10d的平直段。

(3)悬挑端的第二排上部纵向钢筋为2 Φ 22，根据设计要求伸至悬挑外端，向下弯折12d。

(4)悬挑端的上部纵向钢筋与第一跨左支座的上部纵向钢筋相同，构成局部贯通筋。

(5)悬挑端的下部纵向钢筋为2 Φ 16，设计没有要求，按构造详图处理，锚入支座15d。

其余部分的钢筋分析同KL4(3)。

3.7.3.1 关键部位计算

钢筋在支座内的锚固：不论边支座还是中间支座，能直锚就直锚，不能直锚再采用弯锚。由于中间支座两边的梁高度与尺寸相同，所以中间支座钢筋采用直锚。

锚固长度：

上部筋Φ 22：$l_{aE}=40d=40\times22=880$(mm)，支座尺寸只有 600 mm，边支座只能弯锚；

下部筋Φ 20：$l_{aE}=40d=40\times20=800$(mm)，支座尺寸只有 600 mm，边支座只能弯锚。

3.7.3.2　KL6(3A) 钢筋排布与钢筋翻样图

构造筋、箍筋、拉筋与 KL4 构造相似，这里只表达上、下部纵向钢筋。KL6 立面纵向钢筋排布见图 3-26；端支座构造见图 3-27；KL6 钢筋计算图见图 3-28。

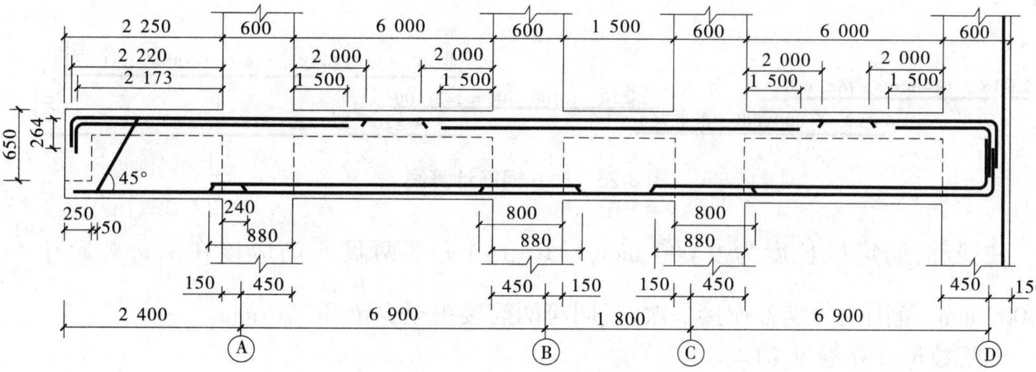

图 3-26　KL6 立面纵向钢筋排布

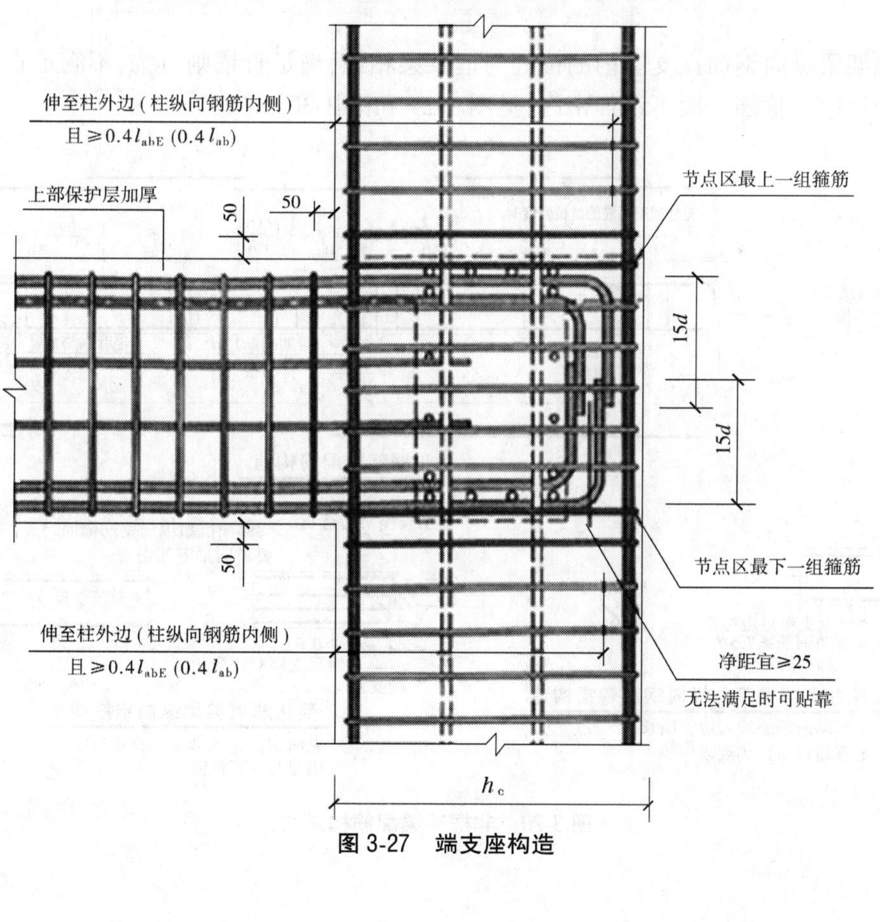

图 3-27　端支座构造

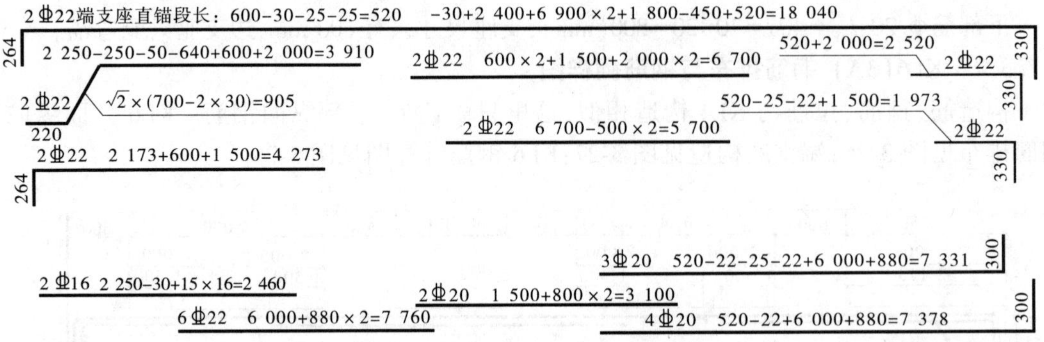

图 3-28　KL6 钢筋计算图

注:若钢筋定尺长度为 9 000 mm，KL6(3A)上部两贯通筋应该在两边跨跨中$\frac{1}{3}$(2 000 mm)范围内分别各连接一次，且同跨两筋接头至少错开 770 mm。

钢筋数量计算参见 KL4。

3.8　非框架梁纵向钢筋构造

非框架梁纵向钢筋在支座内的锚固与框架梁相似，满足直锚则直锚，不满足直锚要求时才选择弯锚。箍筋一般不设加密区，见图 3-29 和图 3-30。

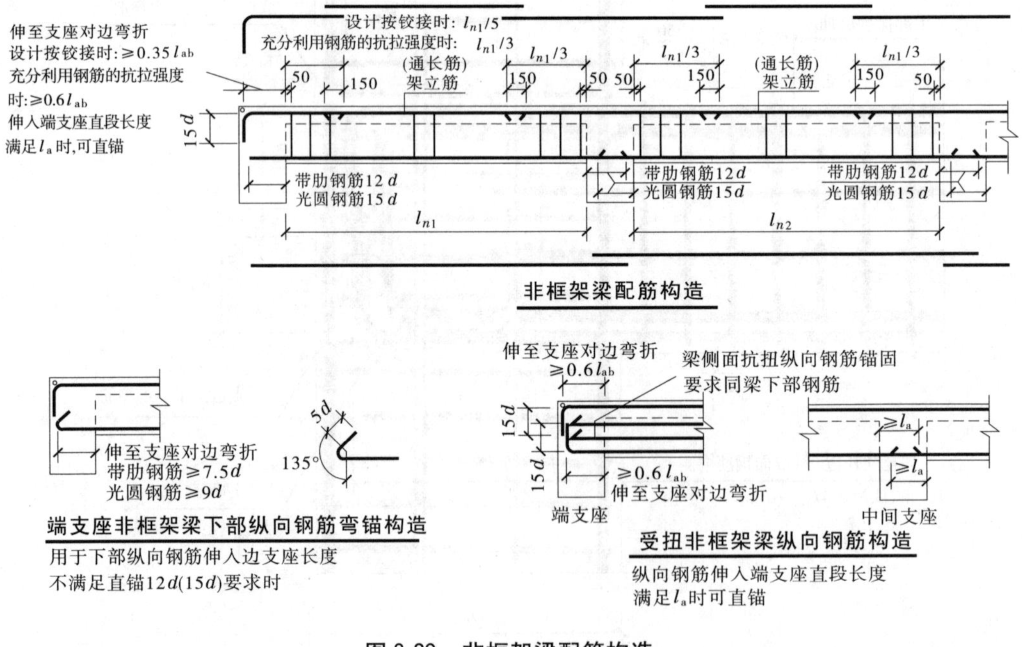

图 3-29　非框架梁配筋构造

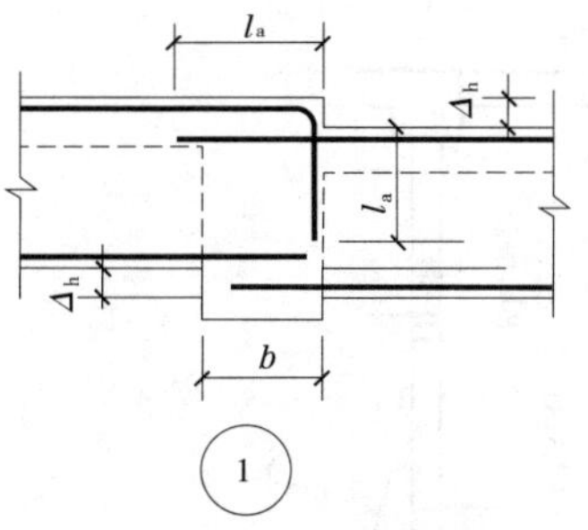

支座两边纵向钢筋互锚
梁下部纵向钢筋锚固要求见图3-29

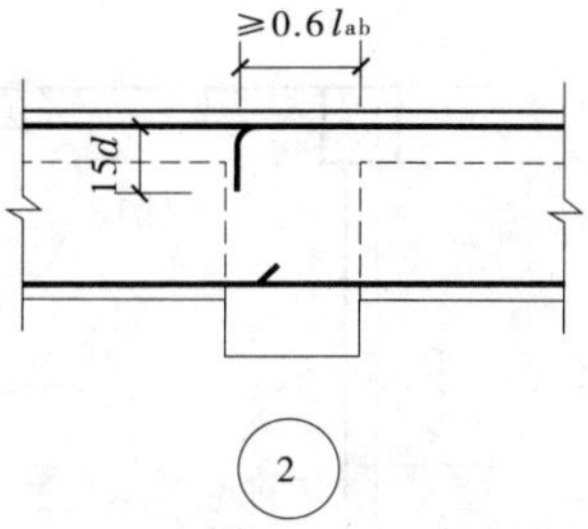

当支座两边梁宽不同或错开布置时，将无法直通的纵向钢筋弯锚入梁内;或当支座两边纵向钢筋不同时，可将多出的纵向钢筋锚入梁内根数
梁下部纵向钢筋锚固要求见图3-29

非框架梁中间支座纵向钢筋构造(节点①~②)

伸至支座对边弯折
设计按铰接时：≥0.35l_{ab}
充分利用钢筋的抗拉强度时：≥0.6 l_{ab}
伸入端支座直段长度满足l_a 时,可直锚

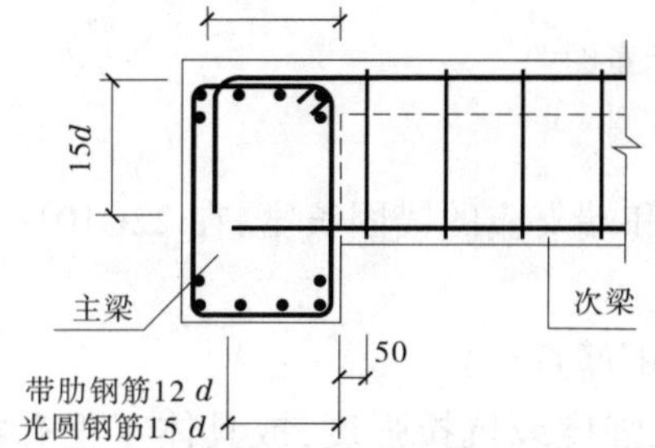

主次梁节点构造(一)

次梁上部纵向钢筋置于主梁上部纵向钢筋之一

伸至支座对边弯折
设计按铰接时：≥0.35l_{ab}
充分利用钢筋的抗拉强度时：≥0.6 l_{ab}
伸入端支座直段长度满足l_a 时,可直锚

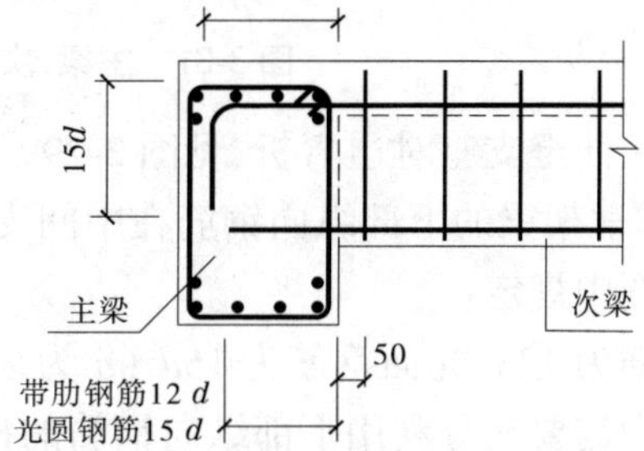

主次梁节点构造(二)

次梁上部纵向钢筋置于主梁上部纵向钢筋之下

图 3-30　非框架梁节点构造

非框架梁是相对于框架梁而言的,次梁是相对于主梁而言的,这是两个不同的概念。在框架结构中,框架梁以柱为支座,非框架梁是以框架梁或非框架梁为支座。主梁一般为框架梁,次梁一般为非框架梁,次梁以主梁为支座。

此外,次梁也有一级次梁和二级次梁之分。如图 3-31 所示,L3 是一级次梁,它以框架梁 KL5 为支座;而 L4 为二级次梁,它一端以 L3 为支座,另一端以 KL1 为支座。

(1)关于非框架梁的上部纵向钢筋在端支座的锚固要求,22G101-1 图集标准构造详图中规定:

①当按铰设计时,平直段伸至端支座对边后弯折,且平直段长度≥0. 35l_{ab},弯折段长度 15d(d 为纵向钢筋直径)。

②当充分利用钢筋的抗拉强度时,直段伸至端支座对边后弯折,且平直段长度≥0. 6l_{ab},弯折段长度 15d。

设计者应在平法施工图中注明采用何种构造,当多数采用同种构造时可在图注中统一写明,并将少数不同之处在图中注明(施工与造价可以不用考虑这个问题,应该按照位

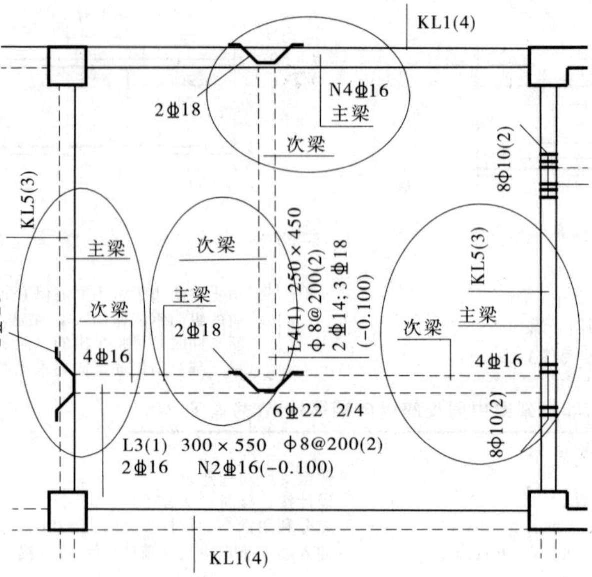

图 3-31 主梁、次梁示意图

置要求来做——伸至支座对边弯折,见图 3-29。

(2)关于非框架梁的下部纵向钢筋在中间支座和端支应的锚固长度,在 22G101-1 图集标准构造详图中规定:

①带肋钢筋为 12d;光面钢筋为 15d (d 为纵向钢筋直径)。

②当计算中需要充分利用下部纵向钢筋的抗压强度或抗拉强度,或具体工程有特殊要求时,其锚固长度应由设计者按照《混凝土结构设计规范》(GB 50010—2010)(2015 年版)的相关规定进行变更。

(3)当非框架梁配有受扭纵向钢筋时,梁纵向钢筋锚入支座的长度为 l_a,在端支座直锚长度不足时可伸至端支座对边后弯折,且平直段长度≥0.6l_{ab},弯折段长度 15d,设计者应在图中注明。

(4)主、次梁相交处附加箍筋、附加吊筋构造,见图 3-32。

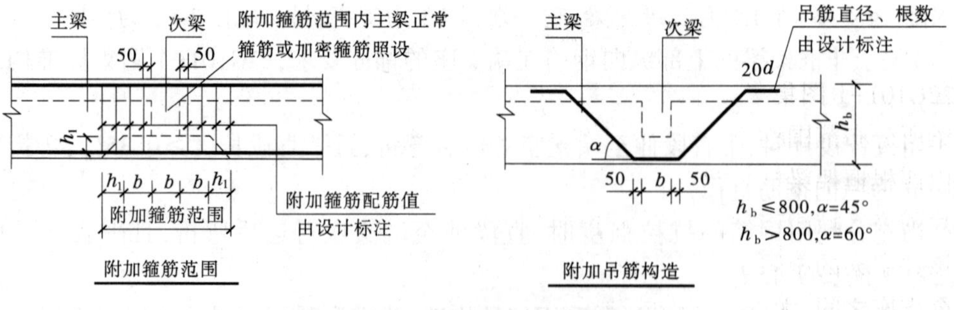

图 3-32 附加箍筋、附加吊筋构造

3.9　井字梁平法标注与纵向钢筋构造

3.9.1　井字梁平法注写方式

井字梁通常由正交的非框架梁构成，并以框架梁为支座(特殊情况下以专门设置的非框架大梁为支座)。在此情况下，为明确区分井字梁与作为井字梁支座的梁，井字梁用单粗虚线表示(当井字梁顶面高出板面时可用单粗实线表示)，作为井字梁支座的梁用双细虚线表示(当梁顶面高出板面时可用双细实线表示)，见图 3-33。

图 3-33 表示的两片矩形平面网格区域井字梁平面布置图中，仅标注了井字梁编号以及其中两根井字梁支座上部钢筋的伸出长度值代号，略去了集中注写与原位注写的其他内容。

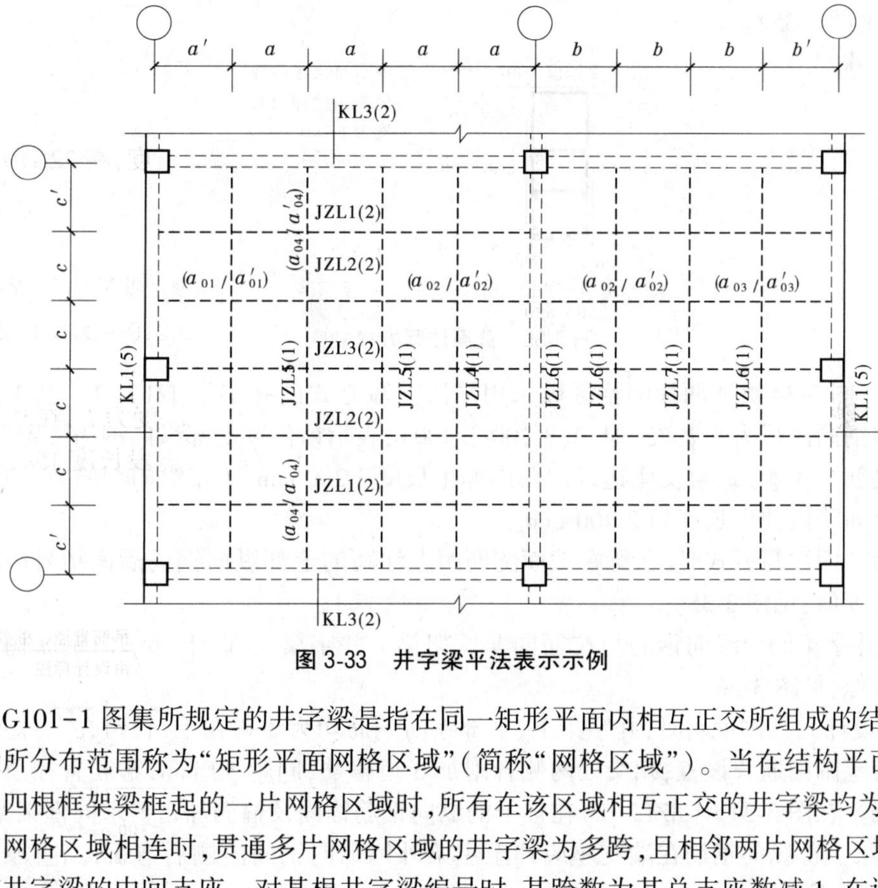

图 3-33　井字梁平法表示示例

22G101-1 图集所规定的井字梁是指在同一矩形平面内相互正交所组成的结构构件，井字梁所分布范围称为"矩形平面网格区域"(简称"网格区域")。当在结构平面布置中仅有由四根框架梁框起的一片网格区域时，所有在该区域相互正交的井字梁均为单跨；当有多片网格区域相连时，贯通多片网格区域的井字梁为多跨，且相邻两片网格区域分界处即为该井字梁的中间支座。对某根井字梁编号时，其跨数为其总支座数减 1，在该梁的任意两个支座之间，无论有几根同类梁与其相交，均不作为支座。

井字梁的注写规则除与其他类型的梁相同外，设计者应注明纵横两个方向梁相交处同一层面钢筋的上下交错关系(指梁上部或下部的同层面交错钢筋何梁在上、何梁在下),以及在该相交处两方向梁箍筋的布置要求。井字梁平法标注规则见图3-34。

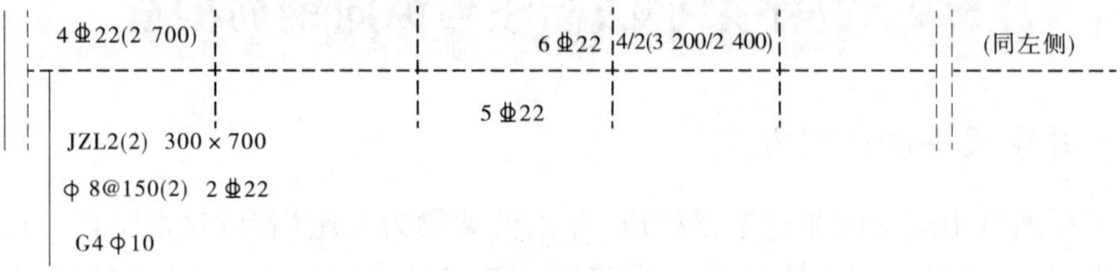

图3-34 井字梁平法标注规则

3.9.2 井字梁纵向钢筋构造

(1)井字梁的端部支座和中间支座上部纵向钢筋的伸出长度值,应由设计者在原位加注具体数值予以注明。

当采用平面注写方式时,在原位标注的支座上部纵向钢筋后面括号内加注具体伸出长度值(见图3-35)。

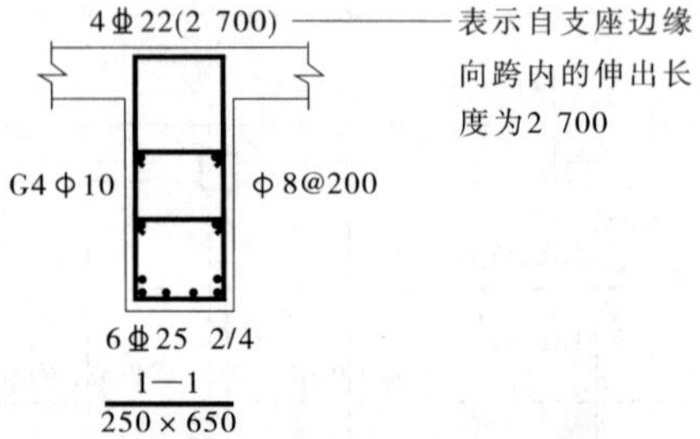

图3-35 截面注写方式规则

例如,图3-34贯通两片网格区域采用平法注写方式的井字梁JZL2(2),其中间支座上部纵向钢筋注写为6 ⏀ 22 4/2(3 200/2 400),表示该位置上部纵向钢筋设置两排,上排纵向钢筋为4 ⏀ 22,自支座边缘向跨内伸出长度3 200 mm,下排纵向钢筋为2 ⏀ 22,自支座边缘向跨内伸出长度为2 400 mm。

当为截面注写方式时,在梁端截面配筋图上注写的上部纵向钢筋后面括号内加注具体伸出长度值,见图3-35。

(2)井字梁侧面纵向钢筋与拉筋同非框架梁。井字梁上部、下部纵向钢筋构造与非框架梁相似,见图3-36。

(3)设计无具体说明时,井字梁上、下部纵向钢筋均为短跨在下,长跨在上;短跨梁箍筋在相交范围内通长设置;相交处两侧各附加3道箍筋,间距50 mm,箍筋直径及肢数同梁内箍筋。在图3-34中,JZL2(2)在柱子的纵向钢筋锚固及箍筋加密要求同框架梁。

(4)梁上部纵向钢筋在端支座应伸至主梁外侧纵向钢筋内侧后弯折,当直段长度不小于 l_a 时可不弯折。

(5)当梁上部有通长钢筋时,连接位置宜位于跨中 $l/3$ 范围内;梁下部钢筋连接位置宜位于支座 $l/4$ 范围内;且在同一连接区段内钢筋接头面积百分率不宜大于50%。

(6)当梁中纵向钢筋采用光面钢筋时,图3-36中12d应改为15d。

(7)图3-36中“设计按铰接时”和“充分利用钢筋的抗拉强度时”由设计指定(施工与造价可以不用考虑这个问题,应该按照位置要求来做——伸至支座对边弯折,见图3-37)。

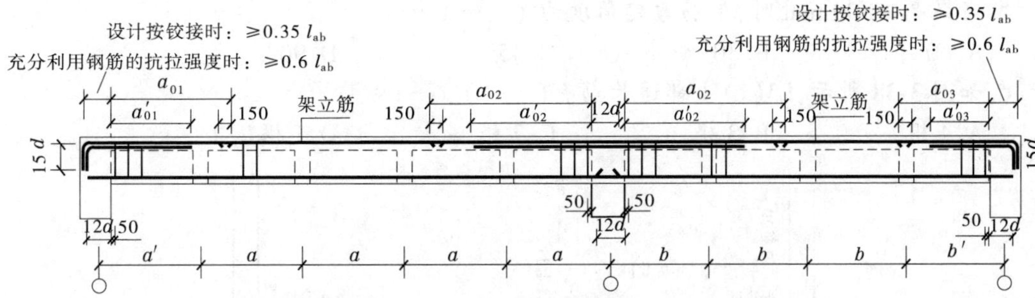

图3-36　井字梁上部、下部纵向钢筋构造

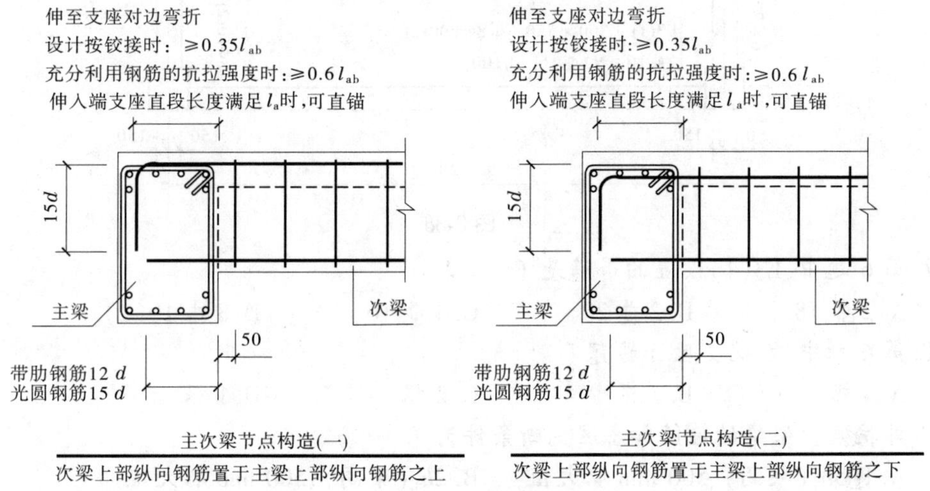

图3-37　主、次梁节点构造

练习题

一、单项选择题

1.(　　)情况下须在梁中配置纵向构造筋。

A. 梁腹板高度 h_w≥650 mm　　B. 梁腹板高度 h_w≥550 mm

C. 梁腹板高度 h_w≥450 mm　　C. 梁腹板高度 h_w≥350 mm

2. 当梁上部纵向钢筋多于一排时,用(　　)符号将各排钢筋自上而下分开。

A. /　　B. ;　　C. ×　　D. +

3. 梁中同排纵向钢筋直径有两种时,用(　　)符号将两种纵向钢筋相连,注写时将角部纵向钢筋写在前面。

A. /　　B. ;　　C. ×　　D. +

4. 当直形普通梁端支座为框架梁时,第一排端支座负筋伸入梁内的长度为(　　)。

A. $\frac{1}{3}l_n$　　B. $\frac{1}{4}l_n$　　C. $\frac{1}{5}l_n$　　D. $\frac{1}{6}l_n$

5. 当梁高≥800 mm 时,吊筋弯起角度为(　　)。

A. 60°　　B. 30°　　C. 45°　　D. 90°

6. 如图 3-38 所示,L3(1)上部通长筋有(　　)。

A. 4 根　　B. 3 根　　C. 2 根　　D. 1 根

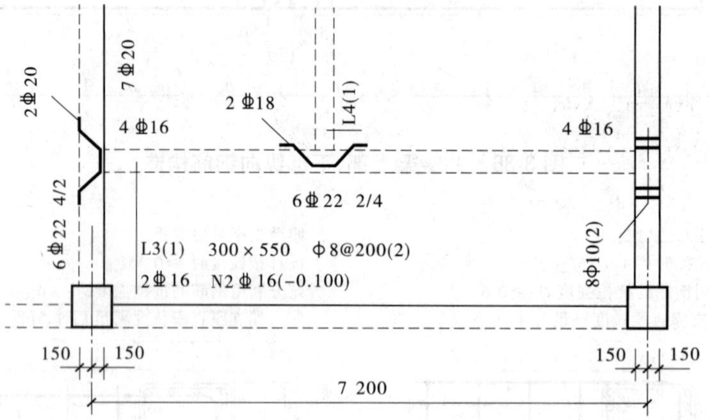

图 3-38

7. 第 6 题中,L3(1)设置的吊筋是(　　)。

A. 2⌀18　　B. 2⌀20　　C. 4⌀16　　D. 8Φ10(2)

8. 第 6 题中,左端支座负筋有(　　)。

A. 4 根　　B. 3 根　　C. 2 根　　D. 1 根

9. 非抗震框架梁的箍筋加密区判断条件为(　　)。

A. 1.5h_b(梁高)、500 mm 取大值　　B. 2h_b(梁高)、500 mm 取大值

C. 500 mm　　D. 一般不设加密区

10. 纵向受拉钢筋非抗震锚固长度任何情况下不得小于(　　)。

A. 250 mm　　B. 350 mm　　C. 400 mm　　D. 200 mm

11. KL2 的净跨长为 7 200 mm,梁截面尺寸为 300 mm×700 mm,箍筋的集中标注为Φ10@100/200(2),一级抗震,箍筋的非加密区长度为(　　)mm。

A. 4 400　　B. 4 300　　C. 4 200　　D. 2 800

12. 梁高≤800 mm 时,吊筋弯起角度为(　　)。

A. 60°　　B. 30°　　C. 45°　　D. 90°

二、不定项选择题

1. 框架梁上部纵向钢筋包括(　　)。

A. 上部通长筋　　B. 支座负筋　　C. 架立筋　　D. 腰筋

2. 框架梁的支座负筋延伸长度规定(　　)。

A. 第一排端支座负筋从柱边开始延伸至 $l_n/3$ 位置

B. 第二排端支座负筋从柱边开始延伸至 $l_n/4$ 位置

C. 第二排端支座负筋从柱边开始延伸至 $l_n/5$ 位置

D. 中间支座负筋延伸长度同端支座负筋

3. 梁的平面注写包括集中标注和原位标注,集中标注的五项必注值有(　　)。

A. 梁编号、截面尺寸　　　　B. 梁上部通长筋、箍筋

C. 梁侧面纵向钢筋　　　　D. 梁顶面标高高差

4. 下列关于支座两侧梁高不同的钢筋构造说法,正确的是(　　)。

A. 顶部有高差时,高跨上部纵向钢筋伸至柱对边弯折 $15d$

B. 顶部有高差时,低跨上部纵向钢筋直锚入支座 $l_{aE}(l_a)$ 即可

C. 底部有高差时,低跨上部纵向钢筋伸至柱对边弯折,弯折长度为 $15d$+高差

D. 底部有高差时,高跨下部纵向钢筋直锚入支座 $l_{aE}(l_a)$

三、计算题

1. 计算图3-39中梁KL7(3)上部通长筋的长度。

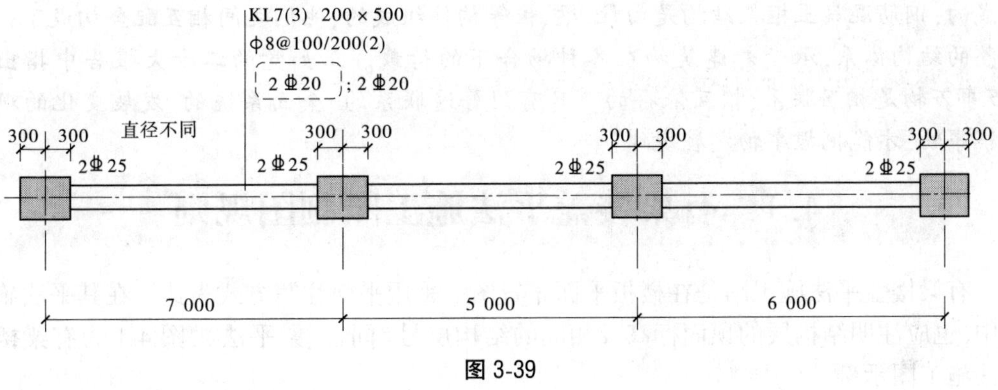

图3-39

2. 如图3-40所示,求L3(1)的上部筋的锚固长度。

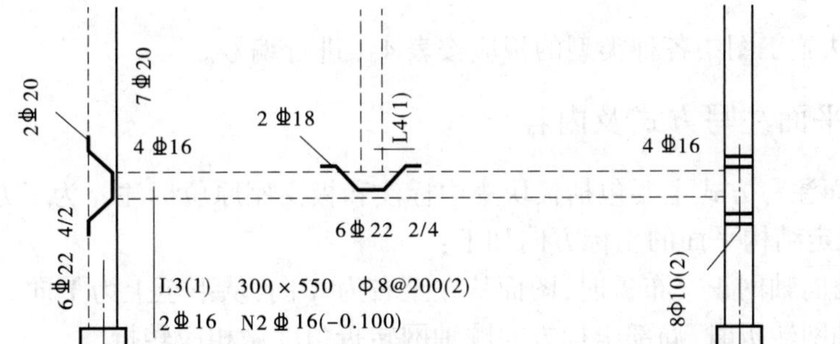

图3-40

项目4 板平法识图及其钢筋算量

【知识目标】

1. 掌握板平法施工图的制图规则和注写方式。

2. 掌握有梁楼盖板底贯通筋、支座负筋、分布筋构造。

【能力目标】

1. 能够应用制图规则,熟练识读板平法结构施工图。

2. 能正确应用板钢筋各构造详图。

3. 能根据楼盖平法图计算钢筋量。

【课程思政】

楼板平法结构施工图是结合投影结构施工图而来的,它也是由制图规则与构造详图组成的,钢筋混凝土框架结构是由柱、梁、板等构件组成的,他们之间相互配合构成了一个完整的结构体系,承受着建筑物在各种场合下的荷载。正如党的二十大报告中指出的"万事万物是相互联系、相互依存的。只有用普遍联系的、全面系统的、发展变化的观点观察事物,才能把握事物发展规律"。

4.1 有梁楼盖平法施工图制图规则

有梁楼盖平法施工图是在楼板平面布置图上采用平面注写方式表达。在其平法施工图中,也应注明结构层的顶面标高及相应的结构层号(同柱、梁平法),图4-1为有梁楼盖平法施工图示例。

4.1.1 板的编号规定

在板平法施工图中各种类型的板应按表4-1进行编号。

4.1.2 板平面注写方式及内容

板块平面注写方式主要包括板块集中标注和板支座原位标注。为了方便设计表达和施工识图,规定结构平面的坐标方向如下:

(1)当两向轴网正交布置时,图面从左至右为X向,从下至上为Y向。

(2)当轴网转折时,局部坐标方向顺轴网转折角度做相应转折。

(3)当轴网向心布置时,切向为X向,径向为Y向。

4.1.2.1 板块集中标注

板块集中标注的内容分为板块编号(详见板块编号规定)、板厚贯通纵向钢筋以及当板面标高不同时的标高高差。

层号	标高/m	层高/m
屋面2	65.670	
塔层2	62.370	3.30
屋面1(塔层1)	59.070	3.30
16	55.470	3.60
15	51.870	3.60
14	48.270	3.60
13	44.670	3.60
12	41.070	3.60
11	37.470	3.60
10	33.870	3.60
9	30.270	3.60
8	26.670	3.60
7	23.070	3.60
6	19.470	3.60
5	15.870	3.60
4	12.270	3.60
3	8.670	3.60
2	4.470	4.20
1	−0.030	4.50
−1	−4.530	4.50
−2	−9.030	4.50

结构层楼面标高
结构层高

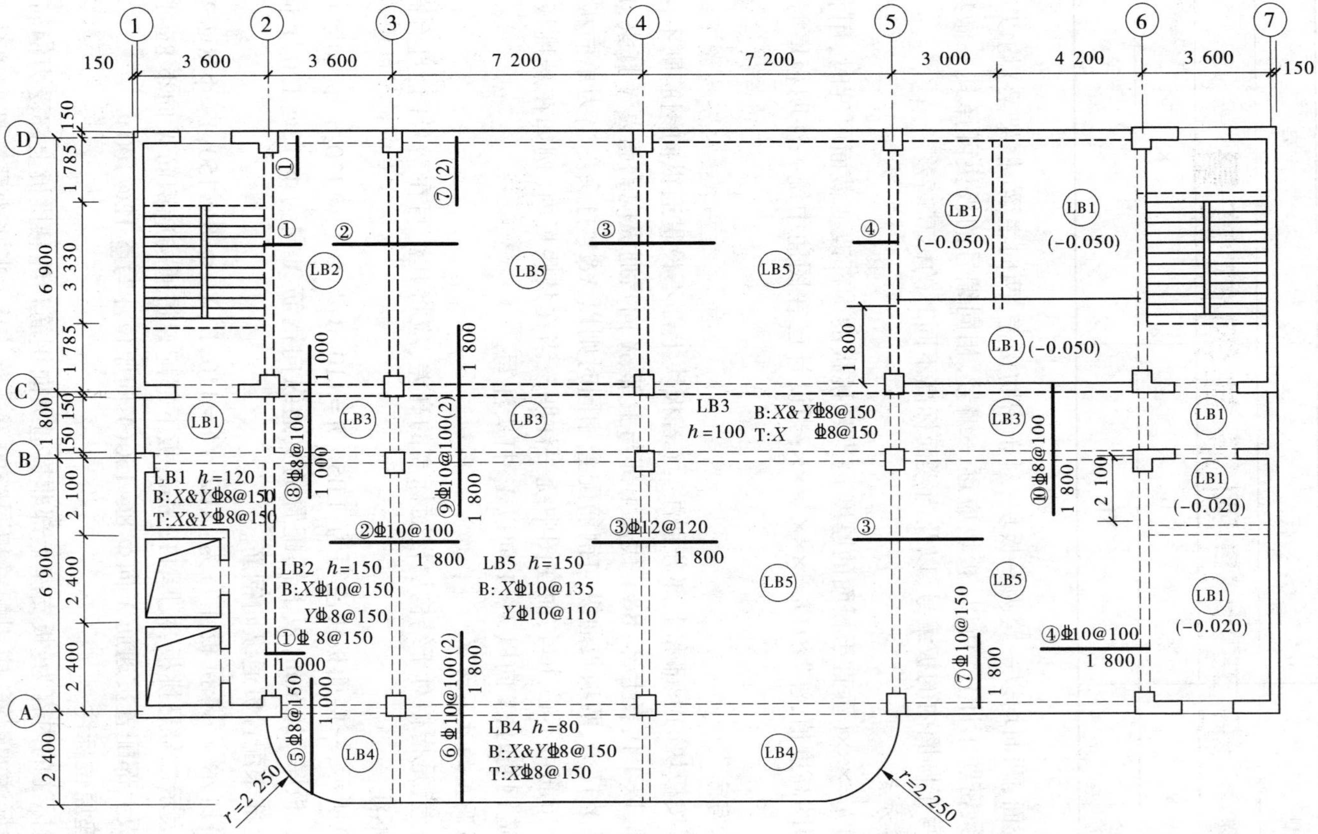

15.870~26.670梁平法施工图

(未注明分布筋为 Φ8@250)

图 4-1　有梁楼盖平法施工图示例

表4-1　板块编号

板类型	代号	序号
楼面板	LB	××
屋面板	WB	××
悬挑板	XB	××

对于普通楼面,两向均以一跨为一板块;对于密肋楼盖,两向主梁(框架梁)均以一跨为一板块(非主梁密肋不计)。所以,板块应逐一编号,相同编号的板块可择其一做集中标注,其他仅注写于圆圈内的板编号,以及当楼面标高不同时的标高高差。

1. 厚板注写方式

厚板注写为 h=×××(垂直于板面的厚度):当悬挑板的端部改变截面厚度时,用斜线分隔根部与端部的高度值,注写为 h=×××/×××;当设计已在图注中统一注明板厚时,此项可不注。

2. 贯通筋注写方式

贯通筋注写按板块的下部和上部分别注写(若板块上部不设贯通纵向钢筋则不注),并以B代表下部,以T代表上部,B&T代表下部与上部;X向贯通纵向钢筋以X打头,Y向贯通纵向钢筋以Y打头,两项贯通纵向钢筋配置相同时则以X&Y打头。当为单向板时,另一项贯通的分布筋可不必注写,而在图中统一注明。当在某些板内(例如在悬挑板XB的下部)配有构造钢筋时,X向以X_c、Y向以Y_c打头注写。

3. 板面标高高差的注写方式

板面标高高差,是指相对于结构层楼面标高的高差,应将其注写在括号内,且有高差则注,无高差则不注。

如图4-2(a)所示,一楼面板块注写为:LB5　h=110,B:X Φ 12@120;Y Φ 10@110,表示5号楼面板,板厚110 mm,板下部配置的贯通纵向钢筋X向为Φ 12@120,Y向为Φ 10@110;板上部未配置贯通纵向钢筋。

如图4-2(b)所示,一悬挑板注写为:XB2　h=110,B:X_c Φ 8@150;Y_c Φ 8@200,T:X Φ 8@150,表示2号悬挑板,板厚110 mm,板下部配置贯通构造钢筋X向Φ 8@150,Y向Φ 8@200,板上部配置贯通筋X向Φ 8@150(Y向原位注写Φ 12@100)。

4.1.2.2　板支座原位标注

板支座原位标注的内容为:板支座上部非贯通纵向钢筋和纯悬挑板上部受力钢筋。

板支座原位标注的钢筋,应用配置相同跨的第一跨表示(当在梁悬挑部位单独配置时在原位表达)。在配置相同跨的第一跨(或梁悬挑部位),垂直于板支座(梁或墙)绘制一段适宜长度的中粗线(当该通长筋设置在悬挑板或短跨板上部时,实线段应画至对边或贯通短跨),以该线段代表支座上部非贯通纵向钢筋;并在线段上方注写钢筋符号(如①、②等)、配筋值、横向连续布置的跨数(注写在括号内,且当为一跨时可不注),以及是否横向布置到梁的悬挑端。

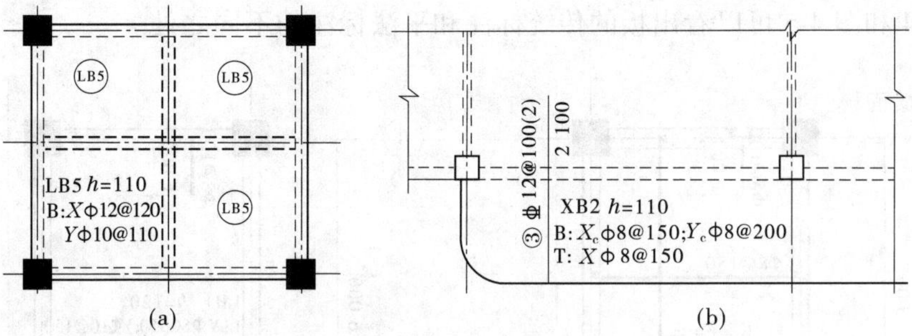

图4-2 楼面板注写

例如,(××A)为横向布置的跨数,(××B)为横向布置的跨数及两端的悬挑部位。

当中间支座上部非贯通纵向钢筋向支座两侧对称伸出时,可仅在支座一侧线段下方标注伸出长度,另一侧不注,见图4-3(a)。

当支座两侧非对称延伸时,应分别在支座线段下方注写延伸长度,见图4-3(b)。

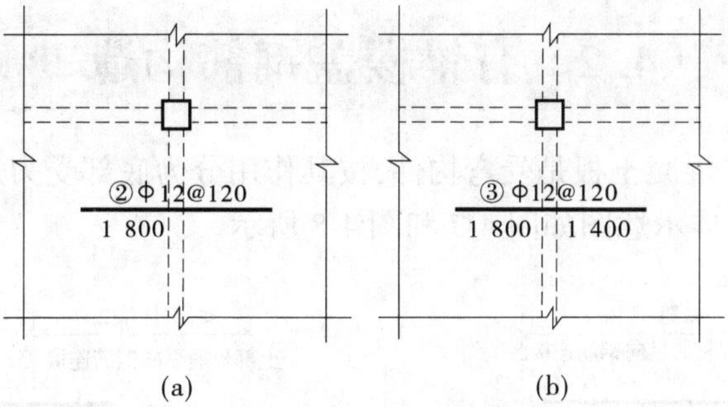

图4-3 板支座原位标注

4.1.3 板的传统表示方法

4.1.3.1 板块底筋表示

板块底筋以板筋线图例绘制,绘制范围即为布置区域,绘制方向即为布置方向。板筋图例通常情况为板筋线图例末端做180°弯钩和板筋线图例末端做135°弯钩或不做弯钩。

4.1.3.2 板块负筋表示

板块负筋以板筋线图例绘制,绘制范围即为布置区域,绘制方向即为布置方向。板筋图例通常情况为板筋线图例末端做90°弯钩。

4.1.3.3 板块支座钢筋表示

板块底筋以板筋线图例绘制,一般是以沿梁或墙为支座的延线绘制,按梁或墙的端点区域为布筋范围。板筋图例通常情况为板筋线图例末端做90°弯钩。

4.1.3.4 板的平法标注和传统标注比较

从图4-4和图4-5可以看出板的传统标注和平法标注的不同之处。

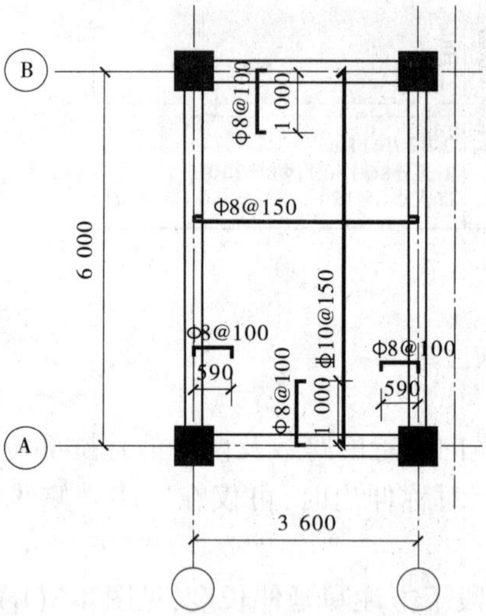

图4-4 板的传统标注

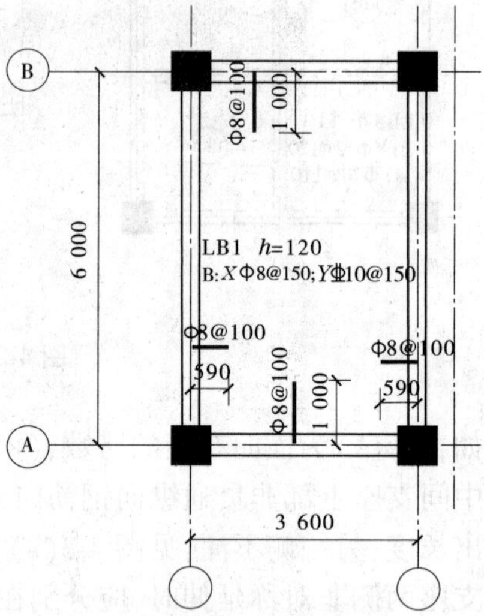

图4-5 板的平法标注

4.2 有梁楼盖钢筋构造

板配筋规定,钢筋混凝土板是受弯构件,按其作用分为底部受力筋、上部负筋、分布筋等,如图4-6所示。立体示意图如图4-7和图4-8所示。

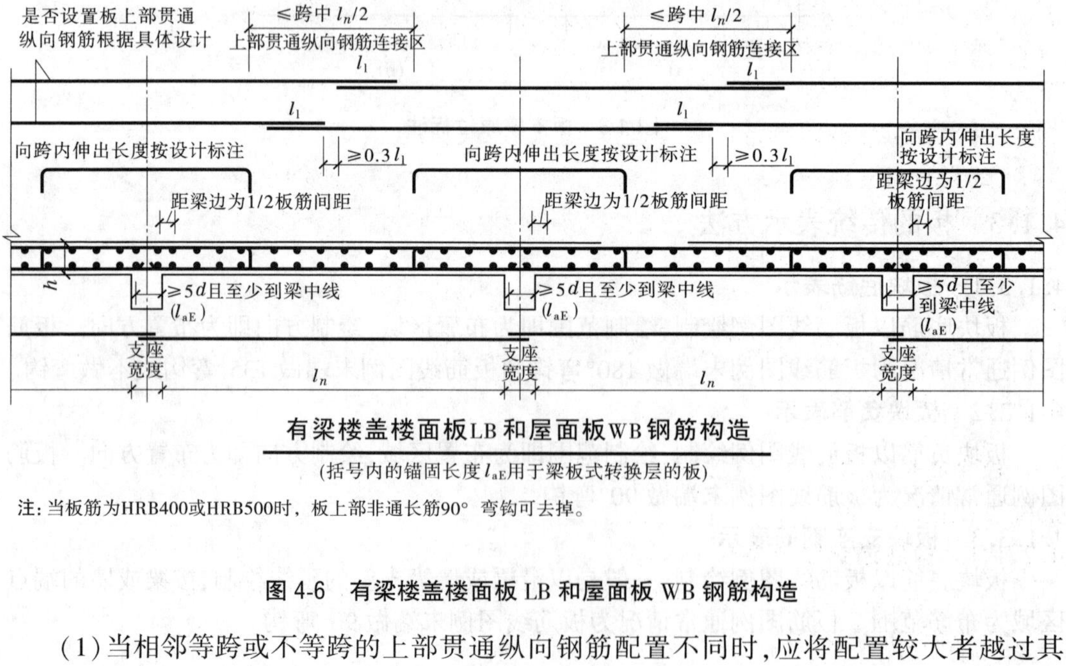

有梁楼盖楼面板LB和屋面板WB钢筋构造

(括号内的锚固长度l_{aE}用于梁板式转换层的板)

注:当板筋为HRB400或HRB500时,板上部非通长筋90°弯钩可去掉。

图4-6 有梁楼盖楼面板LB和屋面板WB钢筋构造

(1)当相邻等跨或不等跨的上部贯通纵向钢筋配置不同时,应将配置较大者越过其

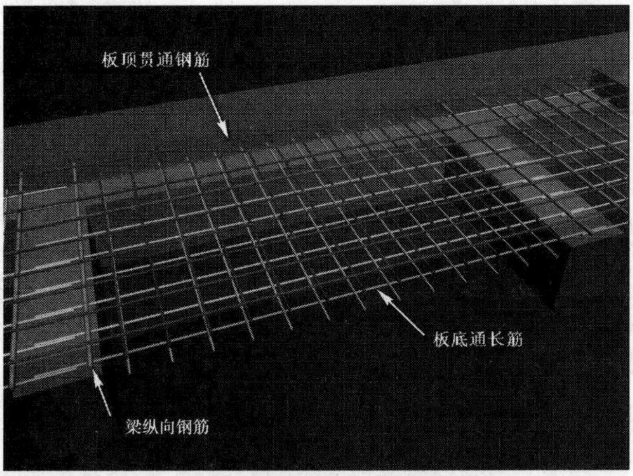

图 4-7 有梁楼盖钢筋构造立体示意图(一)

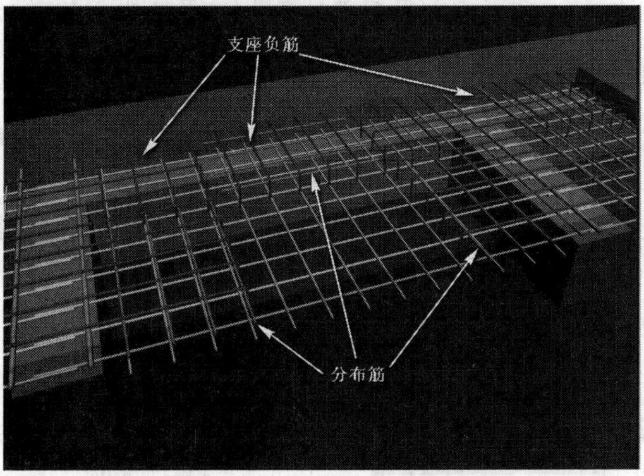

图 4-8 有梁楼盖钢筋构造立体示意图(二)

标注的跨数终点或起点伸出至相邻跨的跨中连接区域连接。

(2)除图 4-6 所示搭接连接外,板纵向钢筋可采用机械连接或焊接连接。接头位置:上部纵向钢筋如图 4-6 所示的连接区,下部钢筋宜在距支座 1/4 净跨内。

(3)板贯通纵向钢筋的连接要求如图 4-6 所示,且同一连接区段内钢筋接头百分率不宜大于 50%。

(4)板位于同一层面的两向交叉纵向钢筋何向在下、何向在上,应按具体设计说明。

4.2.1 板底通长筋

板底通长筋主要用来承受拉力,布置在板底。悬臂板及地下室底板等构件的受力钢筋配置在板的上部。

4.2.1.1 板底通长筋长度

$$板底通长筋长度=净跨+锚固长度\times2+弯钩\times2(或不加弯钩) \quad (4\text{-}1)$$

(1)当板的端支座为框架梁时:

板底通长筋长度=净跨+左右支座锚固长度[max(框梁支座宽/2,5d)]+弯钩×2(或不加弯钩)　　(4-2)

(2)当板的端支座为剪力墙时:

板底通长筋长度=净跨+左右支座锚固长度[max(墙支座宽/2,5d)]+弯钩×2(或不加弯钩)　　(4-3)

(3)当板的端支座为圈梁时:

板底通长筋长度=净跨+左右支座锚固长度[max(圈梁支座宽/2,5d)]+弯钩×2(或不加弯钩)　　(4-4)

(4)当板的端支座为砌体墙时:

板底通长筋长度=净跨+左右支座锚固长度[max(120,板厚,墙厚/2)]+弯钩×2(或不加弯钩)　　(4-5)

4.2.1.2　板底通长筋根数

板底通长筋根数=净跨/板筋间距　　(4-6)

4.2.2　支座负筋

为了避免板受力后在支座上部出现裂缝,通常是在这些部位上部配置受拉钢筋,这种钢筋称为支座负筋。支座负筋在端支座的锚固构造如图4-9和图4-10所示。

纵向钢筋在端支座应伸至支座(梁或剪力墙)外侧纵向钢筋内侧后弯折,当直段长度≥l_a时可不弯折。

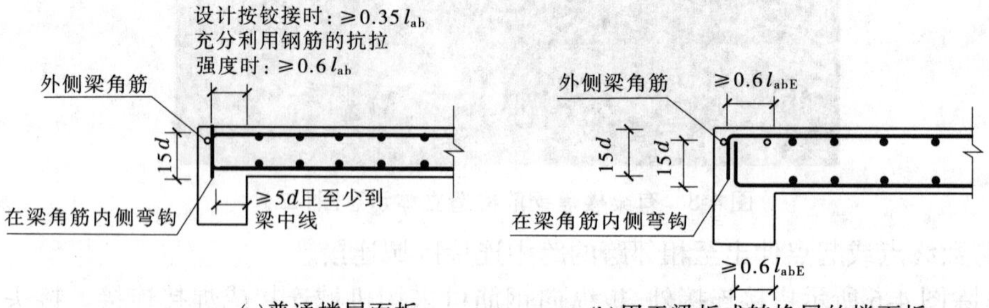

(a)普通楼层面板　　(b)用于梁板式转换层的楼面板

板在端部支座的锚固构造(一)

图4-9　端部支座为梁

4.2.2.1　端支座负筋

1.端支座负筋长度

端支座负筋长度=锚固长度+板内净尺寸+弯折长度　　(4-7)

弯折长度=板厚-板筋保护层厚度

或　　弯折长度=板厚-板筋保护层厚度×2　　(4-8)

(1)情况一:直锚。

锚固长度=支座长度-c(c为支座钢筋保护层厚度,以下同)　　(4-9)

支座长度-c≥l_a时,直锚。

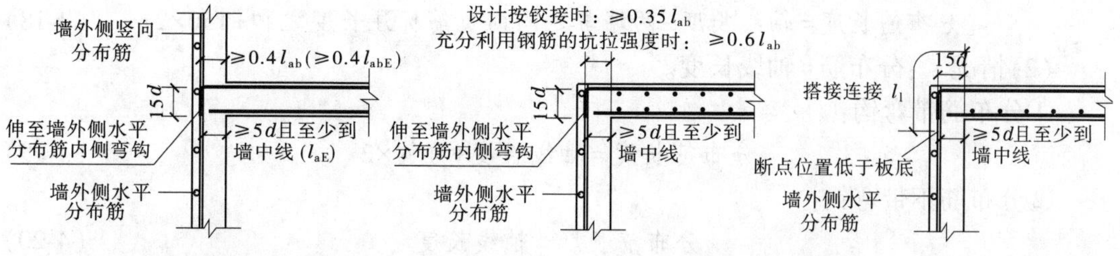

(a)端部支座有剪力墙中间层
[括号内的数值用于梁板式转换层的板，当板下部纵向钢筋直锚长度不足时，可弯锚见图4-9(b)]

(b)端部支座有剪力墙墙顶

板在端部支座的锚固构造(二)

注："设计按铰接时""充分利用钢筋的抗拉强度时"的选择，由设计指定，实际上在施工、造价工作中可以不用考虑这个问题(除非设计有错误)，只需注意位置"在梁角筋内侧弯钩""伸至墙外侧水平分布筋内侧弯钩"即可，以下同。

图4-10　端部支座为剪力墙

$$端支座负筋长度=支座长度-c+板内净长+弯折长度 \tag{4-10}$$

(2)情况二：弯锚。

$$锚固长度=直锚段长度+弯钩段长度=(支座长度-c-支座纵向钢筋直径)+15d \tag{4-11}$$

$$端支座负筋长度=(支座长度-c-支座纵向钢筋直径+15d+弯钩)+板内净长+弯折长度 \tag{4-12}$$

2. 板端负筋根数

$$板端负筋根数=净跨/板筋间距 \tag{4-13}$$

4.2.2.2　中间支座负筋

1. 中间支座负筋长度

$$中间支座负筋长度=标注长度+弯折长度\times2 \tag{4-14}$$

$$弯折长度=板厚-保护层厚\times2 \tag{4-15}$$

2. 中间支座负筋根数

$$中间支座负筋根数=净跨/板筋间距 \tag{4-16}$$

4.2.3　分布筋

分布筋主要用来使作用在板面上的荷载能均匀地传递给受力钢筋；抵抗温度变化和混凝土收缩在垂直于板跨方向所产生的拉应力；同时还与受力钢筋绑扎在一起组合成骨架，防止受力钢筋在混凝土浇捣时的位移。

4.2.3.1　端支座负筋分布筋

1. 端支座负筋分布筋长度

(1)情况一：分布筋和负筋搭接(非接触搭接)150 mm。

①分布筋带弯钩(光圆钢筋)：

$$分布筋长度=轴线长度-两端与之同向负筋标注长度之和+150\times2+弯钩\times2 \tag{4-17}$$

②分布筋不带弯钩(带肋钢筋):

分布筋长度=轴线长度-两端与之同向负筋标注长度之和+150×2　(4-18)

(2)情况二:分布筋=轴线长度。

①分布筋带弯钩:

分布筋长度=轴线长度+弯钩×2　(4-19)

②分布筋不带弯钩:

分布筋长度=轴线长度　(4-20)

2. 端支座负筋分布筋根数

情况一:

负筋分布筋根数 = 负筋板内净尺寸 / 分布筋间距(向上取整)　(4-21)

情况二:

负筋分布筋根数 = 负筋板内净尺寸 / 分布筋间距 + 1(向上取整)　(4-22)

4.2.3.2　中间支座负筋分布筋

分布筋长度和根数与端支座相似,两边分别计算;若两边对称,只计算一边即可,根数加倍。

4.2.4　挑板与折板配筋构造

悬挑板XB钢筋构造如图4-11所示,折板配筋构造如图4-12所示。

4.2.4.1　纯悬挑板的上部钢筋计算

(1)上部受力钢筋长度:

上部受力钢筋长度=悬挑板悬挑长度 l+锚固长度+(板厚 h-保护层厚度)　(4-23)

(2)上部受力钢筋根数:

上部受力钢筋根数=(悬挑板宽度-保护层厚度×2)/上部受力钢筋间距+1　(4-24)

(3)上部分布筋长度:

上部分布筋长度=(悬挑板宽度-保护层厚度×2)+弯钩×2(或不加弯钩)　(4-25)

(4)上部分布筋根数:

上部分布筋根数=(悬挑板悬挑长度 l-保护层厚度)/分布筋间距　(4-26)

4.2.4.2　纯悬挑板的下部钢筋计算

(1)下部构造钢筋长度:

下部构造钢筋长度=(悬挑板悬挑长度 l-保护层厚度)+

max(支座宽/2,12d)+弯钩×2(二级以上钢筋不加弯钩)　(4-27)

(2)下部构造钢筋根数:

下部构造钢筋根数=(悬挑板宽度-保护层厚度×2)/下部构造钢筋间距+1　(4-28)

(3)下部分布筋长度:

下部分布筋长度=(悬挑板宽度-保护层厚度×2)+弯钩×2(或不加弯钩)　(4-29)

(4)下部分布筋根数:

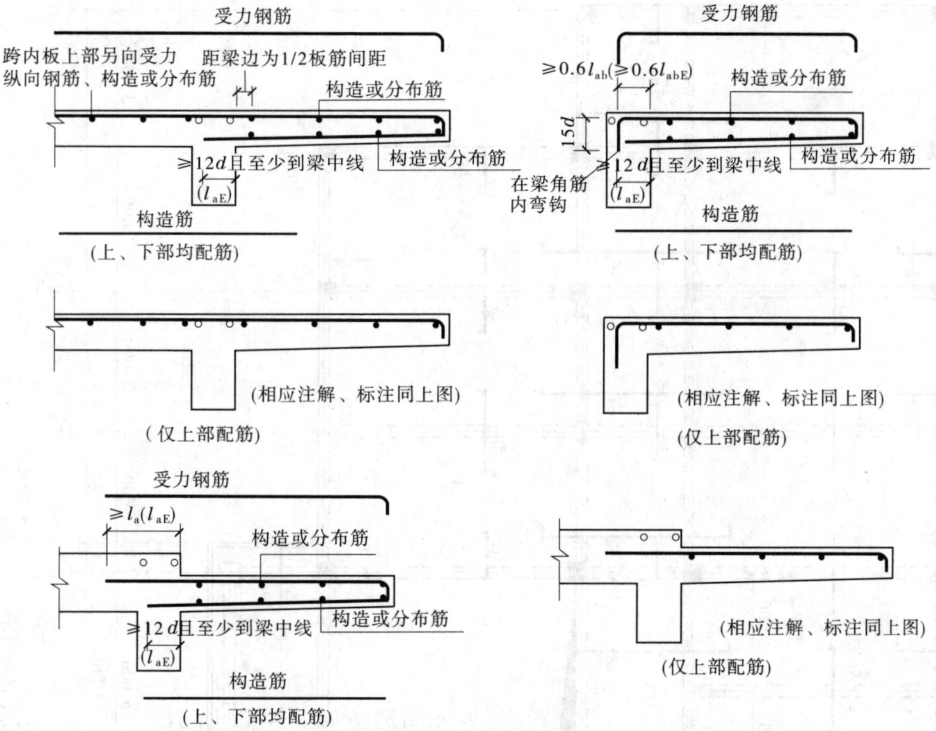

悬挑板XB钢筋构造

注：括号中数值用于需考虑竖向地震作用时(由设计明确)。

图 4-11　悬挑板 XB 钢筋构造

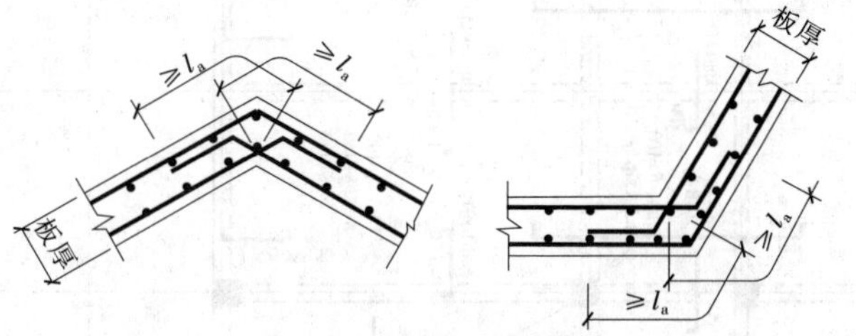

图 4-12　折板配筋构造

下部分布筋根数＝(悬挑板悬挑长度 l－保护层厚度)/分布筋间距　(4-30)

4.3　有梁楼盖钢筋算量

已知某框架综合楼 4.150 板、梁平法施工图，如图 4-13 和图 4-14 所示，抗震等级为三级，混凝土强度等级为 C25，一类环境。识读③～⑤轴与 A～B 轴板配筋情况，并绘制 1—1 断面钢筋翻样图。

要求：(1) A3 图纸，比例为 1∶20，并对钢筋编号。

(2) 绘制钢筋分离图，按照编号排列，并标注尺寸。

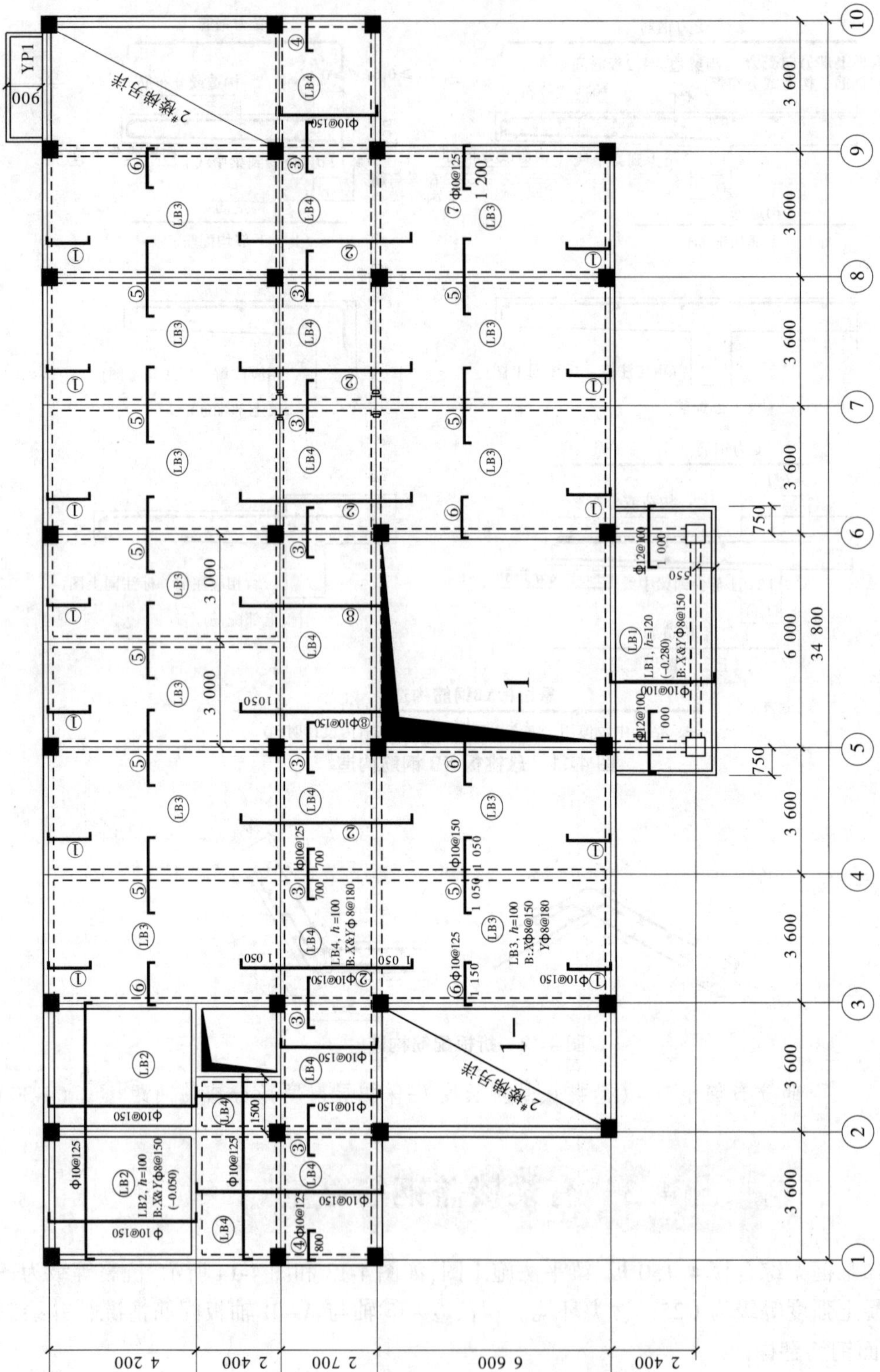

图 4-13 某框架综合楼 4.150 板平法施工图

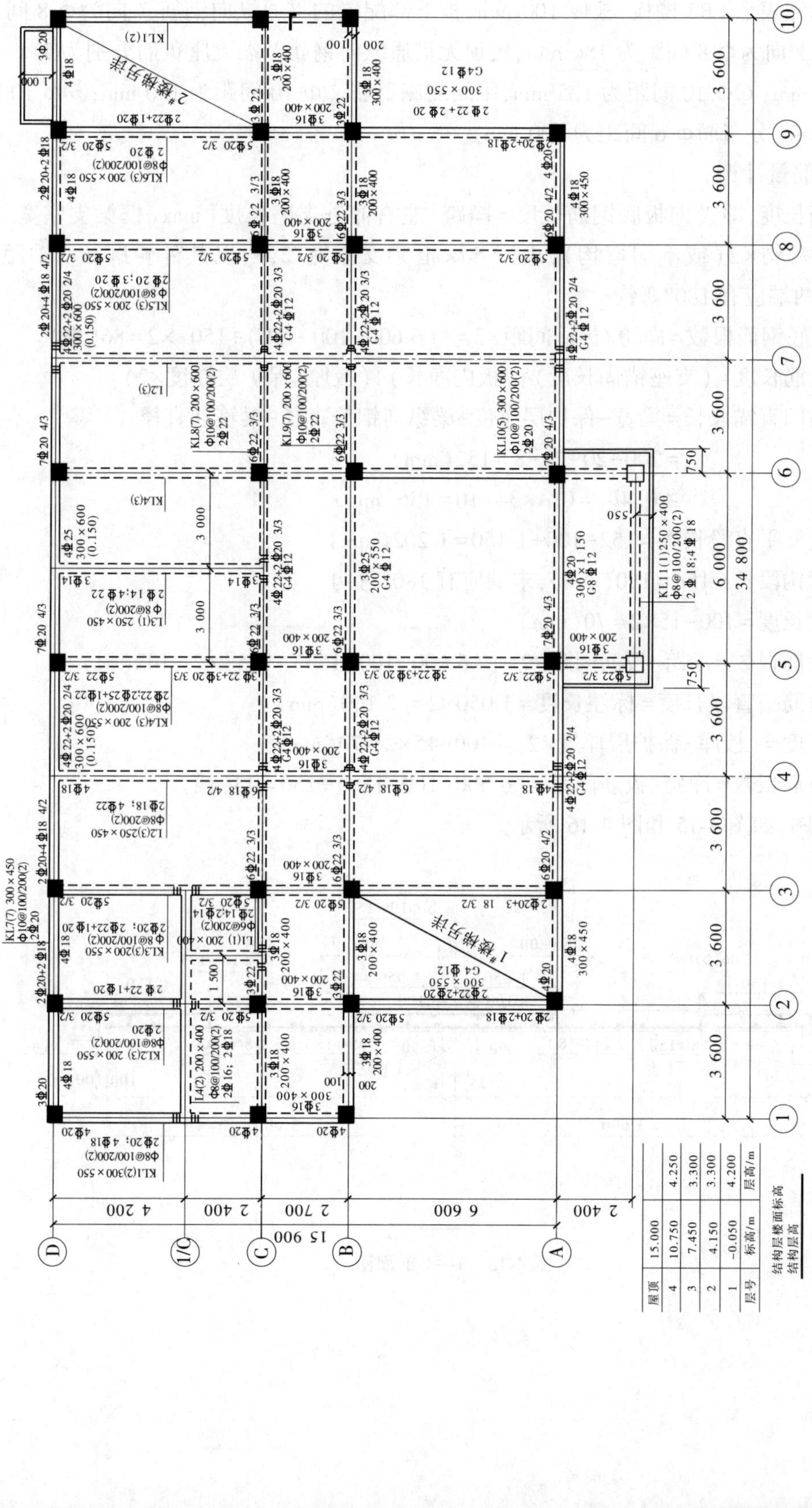

4.150梁平法施工图 1:100

图中未注明定位尺寸的梁均沿轴线居中布置

图 4-14　某框架综合楼 4.150 梁平法施工图

解:(1)识读内容。

图中标注表示LB3楼板,板厚100 mm,板下部配置的贯通纵向钢筋 X 向为Φ 8间距为150 mm,Y 向为Φ 8间距为180 mm,板顶无贯通纵向钢筋。端支座负筋分别为①Φ 10间距为150 mm;⑥Φ 10间距为125 mm,中间支座负筋②Φ 10间距为150 mm;⑤Φ 10间距为150 mm。分布筋Φ 6间距为200 mm。

(2)钢筋量计算。

⑦号筋长度,即 X 向板底钢筋长度=净跨+左右伸进支座长度[max(框梁支座宽/2,$5d$)]之和+弯钩×2(或不加弯钩),由于 $5d$<框梁支座宽/2,所以其外轮廓长=轴距=3 600 mm,两端应有180°弯钩。

X 向板底钢筋根数=净跨/板筋间距×2={(6 600−100−150)÷150}×2=86(根)

⑥号负筋长度=(支座锚固长度)+(板内净长)+(板厚−保护层厚度×2)

支座锚固直锚段长=梁宽−保护层厚度−梁纵向钢筋直径−梁箍筋直径

$$=200-20-20-8=152(\text{mm})$$

$$\geqslant 0.4l_{ab}=0.4\times 34\times 10=136(\text{mm})$$

⑥号负筋平直段长度=152−100+1 150=1 202(mm)

弯锚弯钩段长=$15d$=150(mm),末端应有180°弯钩

弯折段长度=100−15×2=70(mm)

⑥号负筋根数=净跨/板筋间距×2=[(6 600−100−150)÷125]×2=102(根)

⑤号负筋平直段长度=标注长度=1 050×2= 2 100(mm)

弯折长度=(板厚−保护层厚度×2)=100−15×2=70(mm)

⑤号负筋根数=净跨/板筋间距=(6 600−100−150)÷150=43(根)

(3)绘图,如图4-15和图4-16所示。

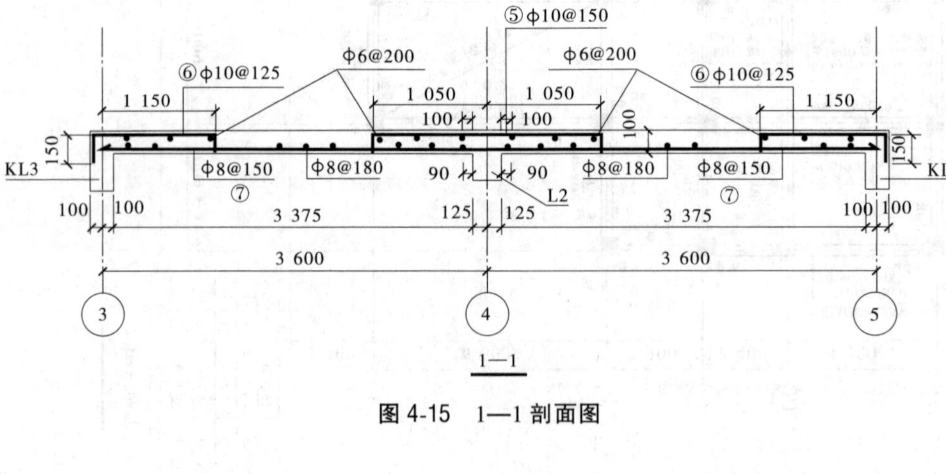

图4-15　1—1剖面图

钢筋编号	钢筋规格	钢筋图形	长度	根数	重量/kg
⑤	Φ 10	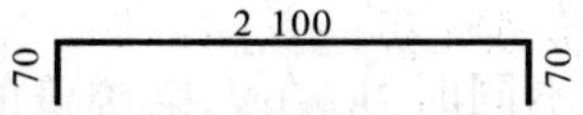	2 240	43	48.76
⑥	Φ 10	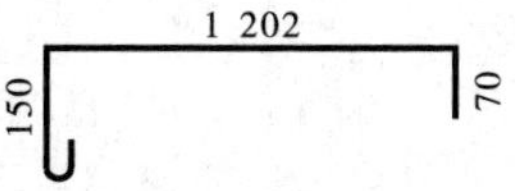	1 484.5	102	101.60
⑦	Φ 8		3 725	86	132.95
光圆钢筋末端有 180°弯钩，弯钩长度 = 6.25*d*					

注：若楼板钢筋为 HRB400，⑤号钢筋两端 70 长 90°弯钩可去掉；⑥号钢筋 180°弯钩、70 长 90°弯钩可去掉；⑦号钢筋两端的 180°弯钩应去掉。

图 4-16　钢筋翻样、算量图

4.4　无梁楼盖平法简介

无梁楼盖平法施工图，是在楼面板和屋面板布置图上，采用平面注写的表达方式。板平面注写主要有板带集中标注和板带支座原位标注两部分内容。

4.4.1　板带集中标注

集中标注应在板带贯通纵向钢筋配置相同的第一跨（*X* 向为左端跨，*Y* 向为下端跨）注写。相同编号的板带可择其一做集中标注，其他仅注写板带编号（注在圆圈内）。

(1) 板带集中标注的具体内容为：板带编号、板带厚及板带宽和贯通纵向钢筋。

板带厚注写为 *h*=×××，板带宽注写为 *b*=×××。当无梁楼盖整体厚度和板带宽度已在图中注明时，此项可不注。

贯通纵向钢筋按板带下部和板带上部分别注写，并以 B 代表下部，T 代表上部，B&T 代表下部和上部。当采用放射配筋时设计者应注明配筋间距的度量位置，必要时补绘配筋平面图。

例如，有一板带注写为：ZSB（5A）　*h* = 300　*b* = 3 000　B = Φ 16@ 100；T = Φ 18@200，表示 2 号柱上板带，有 5 跨且一端有悬挑；板带厚 300 mm，宽 3 000 mm；板带配置贯通纵向钢筋下部为Φ 16@100，上部为Φ 18@200。

设计与施工应注意：相邻等跨板带上部贯通纵向钢筋应在跨中 1/3 净跨长范围内连接；当同向板连续板带上部贯通纵向钢筋配置不同时，应将配置较大者越过其标注的跨数终点或起点伸至相邻的跨中连接区域连接。

设计应注意板带中间支座两侧上部贯通纵向钢筋的协调配置，施工及预算应按具体设计和相应标准构造要求实施。等跨与不等跨板带上部贯通纵向钢筋的连接构造要求见相关标准构造详图;当具体工程对板带上部纵向钢筋的连接有特殊要求时,其连接部位及方式应由设计者注明。

(2)当局部区域的板面标高与整体不同时,应在无梁楼盖的板平法施工图上注明板面标高高差及分布范围。

4.4.2 板带支座原位标注

板带支座原位标注的具体内容为:板带支座上部非贯通纵向钢筋。

以一段与板带同向的中粗实线段代表板带支座上部非贯通纵向钢筋。对柱上板带,实线段贯穿柱上区域绘制;对于跨中板带,实线段横贯柱网轴线绘制。在线段上注写钢筋编号(如①、②等)、配筋值及在线段的下方注写自支座中线向两侧跨内的伸出长度。

当板带支座非贯通纵向钢筋自支座中间两侧对称伸出时,其伸出长度可仅在一侧标注;当配置在有悬挑端的边柱上时,该筋伸出到悬挑尽端,设计不注。当支座上部非贯通纵向钢筋呈放射分布时,设计者应注明配筋间距的定位位置。

不同部位的板带支座上部非贯通纵向钢筋相同者,可仅在一个部位注写,其余则在代表非贯通纵向钢筋的线段上注写编号。

例如,设有平面布置图的某部位,在横跨板带支座绘制的对称线段上注有⑦Φ 18@250,在线段一侧的下方注有1 500,系表示支座上部⑦号非贯通纵向钢筋为Φ 18@250,自支座中线向两侧跨内伸出长度均为1 500 mm。

当板带上部已经有贯通纵向钢筋,但需增加配置板带支座上部非贯通纵向钢筋时,应结合已配置同向贯通纵向钢筋的直径与间距,采用“隔一布一”的方式配置。

例如,设有一板带上部已配置贯通纵向钢筋Φ 18@240,板带支座上部非贯通纵向钢筋为⑤Φ 18@240,则板带在该位置实际配置的上部纵向钢筋为Φ 18@120,其中1/2为贯通纵向钢筋,1/2为⑤号非贯通纵向钢筋(伸出长度略)。

例如,设有一板带上部已配置贯通纵向钢筋Φ 18@240,板带支座上部非贯通纵向钢筋为③Φ 20@240,则板带在该位置实际配置的上部纵向钢筋为Φ 18和Φ 20间隔布置,二者之间间距为120 mm(伸出长度略)。

4.4.3 暗梁的表示方法

暗梁平面注写包括暗梁集中标注和暗梁支座原位标注两部分内容。施工图中在柱轴线处中用粗虚线表示暗梁。

暗梁集中标注包括暗梁编号、暗梁截面尺寸(箍筋外皮宽度×板厚)、暗梁箍筋、暗梁上部通长筋或架立筋四部分内容。

暗梁支座原位标注包括梁支座上部纵向钢筋和梁下部纵向钢筋。当在暗梁上集中标注的内容不适用于某跨或某悬挑端时,将其不同数值标注在该跨或该悬挑端,施工时按原位注写取值。

当设置暗梁时,柱上板带及跨中板带标注方式与无暗梁标注方式一致,柱上板带标注的配筋仅设置在暗梁之外的柱上板带范围内。

暗梁中纵向钢筋连接、锚固及支座上部纵向钢筋的伸出长度等要求同轴线处柱上板带中纵向钢筋。

练习题

一、单项选择题

1. 柱上板带暗梁箍筋加密区是自支座边缘向内(　　)。

A. $3h$(h 为板厚)　　B. 100 mm　　C. l_{ab}　　D. 250 mm

2. 当板支座为剪力墙时,板负筋伸入支座内平直段长度为(　　)。

A. $5d$　　B. 墙厚/2

C. 墙厚-保护层厚度-墙外侧竖向分布筋直径　　D. $0.4l_{ab}$

3. 板 LB1 厚 100,底筋为 X&Y Φ 8 @ 150,轴线与轴线之间的尺寸为:X 向 7 200,Y 向 6 900,梁宽度均为 300,定位轴线为梁正中轴线,X 向底筋根数为(　　)。

A. 44 根　　B. 45 根　　C. 46 根　　D. 47 根

4. 板厚为 150,混凝土等级 C30,四级抗震,梁宽为 300,轴线居中布置,支座负筋的标注长度为 1 600,支座负筋的分布筋为Φ 6@ 250,其分布筋根数为(　　)根。

A. 7　　B. 8　　C. 6　　D. 9

5. 当板的端支座为梁时,底筋伸进支座的长度为(　　)。

A. $10d$　　B. 支座宽/2+$5d$

C. max(支座宽/2,$5d$)　　D. $5d$

6. 当板的端支座为砌体墙时,底筋伸进支座的长度为(　　)。

A. 板厚　　B. 支座宽/2+$5d$

C. max(支座宽/2,$5d$)　　D. max(板厚,120,墙厚/2)

二、不定项选择题

1. 板内钢筋有(　　)。

A. 受力筋　　B. 负筋　　C. 负筋分布筋

D. 温度筋　　E. 架立筋

三、计算题

1. 计算图 4-17 中,支座负筋②的长度。

2. 计算图 4-17 中,支座负筋④的分布筋长度。

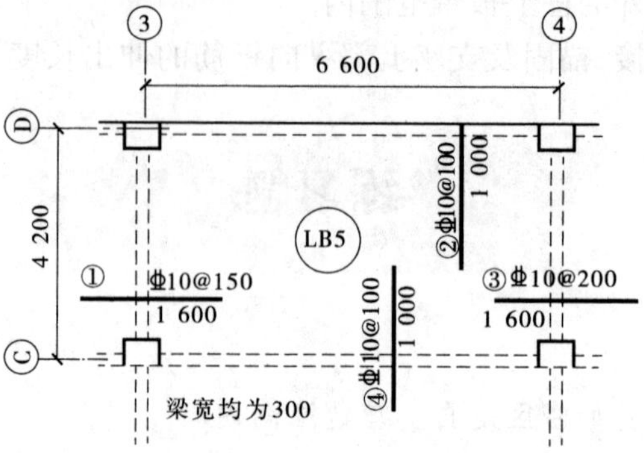
3
4
6 600
D
C
4 200
LB5
①
Φ10@150
1 600
②Φ10@100
1 000
③Φ10@200
1 600
④Φ10@100
1 000
梁宽均为300

图 4-17

项目 5　板式楼梯平法识图及其钢筋算量

【知识目标】

1. 了解楼梯组成、楼梯分类和楼梯施工图的两类表达方式。

2. 熟悉楼梯空间结构布局和板式楼梯钢筋抽筋及下料流程。

3. 掌握板式楼梯类型、适用条件及构造要求、板式楼梯梯板平法施工图表达方式、板式楼梯钢筋抽筋及下料计算。

【能力目标】

1. 能够正确识读各种板式楼梯梯板平法施工图，参照楼梯平法图集迅速准确地对楼梯结构各相关部分"量体裁衣"。

2. 能够根据各种板式楼梯梯板平法施工图，参照楼梯平法图集对板式楼梯钢筋进行识读下料计算。

【课程思政】

"欲穷千里目，更上一层楼。"作为当代大学生，"实践没有止境，理论创新也没有止境"。掌握平法识图知识，开拓创新，如同踏梯上行，一步一个台阶，成就更高的自我。作为一个未来的优秀工程师，除要有过硬的专业基础知识、高超的实践技能外，更要具有高尚的道德文化修养和思想品质。为了中华民族伟大复兴，以勤奋、踏实、严谨的作风投入到学习中去，做个有理想、有道德、有知识、有能力的"四有"新人。

5.1　板式楼梯简介

板式楼梯平法的表达形式，概括来讲是把结构构件的尺寸和配筋等，按照平面整体表示方法制图规则，整体直接表达在各类构件的结构平面布置图上，再与图集标准构造详图相结合，即构成一套完整的结构设计。它是设计者完成楼梯平法施工图的依据，也是施工、监理等人员准确理解和实施楼梯平法施工图的依据，识读时应尤为注意板式楼梯平法施工图中设计者单独提供的构造详图以及其他未尽事项(包括文字说明)。现浇混凝土板式楼梯梯板平法施工图有平面标注、剖面标注和列表标注三种表达方式(通常具体工程会选择其中一种)，平台板、梯梁及梯柱的平法注写方式参见国家建筑标准设计图集《混凝土结构施工图平面整体表示方法制图规则和构造详图(现浇混凝土框架、剪力墙、梁、板)》(22G101-1)。本节板式楼梯平法识图从以下四个方面展开：板式楼梯空间布局、板式楼梯类型、板式楼梯标注介绍和各类楼梯的适用条件及构造要求。

5.1.1　板式楼梯空间布局

任何物体都是空间立体的，只有熟悉其空间立体状况才能更好地把握它。对于板式楼梯也是这样,应对照具体楼梯观察了解其空间状况来识读板式楼梯。可参照图5-1识读板式楼梯结构,其中符号KZ代表框架柱,KL代表框架梁。梯梁、梯柱、平台板代号分别为TL、TZ、PTB。

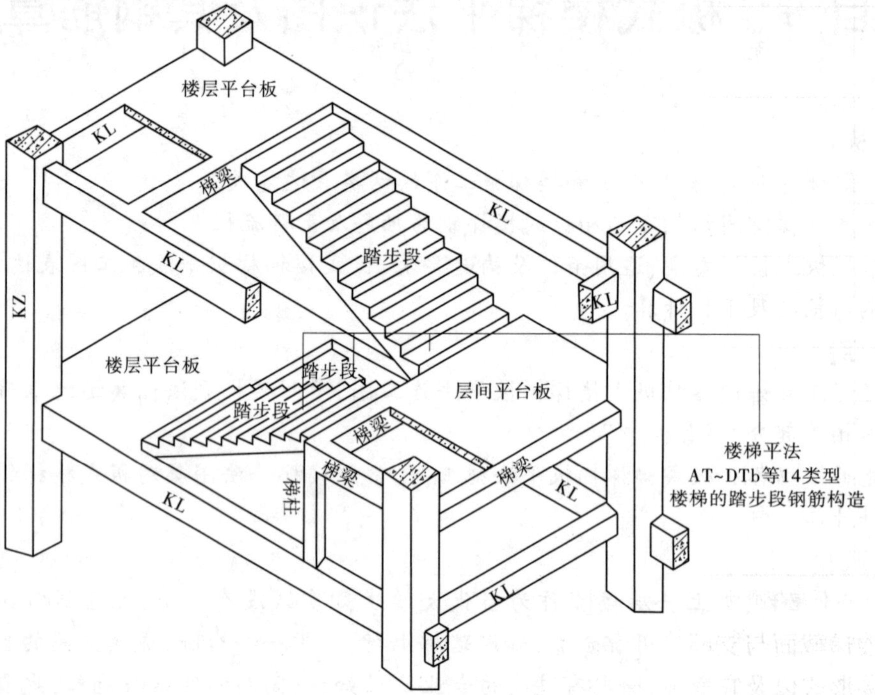

图5-1　板式楼梯空间布局透视图

5.1.2　板式楼梯类型

楼梯类型按22G101-2图集楼梯可分为14种类型(楼梯编码由梯板代号和序号组成),如表5-1所示。必须熟悉这些楼梯类型,且会使用相应的工程语言,各类楼梯截面与支座位置示意图如图5-2所示。

表5-1　楼梯类型

梯板代号	适用范围		是否参与结构整体抗震计算	示意图所在图集页码	注写方式及构造图所在图集页码
	抗震构造措施	适用结构			
AT	无	剪力墙、砌体结构	不参与	1-8	2-7、2-8
BT				1-8	2-9、2-10
CT	无	剪力墙、砌体结构	不参与	1-9	2-11、2-12
DT				1-9	2-13、2-14
ET	无	剪力墙、砌体结构	不参与	1-10	2-15、2-16
FT				1-10	2-17、2-18、2-19、2-23

续表 5-1

梯板代号	适用范围		是否参与结构整体抗震计算	示意图所在图集页码	注写方式及构造图所在图集页码
	抗震构造措施	适用结构			
GT	无	剪力墙、砌体结构	不参与	1-11	2-20~2-23
ATa	有	框架结构、框剪结构中框架部分	不参与	1-12	2-24~2-26
ATb			不参与	1-12	2-24、2-27、2-28
ATc			参与	1-12	2-29、2-30
BTb	有	框架结构、框剪结构中框架部分	不参与	1-13	2-31~2-33
CTa	有	框架结构、框剪结构中框架部分	不参与	1-14	2-25、2-34、2-35
CTb				1-14	2-27、2-34、2-36
DTb	有	框架结构、框剪结构中框架部分	不参与	1-13	2-32、2-37、2-38

注：ATa、CTa 低端带滑动支座支承在梯梁上；ATb、BTb、CTb、DTb 低端带滑动支座支承在挑板上。

从楼梯截面与支座位置示图可以看出：楼梯类型之间的差别主要在于梯段板与平台板的连接形式以及它们与周边支承的连接差异，并由此带来受力状态和相应构造措施上的差异。汶川等地震以后，发现地震中无滑移支座的楼梯为偏心受拉构件，故实际设计中常将楼梯设计成双层双向受力钢筋，常在结构注释中注明。

5.1.3　板式楼梯标注介绍

5.1.3.1　板式楼梯平面标注方式

板式楼梯平面标注方式是指在楼梯平面布置图上通过标注截面尺寸和配筋具体数值的方式来表达楼梯施工图，包括集中标注和外围标注两部分。

1. 集中标注

楼梯集中标注的内容有五项，具体规定如下：

(1)梯板类型代号与序号，如 AT××。

(2)梯板厚度，标注 h=×××。当为带平板的梯板且梯段板厚度和平板厚度不同时，可在梯段板厚度后面括号内以字母 P 打头标注平板厚度。例如，h=100(P120)，100 表示梯段板厚度，120 表示梯板平板段的厚度。

(3)踏步段总高度和踏步级数，之间以“/”分隔。

(4)梯板支座上部纵向钢筋，下部纵向钢筋，之间以“;”分隔。

(5)梯板分布筋，以 F 打头标注分布钢筋具体值。

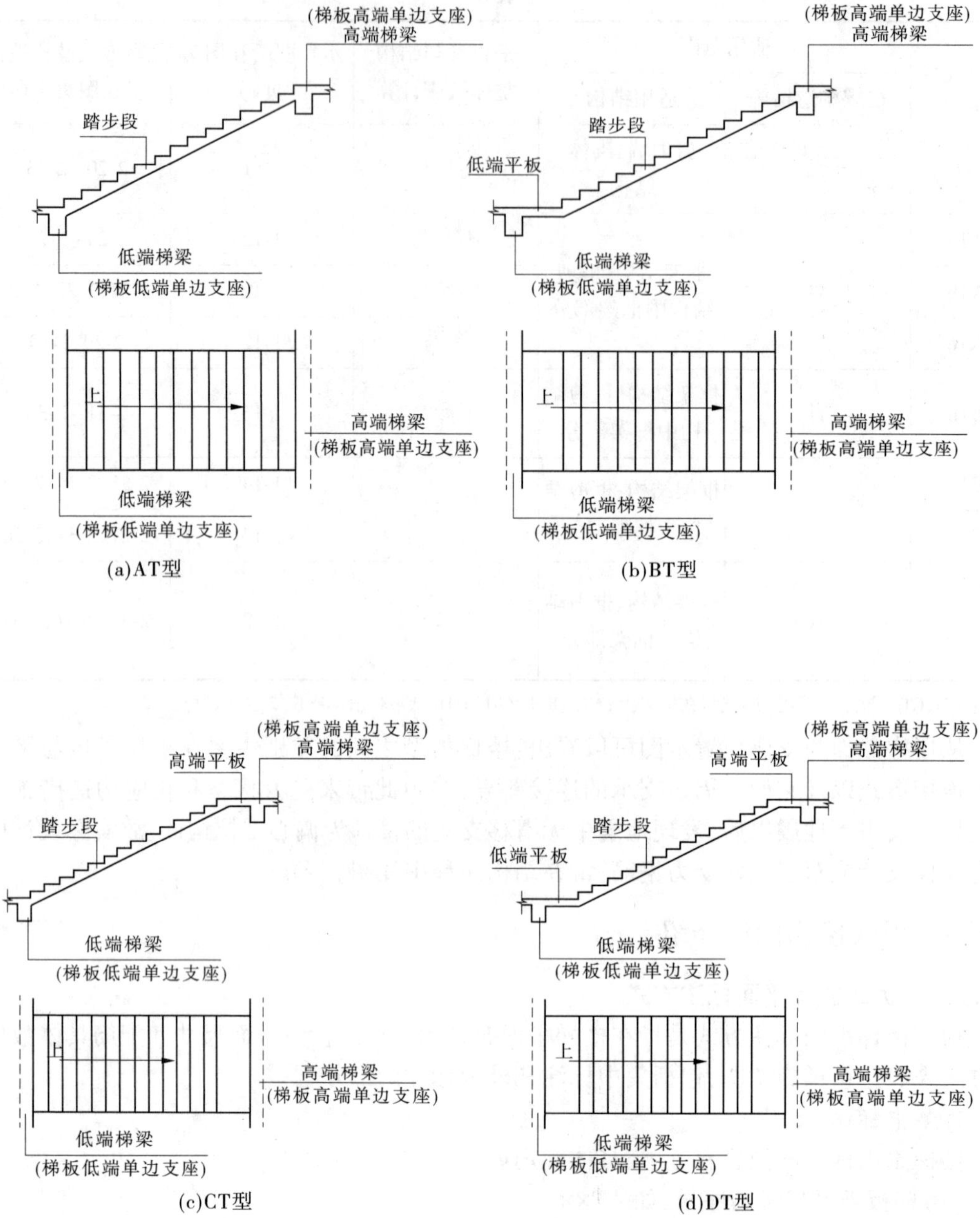

图 5-2　各类楼梯截面与支座位置示意图

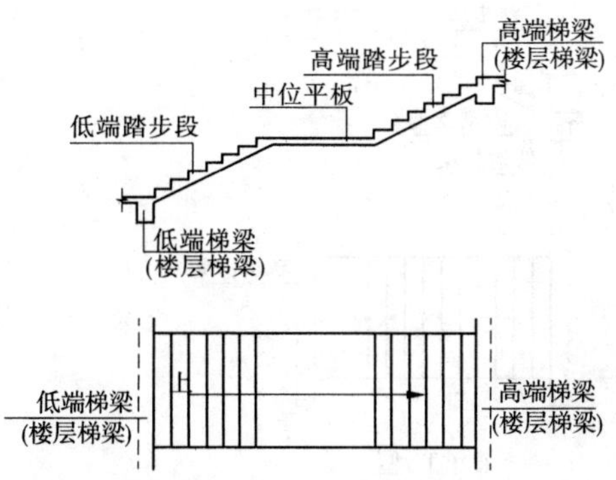

(e)ET型

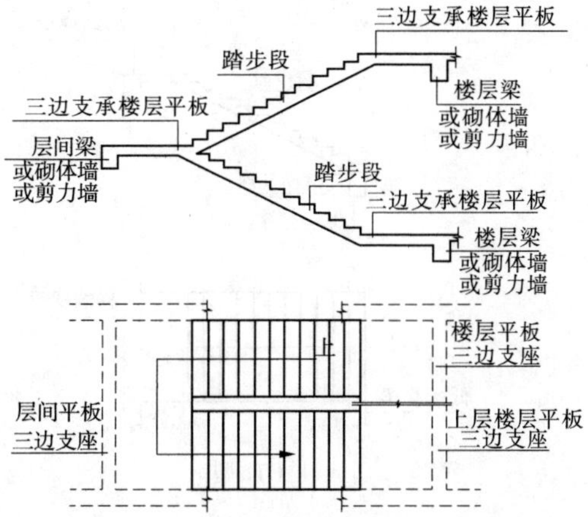

(f)FT型(有层间和楼层平台板的双跑楼梯)

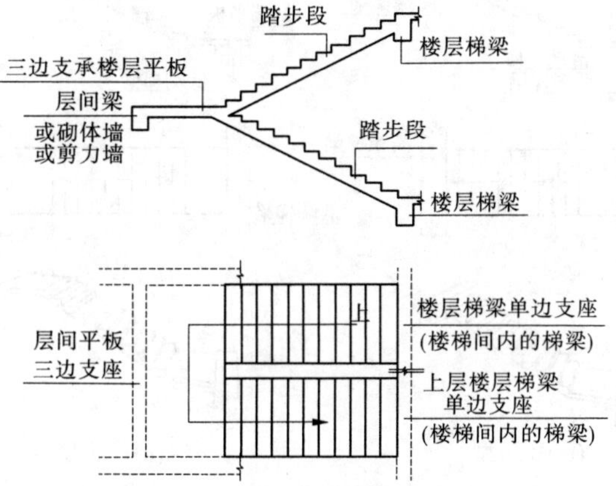

(g)GT型(有层间平台板的双跑楼梯)

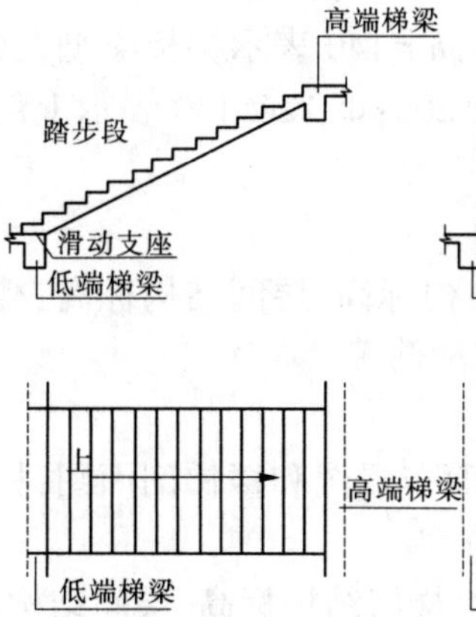

(h)ATa型

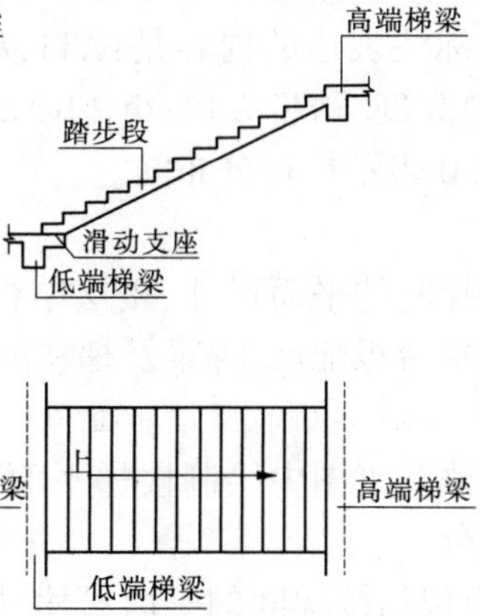

(i)ATb型

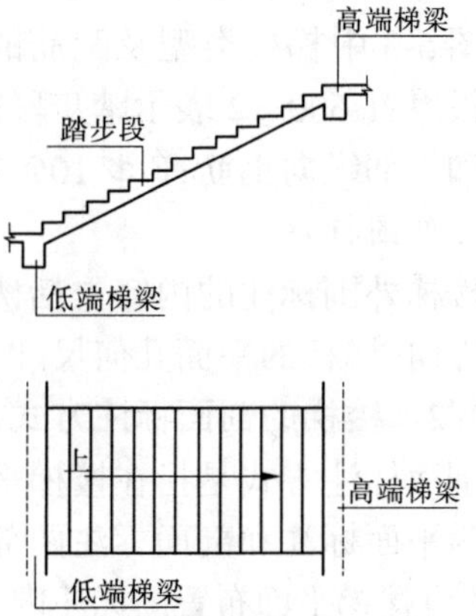

(j)ATc型

续图 5-2

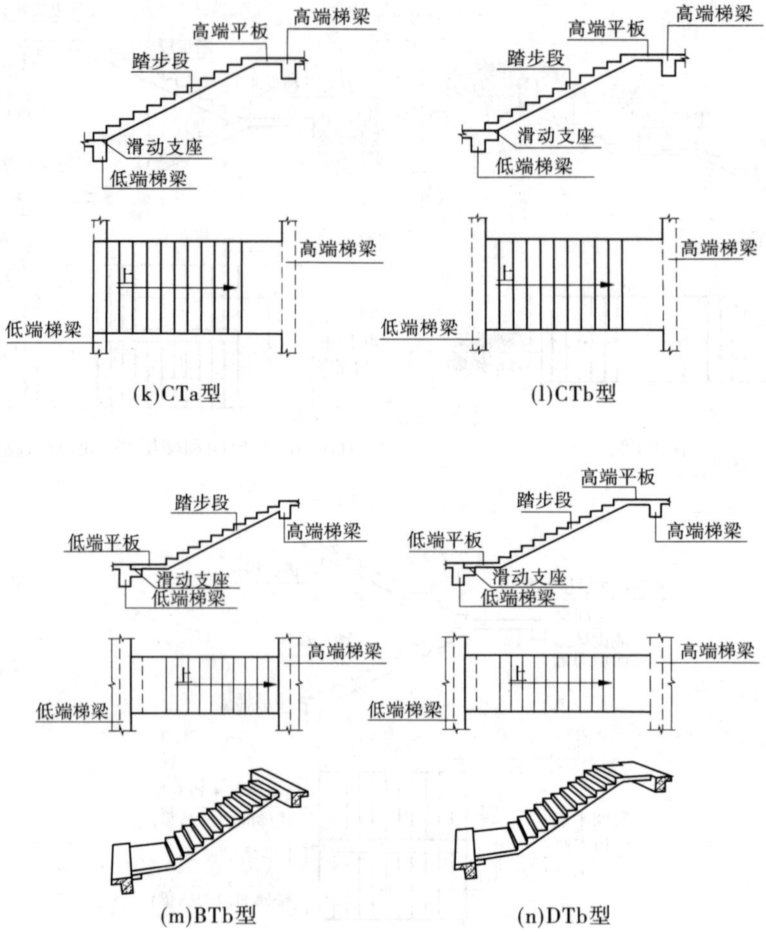

续图 5-2

下面以 AT 型楼梯为例,看图 5-3 中梯板类型及配筋的完整标注。

图 5-3 中梯板类型及配筋的标注表达的内容是:AT1,$h=140$ 表示梯板类型及编号,梯板板厚;1 600/12 表示踏步段总高度/踏步级数;Φ 12@ 200;Φ 12@ 150 表示上部纵向钢筋和下部纵向钢筋;F Φ 10@ 250 表示梯板分布筋。

2. 外围标注

楼梯外围标注的内容包括楼梯间的平面尺寸、楼层结构标高、层间结构标高、楼梯的上下方向、梯板的平面几何尺寸、平台板配筋、梯梁及梯柱配筋等。

5.1.3.2 楼梯的剖面标注方式

剖面标注方式是指在楼梯平法施工图中绘制楼梯平面布置图和楼梯剖面图,标注方式分为平面标注和剖面标注两部分。

(1)楼梯平面布置图标注内容包括楼梯间的平面尺寸、楼层结构标高、层间结构标高、楼梯的上下方向、梯板的平面几何尺寸、梯板类型及编号、平台板配筋、梯梁及梯柱配筋等。

(2)楼梯剖面图标注内容包括梯板集中标注、梯梁梯柱编号、梯板水平及竖向尺寸、楼层结构标高、层间结构标高等。

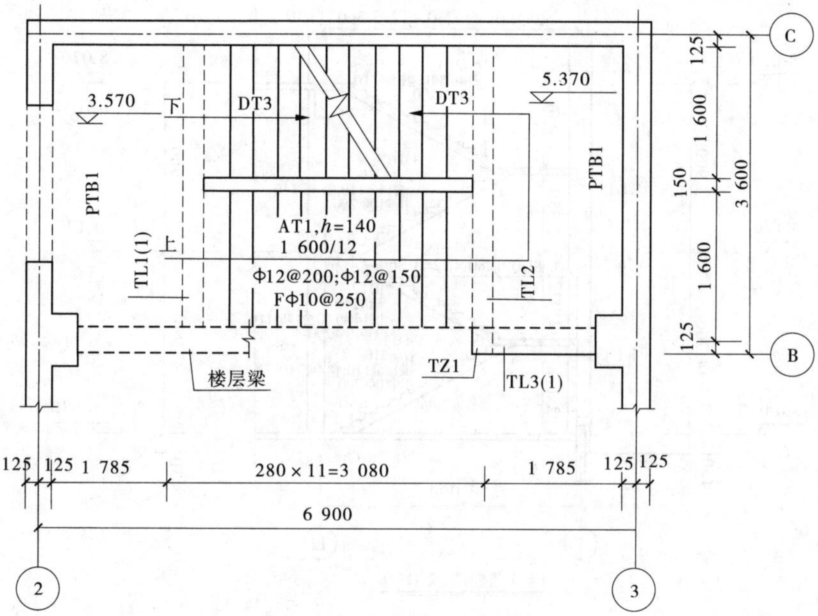

图 5-3　楼梯平面标注示意图

下面以 DT 型楼梯为例，看图 5-4 中梯板类型及配筋的完整标注，图中梯板类型及配筋的标注表达的内容（结合平面图及剖面图识读）如下：

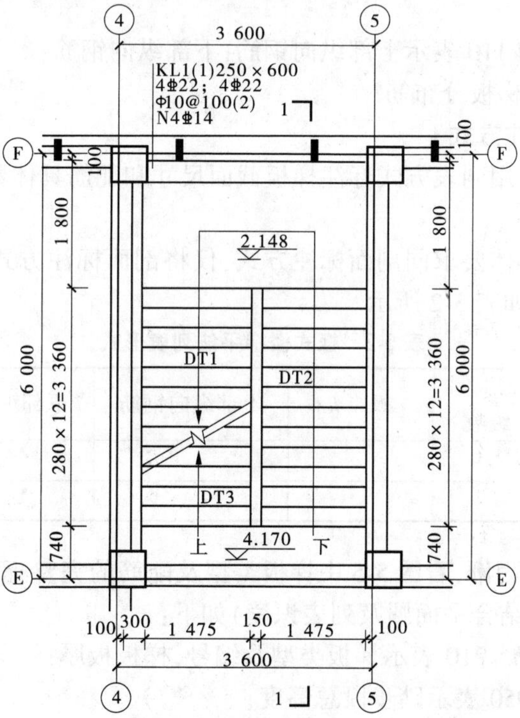

图 5-4　板式楼梯平法剖面标注方式

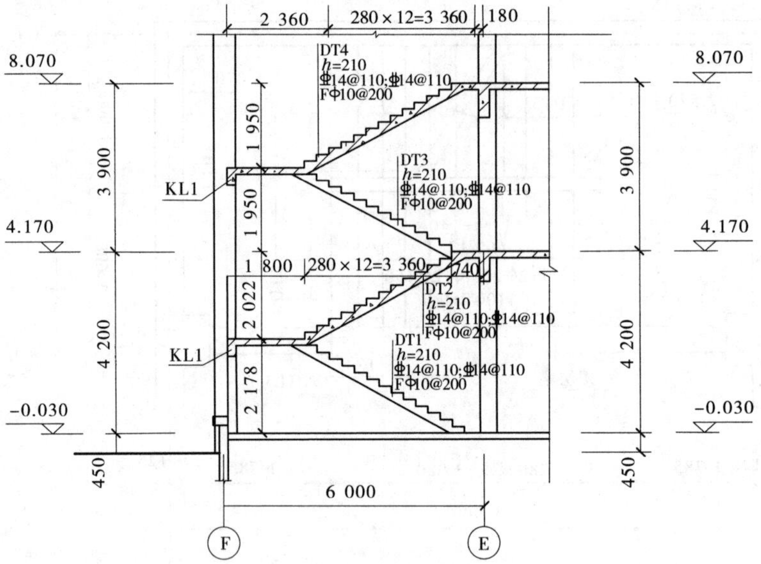

1—1剖面图 1:100

续图 5-4

DT1　DT2　DT3, $h=210$ 表示梯板类型及编号,梯板板厚;

2 178　2 022　1 950 表示踏步段总高度;

13 表示踏步级数;

Φ 14@ 110; Φ 14@ 110 表示上部纵向钢筋;下部纵向钢筋;

F Φ 10@ 200 表示梯板分布筋。

5.1.3.3　楼梯列表标注方式

列表标注方式是指用列表方式标注梯板截面尺寸和配筋具体数值的方式来表达楼梯施工图。

列表标注方式的具体要求同剖面标注方式,仅将剖面标注方式中的梯板配筋标注项改为列表标注项即可,如表 5-2 所示。

表 5-2　板式楼梯平法列表形式

梯板编号	踏步段总高度/踏步级数	板厚 h	上部纵向钢筋	下部纵向钢筋	分布筋

下面以 DT 型楼梯为例,看图 5-5 中梯板类型及配筋的完整标注,图中梯板类型及配筋的标注表达的内容(结合平面图及列表识读)如下:

DT1　DT2　DT3, $h=210$ 表示梯板类型及编号,梯板板厚;

2 178　2 022　1 950 表示踏步段总高度;

13 表示踏步级数;

Φ 14@ 110; Φ 14@ 110 表示上部纵向钢筋;下部纵向钢筋;

Φ 10@200 表示梯板分布筋。

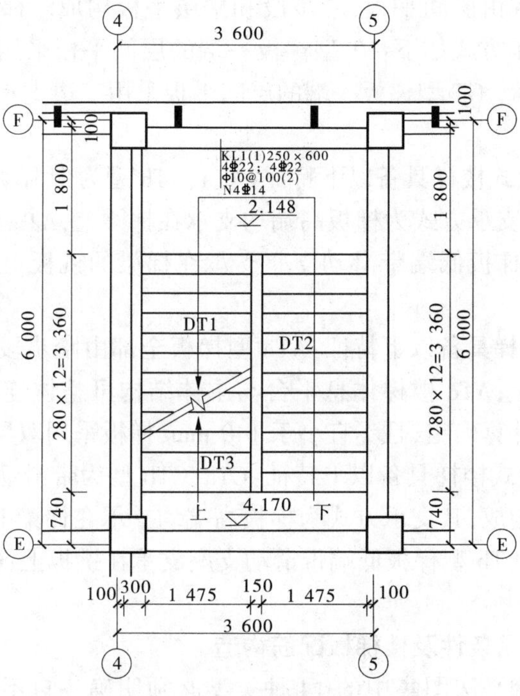

楼梯一、二层平面图1∶50

楼梯类型编号	踏步高度/ 踏步级数	板厚 h	上部纵向钢筋	下部纵向钢筋	分布筋
DT1	2 178/14	210	Φ 14@110	Φ 14@110	Φ 10@200
DT2	2 022/13	210	Φ 14@110	Φ 14@110	Φ 10@200
DT3	1 950/13	210	Φ 14@110	Φ 14@110	Φ 10@200
DT4	1 950/13	210	Φ 14@110	Φ 14@110	Φ 10@200

图 5-5　板式楼梯平法列表标注方式

5.1.4　各类楼梯的适用条件及构造要求

5.1.4.1　各类楼梯特征

板式楼梯平法图集中的 14 种类型，分为 AT、BT、CT、DT、ET、FT、GT 型和 ATa、ATb、ATc、BTb、CTa、CTb、DTb 型板式楼梯，分别具有不同的特征。

(1)AT~ET 型板式楼梯代号代表一段带上下支座的梯板，梯板的主体为踏步板，除此外，梯板可包括低端平板、高端平板及中位平板。梯板的截面形状见图 5-2(a)~(e)：AT 型楼板全部由踏步段构成，BT 型楼板由低端平板和踏步段构成，CT 型楼板由踏步段和高端平板构成，DT 型楼板由低端平板、踏步板和高端平板构成，ET 型楼板由低端平板、中位平板和高端踏步段构成；梯板的两端分别以(低端和高端)梯梁为支座，采用该组板式楼梯的楼梯间内部既要设置楼层梯梁，也要设置层间梯梁，以及与其相连的楼层平台板和层间平台板。

(2)FT、GT 型板式楼梯每个代号代表两跑踏步段和连接它们的楼层平板及层间平板。FT、GT 型板式楼梯由层间平板、踏步段和楼层平板构成。梯板的截面形状见图 5-2(f)、(g),其梯板的支承方式如下:FT 型梯板一端的层间平板采用三边支承,另一端的楼层平板也采用三边支承; GT 型梯板一端的层间平板采用三边支承,另一端的梯板段采用单边支承(在梯梁上)。

(3)ATa、ATb 型板式楼梯具备以下特征:ATa、ATb 型为带滑动支座的板式楼梯,梯板全部由踏步段构成,其支承方式为梯板高端均支承在梯梁上,ATa 型梯板低端带滑动支座支承在梯梁上,ATb 型梯板低端带滑动支座支承在梯梁的挑板上;ATa、ATb 型梯板采用双向双层配筋。

(4)ATc 型板式楼梯具备以下特征:ATc 型梯板全部由踏步段构成,其支承方式为梯板两端均支承在梯梁上;ATc 楼梯休息平台与主体结构可整体连接,也可脱开连接;ATc 型楼梯梯板厚度应按计算确定,且不宜小于 140 mm,梯板采用双层配筋。

(5)CTa、CTb 型板式楼梯具备以下特征:CTa、CTb 型为带滑动支座的板式楼梯,梯板由踏步段和高端平板构成,其支承方式为梯板高端均支承在梯梁上,CTa 型梯板低端带滑动支座支承在梯梁上,CTb 型梯板低端带滑动支座支承在挑板上;CTa、CTb 型梯板采用双向双层配筋。

5.1.4.2 各类楼梯适用条件及楼梯板配筋构造

正确识读板式楼梯平法图集中的 14 种类型必须明确各自不同的构造要求,以下按 AT~ET 型,FT 型、GT 型,ATa、ATb、ATc 型和 CTa、CTb 型板式楼梯以及各型楼梯第一跑与基础连接构造分别介绍其构造要求。

1. AT~ET 型楼梯适用条件及楼梯板配筋构造

(1)AT 型楼梯适用条件及楼梯板配筋构造。

AT 型楼梯的适用条件为:两梯梁之间的矩形梯板全部由踏步段构成,即踏步段两端均为梯梁的支座,凡是满足该条件的楼梯均可为 AT 型,如图 5-6 所示。AT 型楼梯平面注

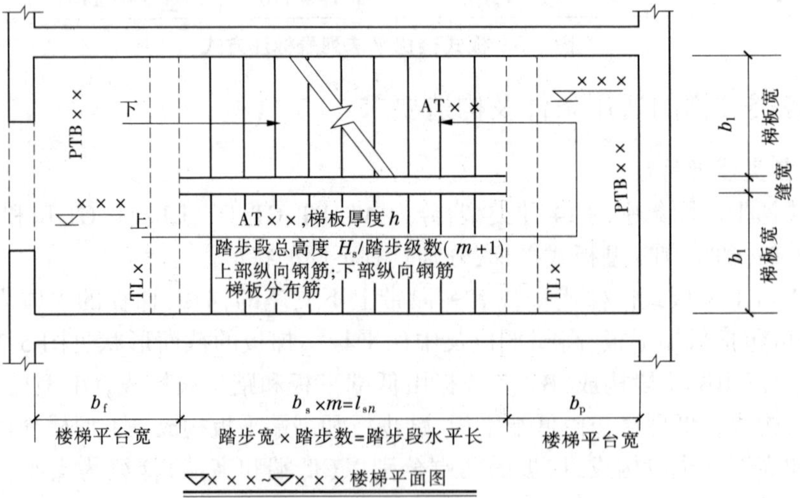

(a)注写方式

图 5-6 AT 型楼梯平面注写方式与适用条件

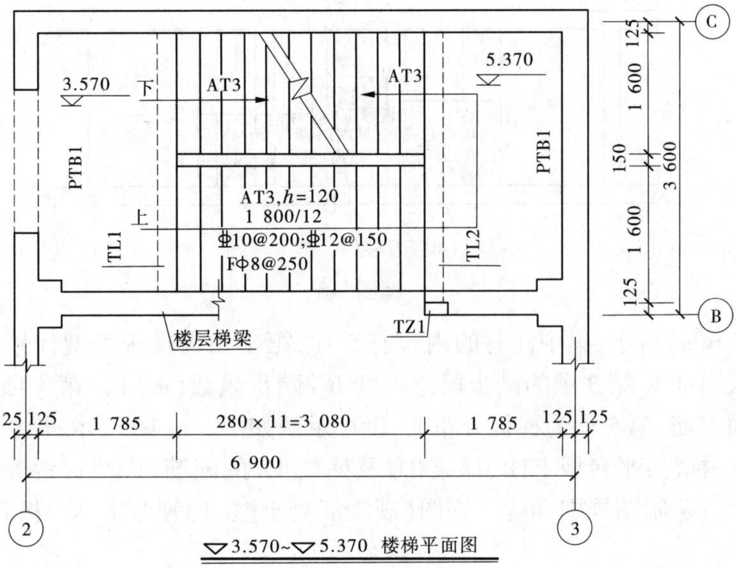

(b)设计示例

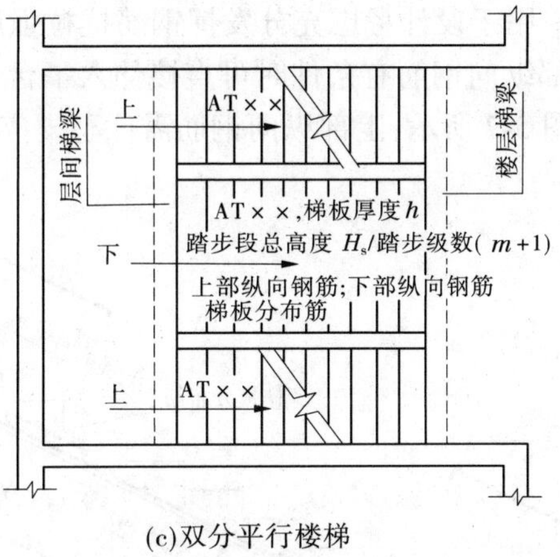

(c)双分平行楼梯

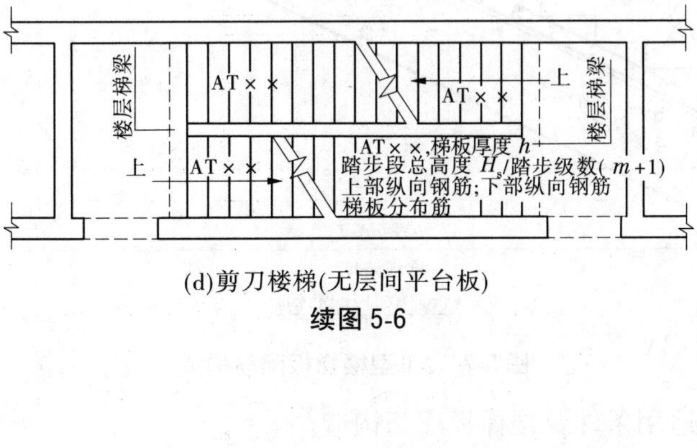

(d)剪刀楼梯(无层间平台板)

续图 5-6

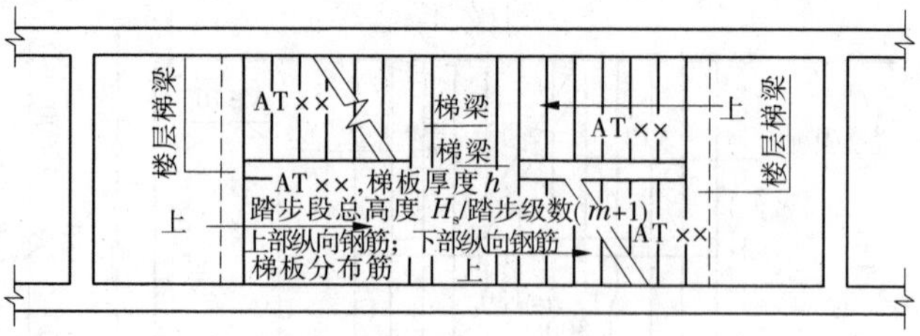

(e)剪刀楼梯

续图 5-6

写方式如图 5-6(a)所示,集中注写的内容有5项,第1项为梯板类型代号与序号AT××,第2项为楼板厚度 h,第3项为踏步段总高度 H_s/踏步级数(m+1),第4项为上部纵向钢筋和下部纵向钢筋,第5项为梯板分布筋,设计示例如图 5-6(b)所示;梯板的分布可直接标注,也可统一标注;平台板PTB、梯梁TL及梯柱TZ的配筋可参照《混凝土结构施工图平面整体表示方法制图规则和构造详图(现浇混凝土框架、剪力墙、梁、板)》(22G101-1)标注。

注意:当采用HPB300光面钢筋时,除梯板上部纵向钢筋的跨内端头做90°直角弯钩外,所有末端应做180°的弯钩,图5-7中上部纵向钢筋锚固长度 $0.35l_{ab}$ 用于设计按铰接的情况,括号内数据 $0.6l_{ab}$ 用于设计考虑充分发挥钢筋抗拉强度的情况,具体工程中设计应指明采用何种情况;上部纵向钢筋有条件时可直接伸入平台板内锚固,从支座内边算起总锚固长度不小于 l_a,如图5-7所示;上部纵向钢筋需伸至支座对边再向下弯折。

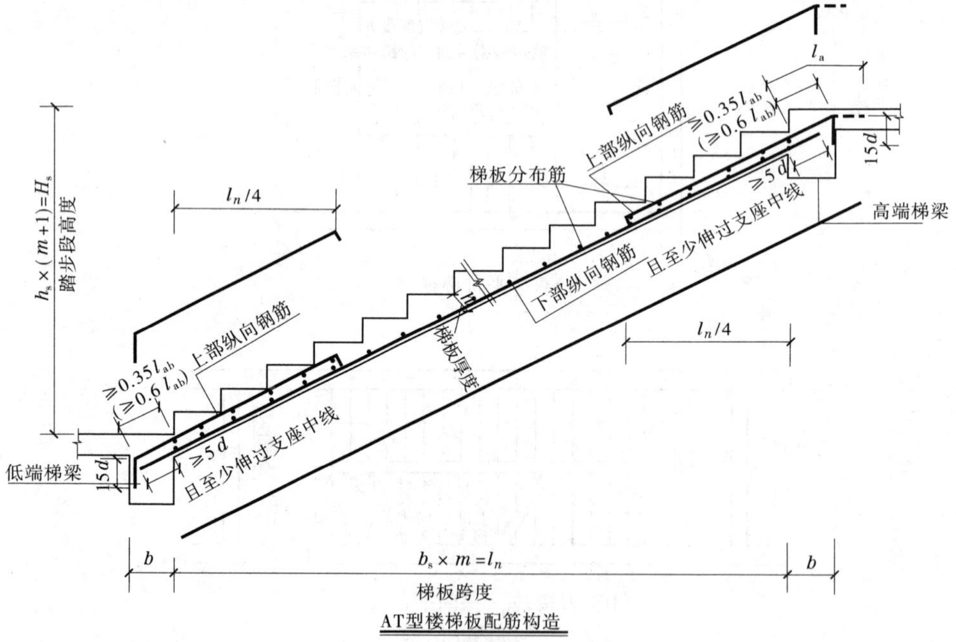

图 5-7　AT 型楼梯板配筋构造

(2)BT型楼梯适用条件及楼梯板配筋构造。

BT 型楼梯的适用条件为:两梯梁之间的矩形梯板全部由低端平板和踏步段构成,两部分的一端各自以梯梁为支座,凡是满足该条件的楼梯均可为 BT 型,如图 5-8 所示。BT 型楼梯平面注写方式如图 5-8(a)所示,其中,集中注写的内容有 5 项,第 1 项为梯板类型代号与序号 BT××,第 2 项为楼板厚度 h,第 3 项为踏步段总高度 H_s/踏步级数(m+1),第 4 项为上部纵向钢筋及下部纵向钢筋,第 5 项为梯板分布筋,设计示例如图 5-8(b)所示;

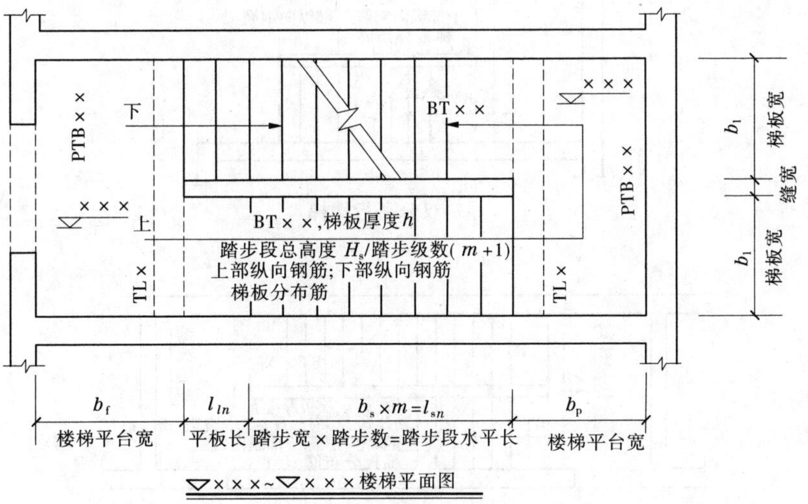

(a)注写方式

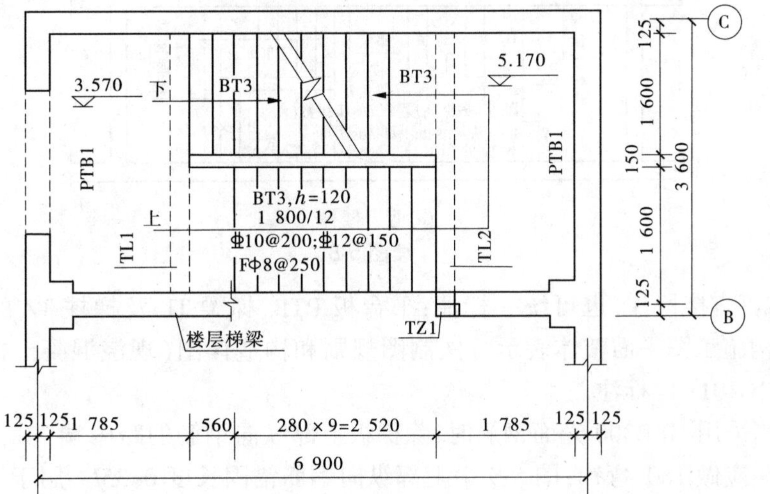

(b)设计示例

图 5-8　BT 型楼梯平面注写方式与适用条件

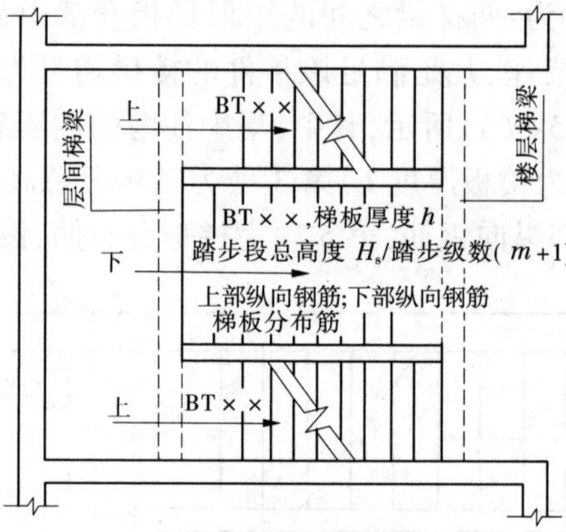

(c)双分平行楼梯

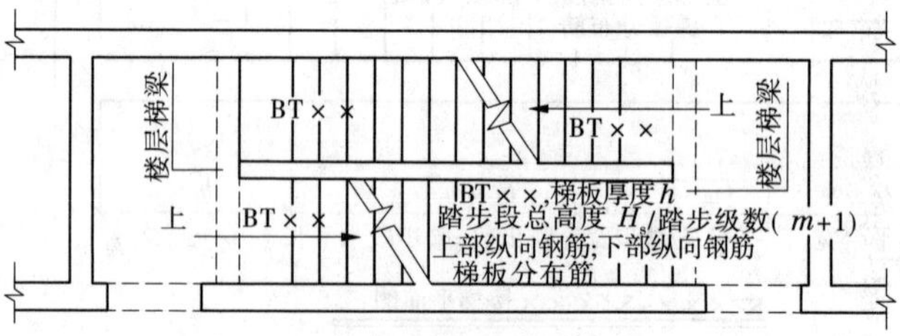

(d)剪刀楼梯(无层间平台板)

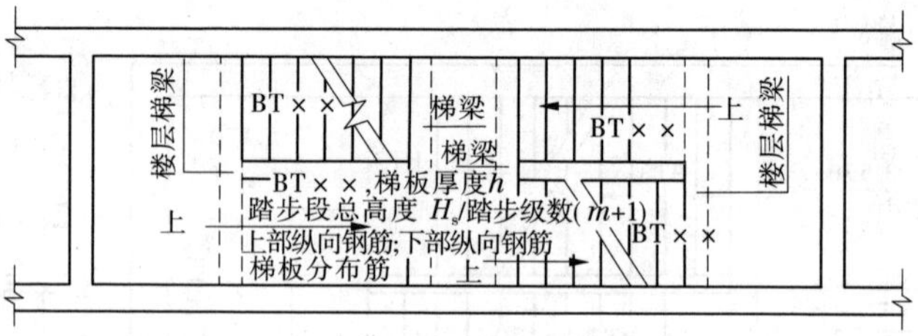

(e)剪刀楼梯

续图 5-8

梯板的分布可直接标注,也可统一标注;平台板 PTB、梯梁 TL 及梯柱 TZ 的配筋可参照《混凝土结构施工图平面整体表示方法制图规则和构造详图(现浇混凝土框架、剪力墙、梁、板)》(22G101-1)标注。

注意:当采用 HPB300 光面钢筋时,除梯板上部纵向钢筋的跨内端头做 90°直角弯钩外,所有末端应做 180°弯钩;图 5-9 中上部纵向钢筋锚固长度 $0.35l_{ab}$ 用于设计按铰接的情况,括号内数据 $0.6l_{ab}$ 用于设计考虑充分发挥钢筋抗拉强度的情况,具体工程中设计应指明采用何种情况;上部纵向钢筋有条件时可直接伸入平台板内锚固,从支座内边算起总锚固长度不小于 l_a,如图 5-9 所示;上部纵向钢筋需伸至支座对边再向下弯折。

(3)CT 型楼梯适用条件及楼梯板配筋构造。

CT 型楼梯的适用条件为:两梯梁之间的矩形梯板全部由踏步段和高端平板构成,两部分的一端各自以梯梁为支座,凡是满足该条件的楼梯均可为 CT 型,如图 5-10 所示。

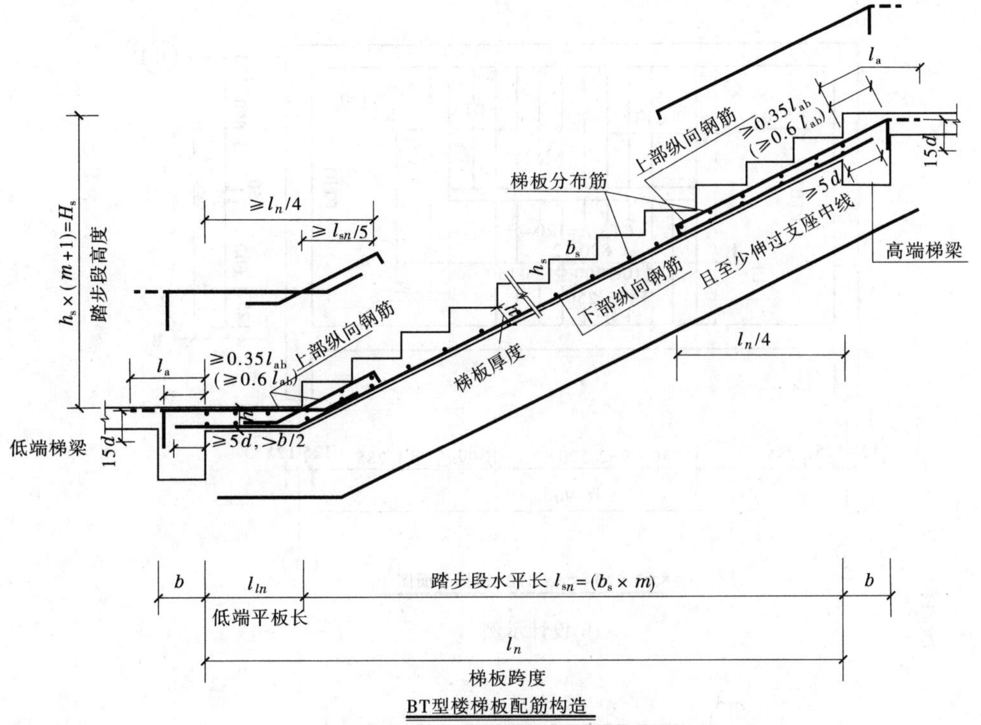

图 5-9　BT 型楼梯板配筋构造

CT 型楼梯平面注写方式如图 5-10(a)所示,其中,集中注写的内容有 5 项,第 1 项为梯板类型代号与序号 CT××,第 2 项为楼板厚度 h,第 3 项为踏步段总高度 H_s/踏步级数(m+1),第 4 项为上部纵向钢筋及下部纵向钢筋,第 5 项为梯板分布筋,设计示例如图 5-10(b)所示;梯板的分布可直接标注,也可统一标注;平台板 PTB、梯梁 TL 及梯柱 TZ 的配筋

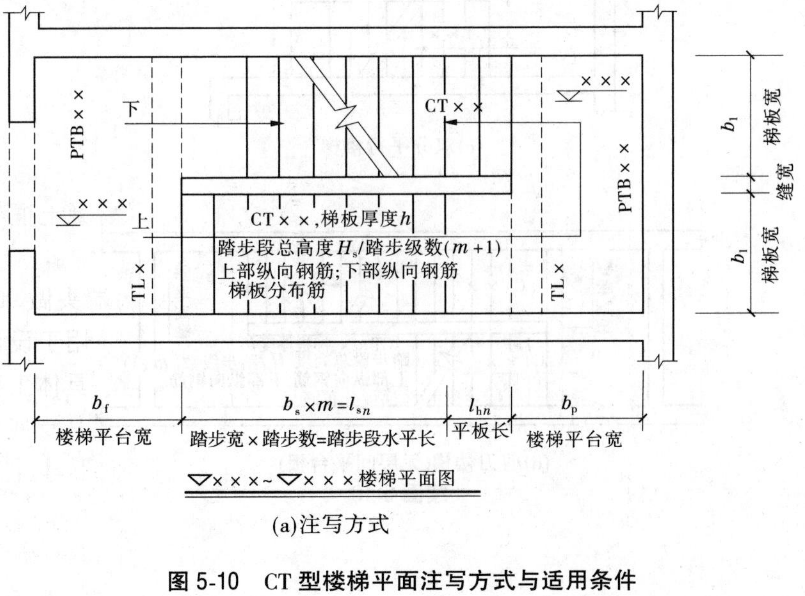

(a)注写方式

图 5-10　CT 型楼梯平面注写方式与适用条件

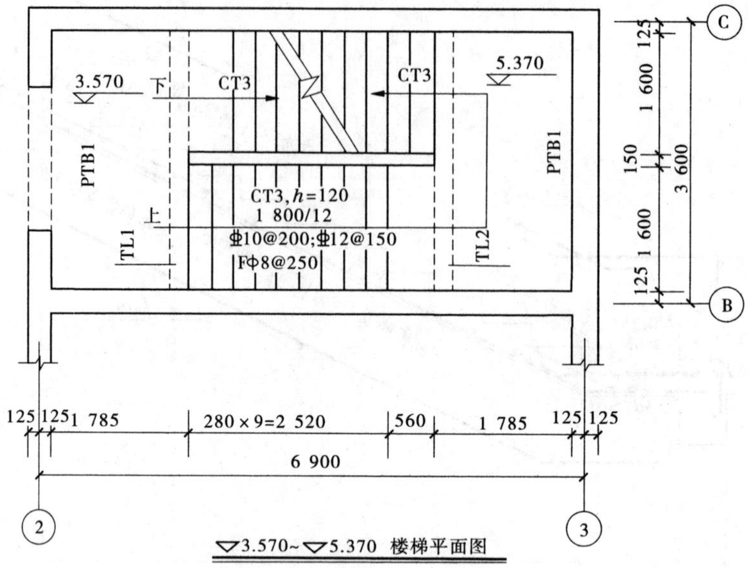

(b)设计示例

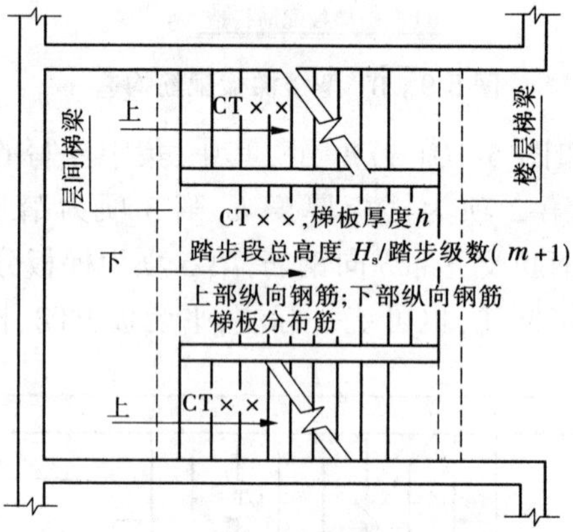

(c)双分平行楼梯

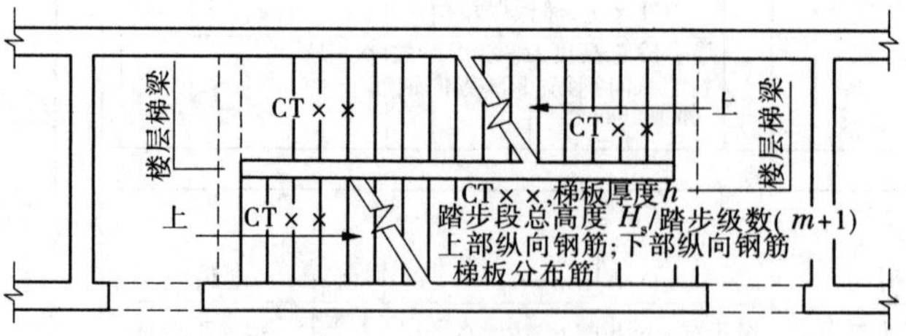

(d)剪刀楼梯(无层间平台板)

续图 5-10

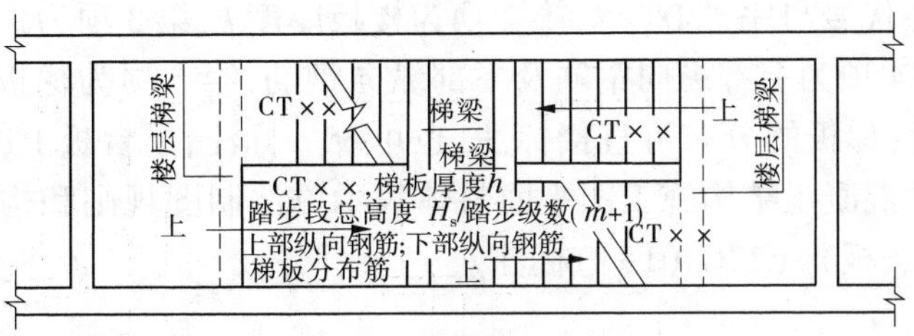

(e)剪刀楼梯

续图 5-10

可参照《混凝土结构施工图平面整体表示方法制图规则和构造详图(现浇混凝土框架、剪力墙、梁、板)》(22G101-1)标注。

注意:当采用 HPB300 光面钢筋时,除梯板上部纵向钢筋的跨内端头做 90°直角弯钩外,所有末端应做 180°弯钩;图 5-11 中上部纵向钢筋锚固长度 $0.35l_{ab}$ 用于设计按铰接的情况,括号内数据 $0.6l_{ab}$ 用于设计考虑充分发挥钢筋抗拉强度的情况,具体工程中设计应指明采用何种情况;上部纵向钢筋有条件时可直接伸入平台板内锚固,从支座内边算起总锚固长度不小于 l_a,如图 5-11 所示;上部纵向钢筋需伸至支座对边再向下弯折。

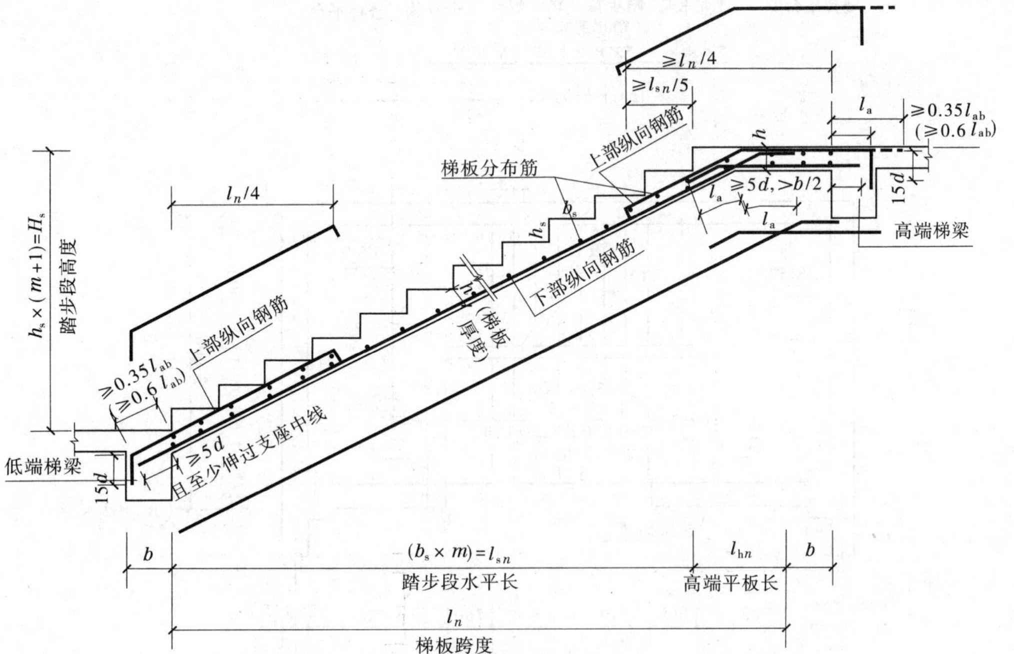

图 5-11　CT 型楼梯板配筋构造

(4)DT 型楼梯适用条件及楼梯板配筋构造。

DT 型楼梯的适用条件为:两梯梁之间的矩形梯板全部由低端平板、踏步段和高端平板构成,高、低端平板的一端各自以梯梁为支座,凡是满足该条件的楼梯均可为 DT 型,如图 5-12 所示。DT 型楼梯平面注写方式如图 5-12(a)所示,其中,集中注写的内容有 5 项,第1项为梯板类型代号与序号DT××,第2项为楼板厚度h,第3项为踏步段总高度H_s/踏步级数(m+1),第4项为上部纵向钢筋及下部纵向钢筋,第5项为梯板分布筋,设计示例如图5-12(b)所示;梯板的分布可直接标注,也可统一标注;平台板PTB、梯梁TL及梯柱TZ的配筋可参照《混凝土结构施工图平面整体表示方法制图规则和构造详图(现浇混凝土框架、剪力墙、梁、板)》(22G101-1)标注。

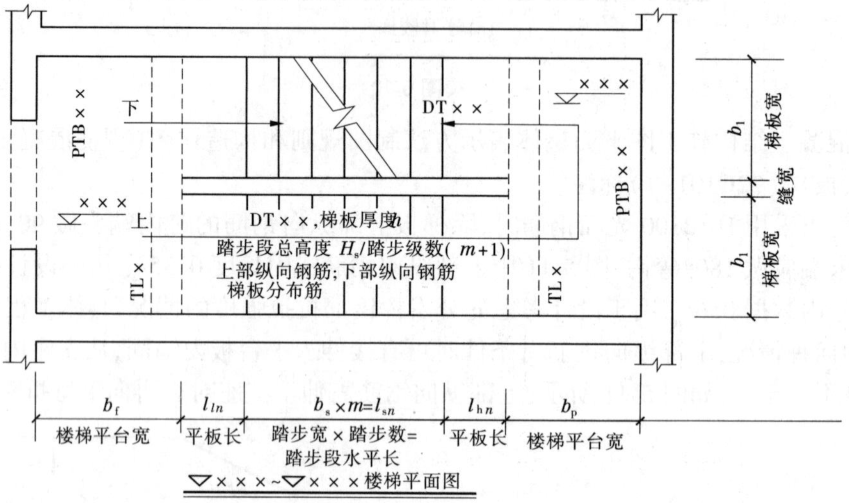

(a)注写方式

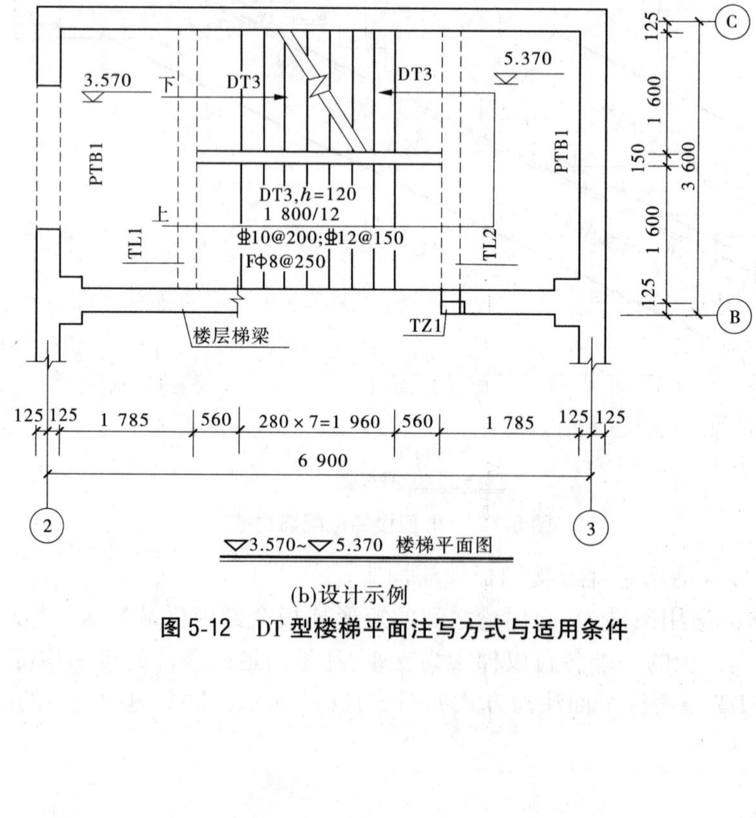

(b)设计示例

图5-12 DT型楼梯平面注写方式与适用条件

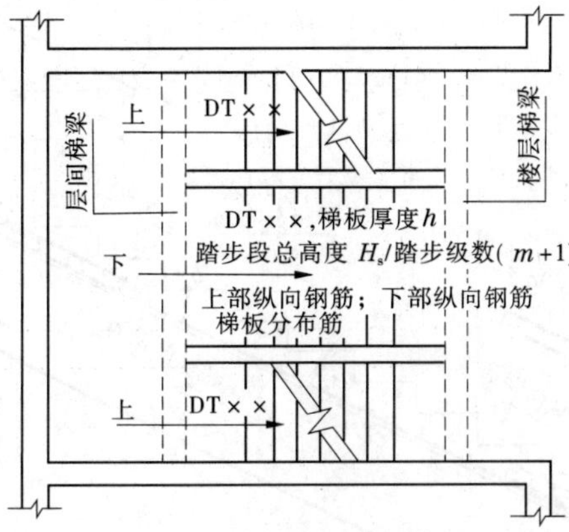

(c)双分平行楼梯

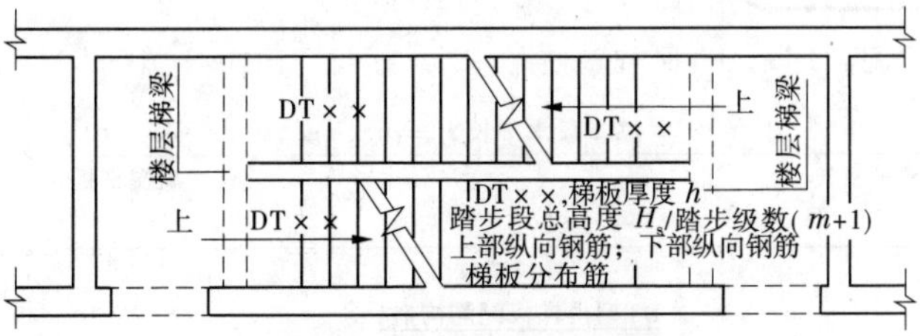

(d)剪刀楼梯(无层间平台板)

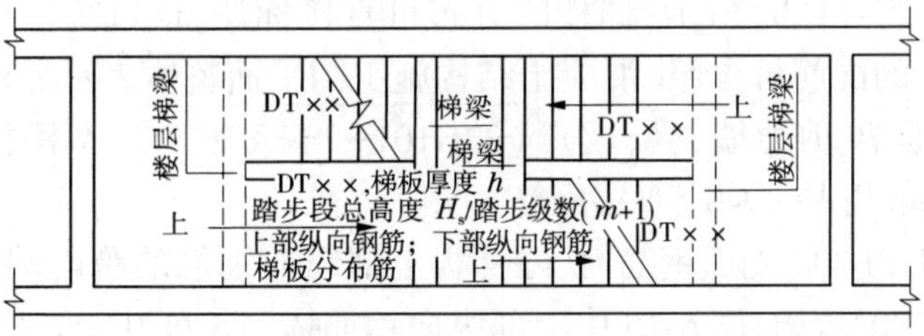

(e)剪刀楼梯

续图 5-12

注意：当采用 HPB300 光面钢筋时，除梯板上部纵向钢筋的跨内端头做 90°直角弯钩外，所有末端应做 180°弯钩；图 5-13 中上部纵向钢筋锚固长度 $0.35l_{ab}$ 用于设计按铰接的情况，括号内数据 $0.6l_{ab}$ 用于设计考虑充分发挥钢筋抗拉强度的情况，具体工程中设计应指明采用何种情况；上部纵向钢筋有条件时可直接伸入平台板内锚固，从支座内边算起，总锚固长度不小于 l_a，如图 5-13 所示；上部纵向钢筋需伸至支座对边再向下弯折。

(5)ET 型楼梯适用条件及楼梯板配筋构造。

ET 型楼梯的适用条件为：两梯梁之间的矩形梯板全部由低端踏步段、中位平板和高端踏步段构成，高、低端踏步段的一端各自以梯梁为支座，凡是满足该条件的楼梯均可为 ET 型，如图 5-14 所示。ET 型楼梯平面注写方式如图 5-14(a)所示，其中，集中注写的内容有 5 项，第 1 项为梯板类型代号与序号 ET××，第 2 项为楼板厚度 h，第 3 项为踏步段总高度 H_s/踏步级数(m_l+m_h+2)，第 4 项为上部纵向钢筋及下部纵向钢筋，第 5 项为梯板分

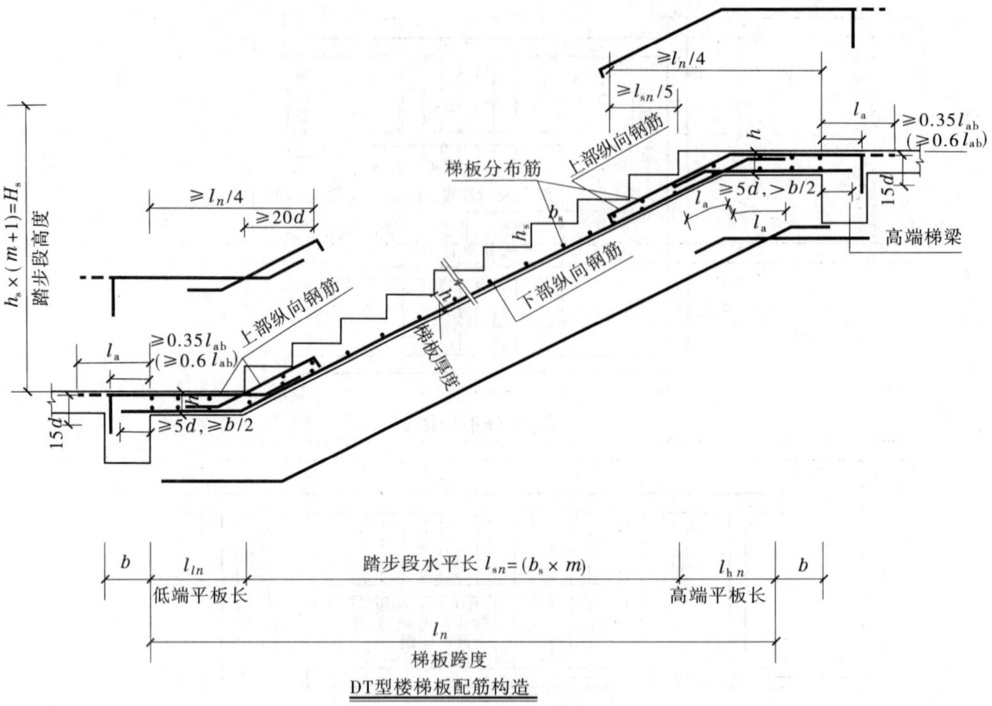

图 5-13　DT 型楼梯板配筋构造

布筋,设计示例如图 5-14(b)所示;梯板的分布可直接标注,也可统一标注;平台板 PTB、梯梁 TL 及梯柱 TZ 的配筋可参照《混凝土结构施工图平面整体表示方法制图规则和构造详图(现浇混凝土框架、剪力墙、梁、板)》(22G101-1)标注。ET 型楼梯为楼层间的单跑楼梯,跨度较大,一般情况下均应双层配筋。

注意:当采用 HPB300 光面钢筋时,除梯板上部纵向钢筋的跨内端头做 90°直角弯钩外,所有末端应做 180°弯钩;图 5-15 中上部纵向钢筋锚固长度 $0.35l_{ab}$ 用于设计按铰接的情况,括号内数据 $0.6l_{ab}$ 用于设计考虑充分发挥钢筋抗拉强度的情况,具体工程中设计应指明采用何种情况;上部纵向钢筋有条件时可直接伸入平台板内锚固,从支座内边算起总锚固长度不小于 l_a,如图 5-15 所示;上部纵向钢筋需伸至支座对边再向下弯折。

2. FT 型、HT 型板式楼梯适用条件及楼梯板配筋构造

(1)FT 型楼梯适用条件及楼梯板配筋构造。

FT 型楼梯的适用条件为:矩形梯板由楼层平板、两跑踏步段与层间平板三部分构成,楼梯间内不设置梯梁,墙体位于平板外侧;楼层平板及层间平板均采用三边支承,另一边与踏步段相连;同一楼层内各踏步段的水平长相等,高度相等(即等分楼层高度),凡是满足以上条件的楼梯均可为 FT 型,如图 5-16 所示。FT 型楼梯平面注写方式如图 5-16(a)所示,其中,集中注写的内容有 5 项,第 1 项为梯板类型代号与序号 FT××,第 2 项为楼板厚度 h,第 3 项为踏步段总高度 H_s/踏步级数(m+1),第 4 项为上部纵向钢筋及下部纵向钢筋,第 5 项为梯板分布筋(梯板分布筋也可在平面图中注写或统一说明)。原位注写的内容为楼层与层间平板上部横向钢筋与外伸长度。当平板上部横向钢筋贯通配置时,仅

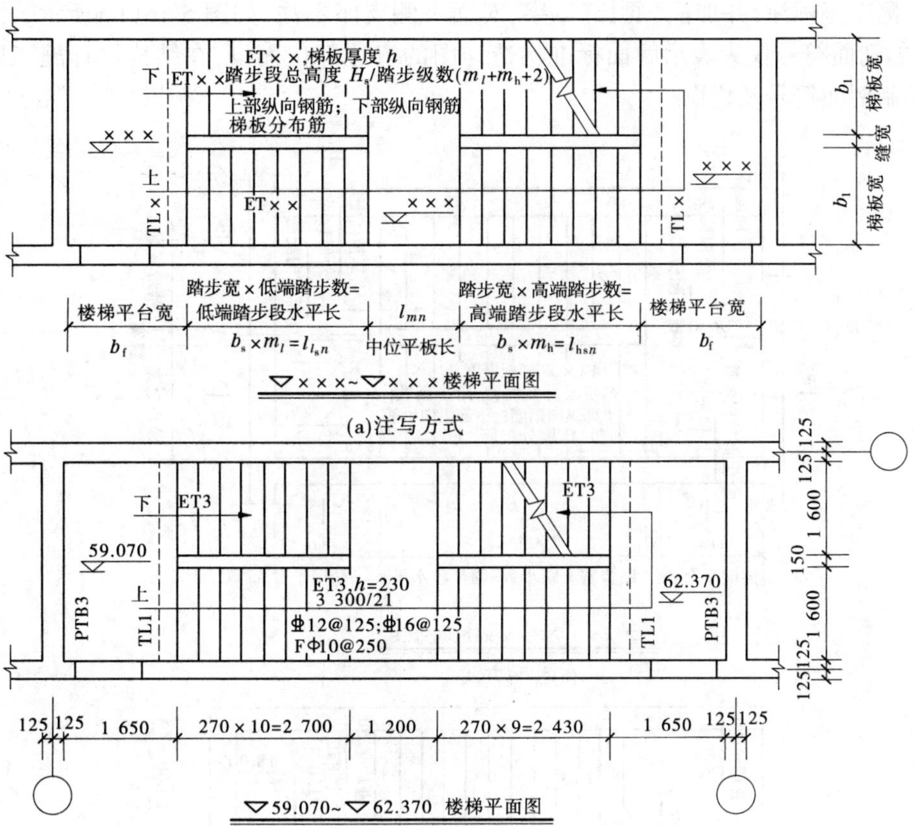

(a)注写方式

(b)设计实例

图 5-14　ET 型楼梯平面注写方式与适用条件

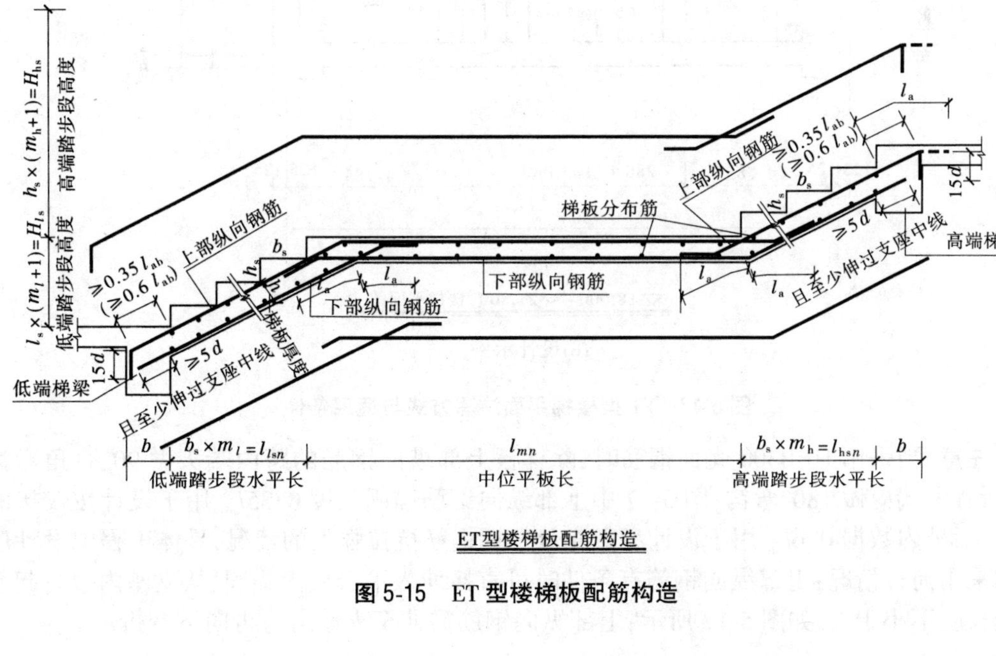

图 5-15　ET 型楼梯板配筋构造

需在一侧支座标注,并加注“通长”二字,对面一侧支座不注,如图 5-16(b)所示。图 5-16(a)中的剖面符号仅为表示后面标准构造详图的表达部位而设,在结构设计施工图中不需要绘制剖面符号及详图。

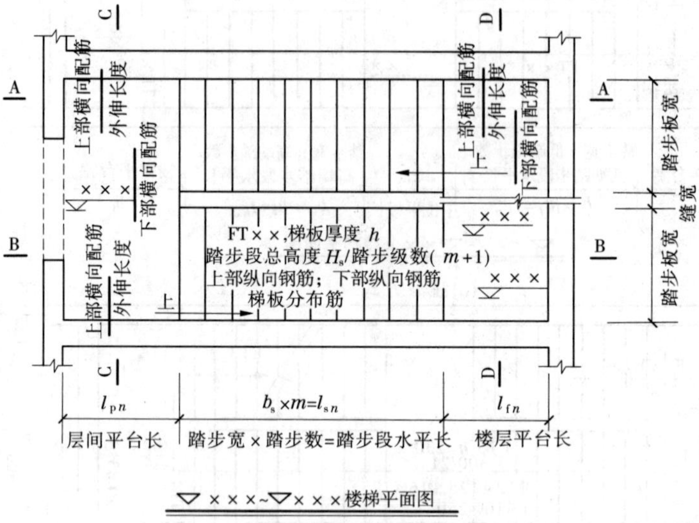

(a)注写方式

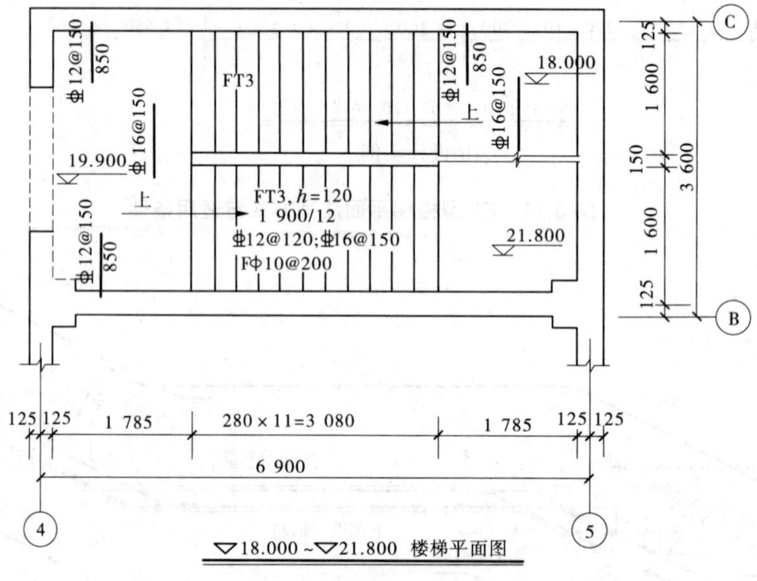

(b)设计示例

图 5-16　FT 型楼梯平面注写方式与适用条件

注意:当采用 HPB300 光面钢筋时,除梯板上部纵向钢筋的跨内端头做 90°直角弯钩外,所有末端应做 180°弯钩;图 5-17 中上部纵向钢筋锚固长度 0.35l_{ab} 用于设计按铰接的情况,括号内数据 0.6l_{ab} 用于设计考虑充分发挥钢筋抗拉强度的情况,具体工程中设计应指明采用何种情况;上部纵向钢筋有条件时可直接伸入平台板内锚固,从支座内边算起总锚固长度不小于 l_a,如图 5-17 所示;上部纵向钢筋需伸至支座对边再向下弯折。

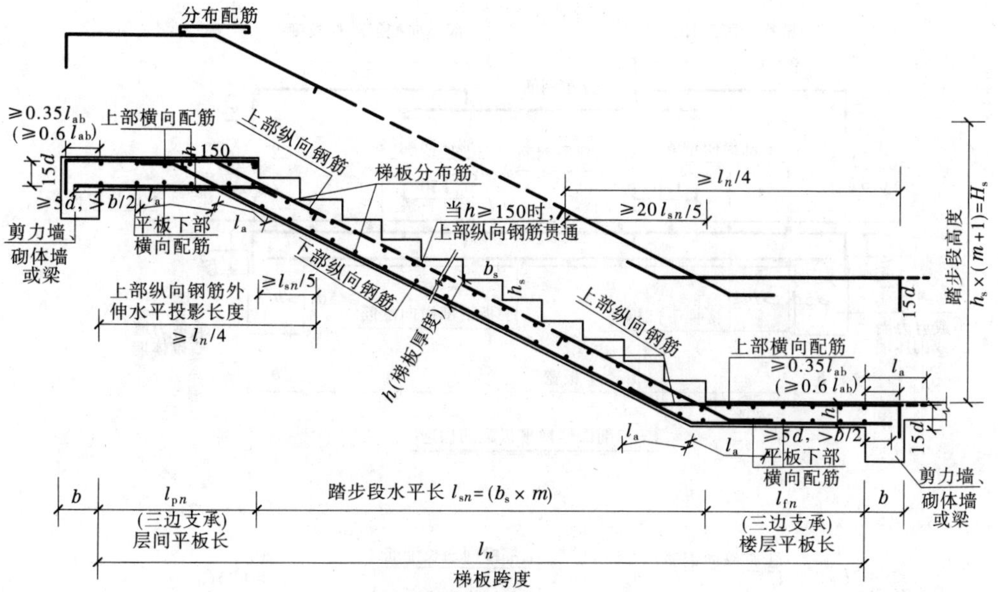

FT型楼梯板配筋构造(A—A)

(楼层平板和层间平板均为三边支承)

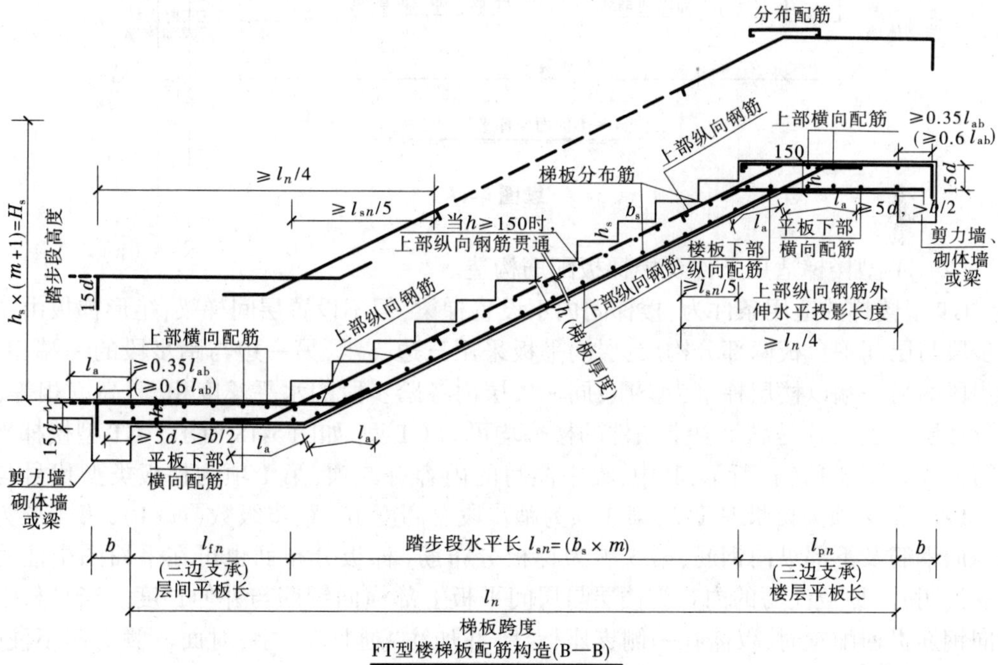

FT型楼梯板配筋构造(B—B)

(楼层平板和层间平板均为三边支承)

图5-17　FT型楼梯板配筋构造

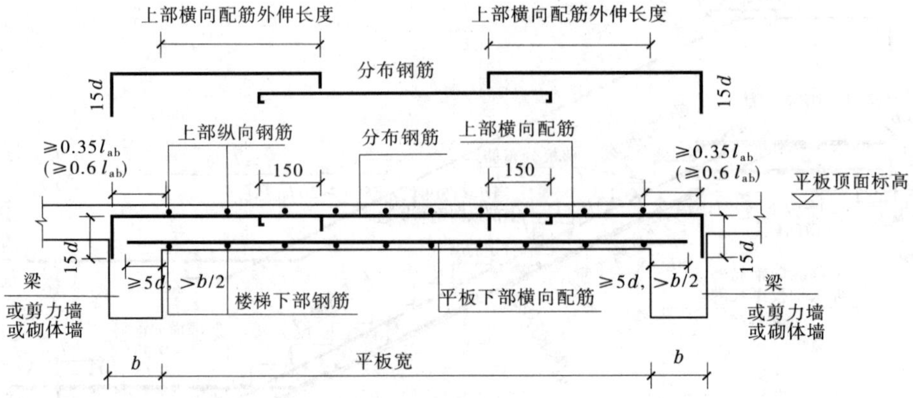

C—C剖面楼梯平板配筋构造

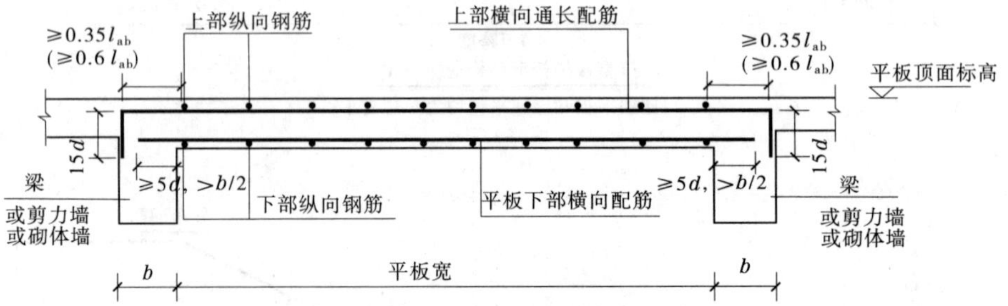

D—D剖面楼梯平板配筋构造

续图 5-17

(2)GT 型楼梯适用条件及楼梯板配筋构造。

GT 型楼梯的适用条件为:楼梯间内不设置梯梁,但不设置层间梯梁;矩形梯板由两跑踏步段与层间平台板两部分构成;层间平板采用三边支承,另一边与踏步段的一端相连,踏步段的另一端以楼层梯梁为支座;同一楼层内各踏步段的水平长度相等,高度相等(即等分楼层高度),凡是满足以上条件的楼梯均可为 GT 型,如图 5-18 所示。GT 型楼梯平面注写方式如图 5-18(a)所示,其中,集中注写的内容有 5 项,第 1 项为梯板类型代号与序号 GT××,第 2 项为楼板厚度 h,第 3 项为踏步段总高度 H_s/踏步级数(m+1),第 4 项为上部纵向钢筋及下部纵向钢筋,第 5 项为梯板分布筋(梯板分布筋也可在平面图中注写或统一说明)。原位注写的内容为楼层与层间平板上部横向钢筋与外伸长度。当平板上部横向钢筋贯通配置时,仅需在一侧支座标注,并加注“通长”二字,对面一侧支座不注,如图 5-18(b)所示。图 5-18(a)中的剖面符号仅为表示后面标准构造详图的表达部位而设,在结构设计施工图中不需要绘制剖面符号及详图。

注意:当采用 HPB300 光面钢筋时,除梯板上部纵向钢筋的跨内端头做 90°直角弯钩外,所有末端应做 180°弯钩;图 5-19 中上部纵向钢筋锚固长度 0. 35l_{ab} 用于设计按铰接的

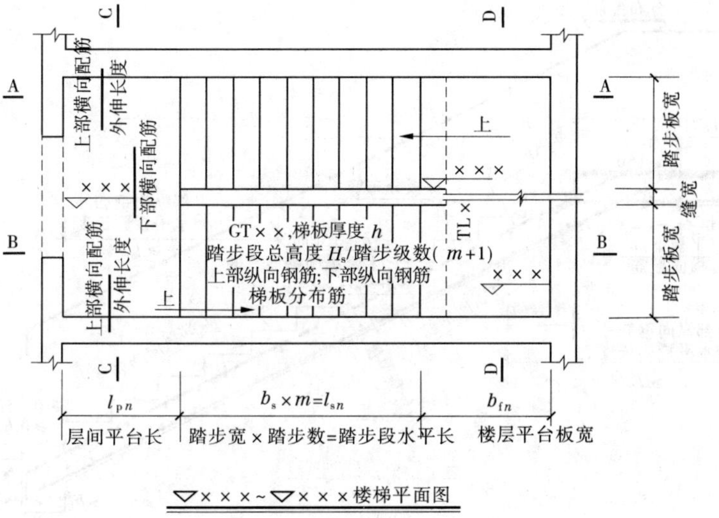

(a)注写方式

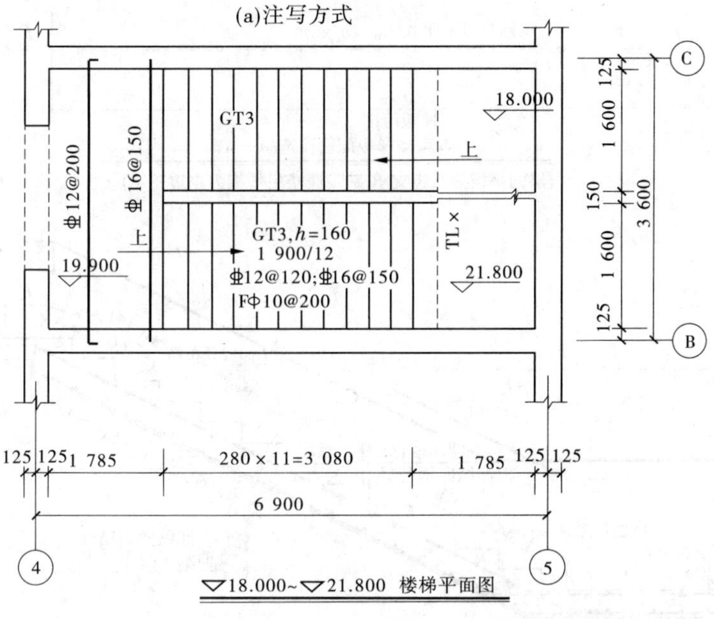

(b)设计示例

图 5-18　GT 型楼梯平面注写方式与适用条件

情况,括号内数据 $0.6l_{ab}$ 用于设计考虑充分发挥钢筋抗拉强度的情况,具体工程中设计应指明采用何种情况;上部纵向钢筋有条件时可直接伸入平台板内锚固,从支座内边算起总锚固长度不小于 l_a,如图 5-19 所示;上部纵向钢筋需伸至支座对边再向下弯折。

3. ATa~ATb 型板式楼梯适用条件及楼梯板配筋构造

(1) ATa 型楼梯适用条件及楼梯板配筋构造。

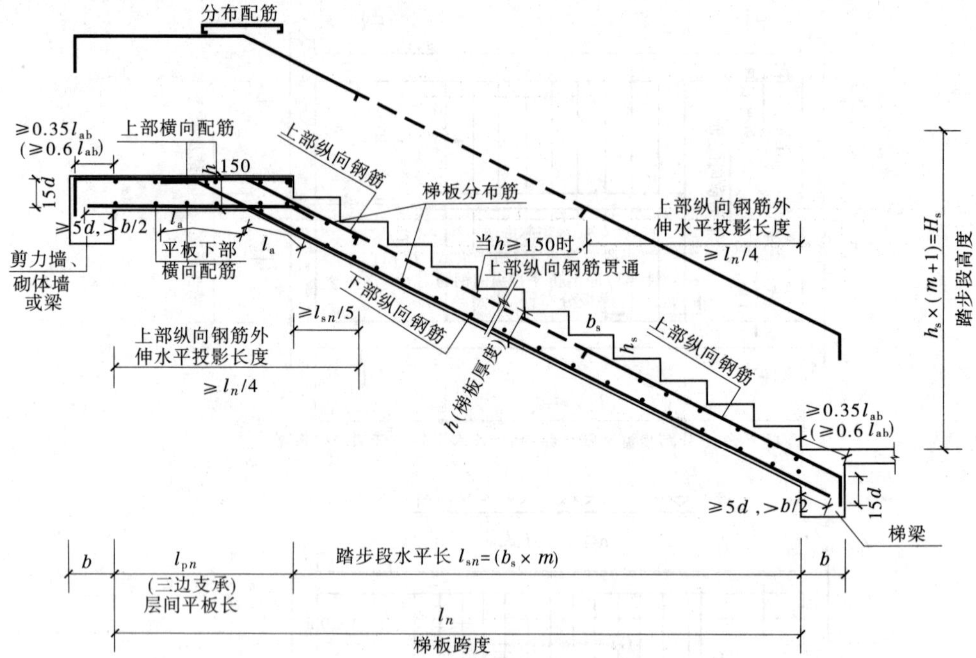

GT型楼梯板配筋构造(A—A)

(层间平板为三边支承,踏步段楼层平板为单边支承)

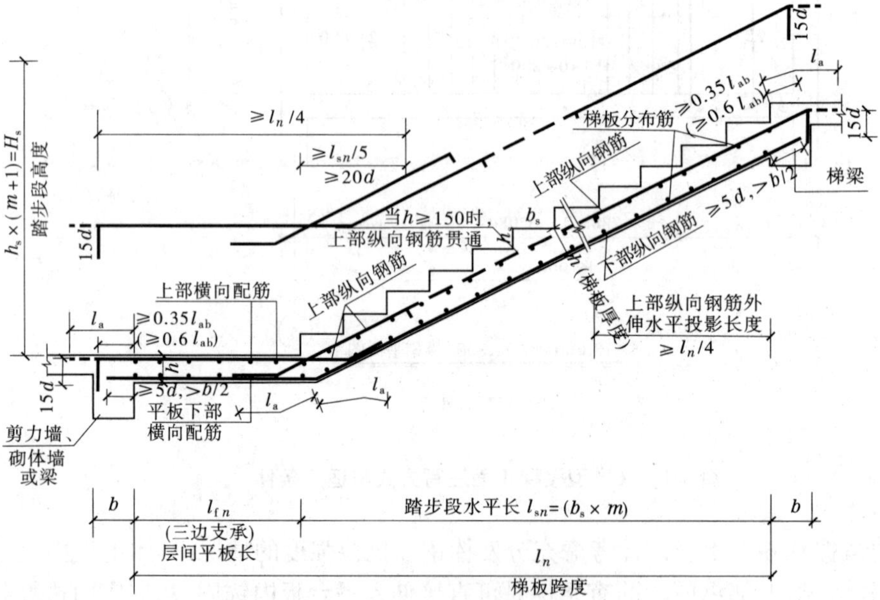

GT型楼梯板配筋构造(B—B)

(楼层平板和层间平板均为三边支承)

图5-19 GT型楼梯板配筋构造

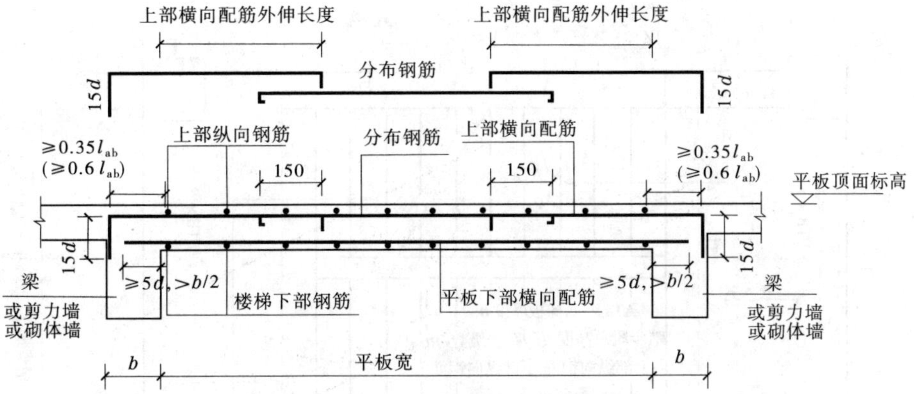

C—C剖面楼梯平板配筋构造

3

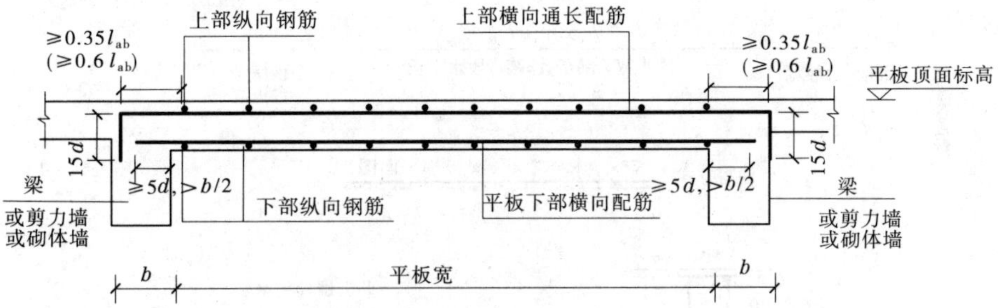

D—D剖面楼梯平板配筋构造

续图 5-19

ATa 型楼梯设滑动支座，不参与结构整体抗震计算；其适用条件为：两梯梁之间的矩形梯板全部由踏步段构成，即踏步段两端均以梯梁为支座，且梯板低端支承处做成滑动支座，滑动支座直接落在梯梁上，框架结构中，楼梯中间平台通常设梯柱、梯梁，中间平台可与框架柱连接；ATa 型楼梯平面注写方式如图 5-20 所示，其中，集中注写的内容有 5 项，第 1 项为梯板类型代号与序号 ATa，第 2 项为楼板厚度 h，第 3 项为踏步段总高度 H_s/踏步级数(m+1)，第 4 项为上部纵向钢筋及下部纵向钢筋，第 5 项为梯板分布筋；梯板的分布可直接标注，也可统一标注；平台板 PTB、梯梁 TL 及梯柱 TZ 的配筋可参照《混凝土结构施工图平面整体表示方法制图规则和构造详图（现浇混凝土框架、剪力墙、梁、板）》(22G101-1)标注。设计应注意：当 ATa 型作为两跑楼梯中的一跑时，上下梯段平面位置错开一个踏步宽。

注意：当采用 HPB300 光面钢筋时，除梯板上部纵向钢筋的跨内端头做 90°直角弯钩外，所有末端应做 180°弯钩，如图 5-21 所示。

(2) ATb 型楼梯适用条件及楼梯板配筋构造。

ATb 型楼梯设滑动支座，不参与结构整体抗震计算；其适用条件如下：

第一，两梯梁之间的矩形梯板全部由踏步段构成，即踏步段两端均以梯梁为支座。

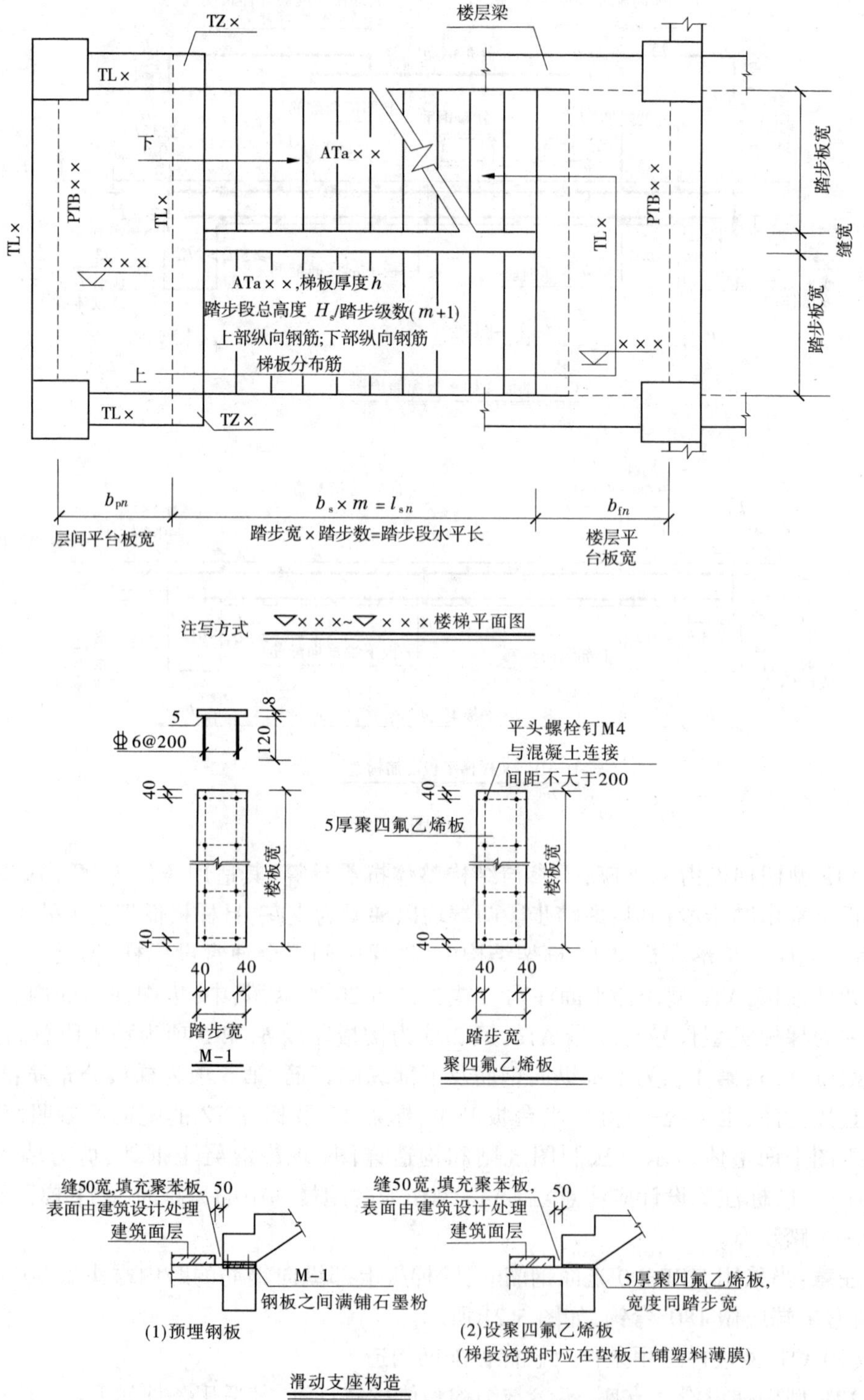

图5-20 ATa型楼梯平面注写方式与适用条件

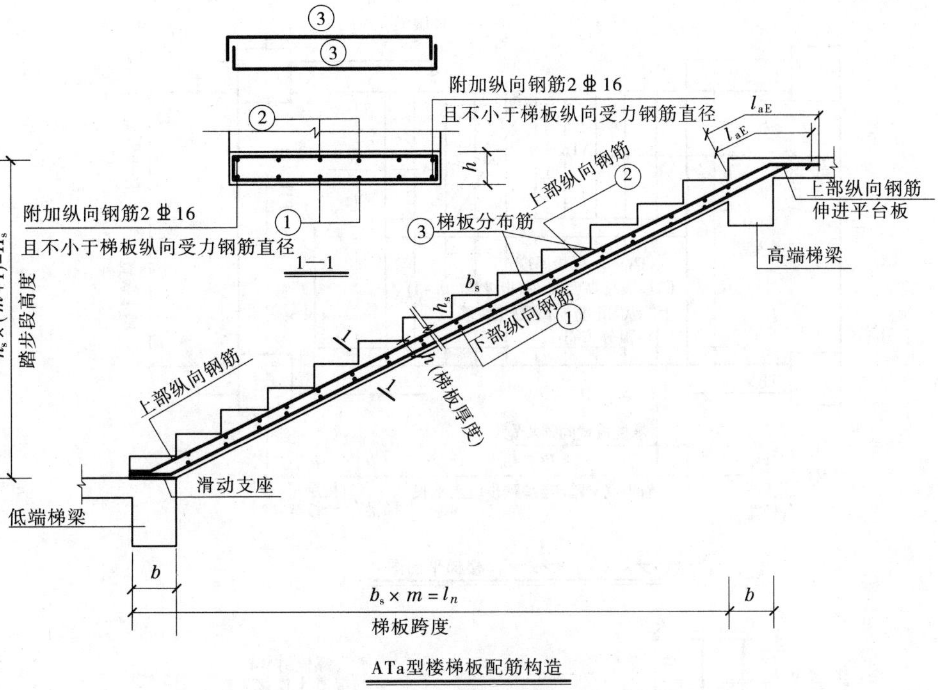

图 5-21　ATa 型楼梯板配筋构造

第二，梯板低端支承处做成滑动支座，滑动支座直接落在梯梁挑板上。

第三，框架结构中，楼梯中间平台通常设梯柱、梯梁，中间平台可与框架柱连接。

ATb 型楼梯平面注写方式如图 5-22 所示，其中，集中注写的内容有 5 项，第 1 项为梯板类型代号与序号 ATb，第 2 项为楼板厚度 h，第 3 项为踏步段总高度 H_s/踏步级数（m+1），第 4 项为上部纵向钢筋及下部纵向钢筋，第 5 项为梯板分布筋；梯板的分布可直接标注，也可统一标注；平台板 PTB、梯梁 TL 及梯柱 TZ 的筋可参照《混凝土结构施工图平面整体表示方法制图规则和构造详图（现浇混凝土框架、剪力墙、梁、板）》（22G101-1）标注；设计应注意：当 ATb 作为两跑楼梯中的一跑时，上下梯段平面位置错开一个踏步宽。

注意：当采用 HPB300 光面钢筋时，除梯板上部纵向钢筋的跨内端头做 90°直角弯钩外，所有末端应做 180°弯钩，如图 5-23 所示。

4. ATc 型楼梯适用条件及楼梯板配筋构造

ATc 型楼梯用于抗震设计，其适用条件为：两梯梁之间的矩形梯板全部由踏步段构成，即踏步段两端均以梯梁为支座，框架结构中，楼梯中间平台通常设梯柱、梯梁，中间平台可与框架柱连接（2 个梯柱形式）或脱开（4 个梯柱形式）。ATc 型楼梯平面注写方式如图 5-24（a）、（b）所示，其中，集中注写的内容有 5 项，第 1 项为梯板类型代号与序号 ATc××，第 2 项为楼板厚度 h，第 3 项为踏步段总高度 H_s/踏步级数（m+1），第 4 项为上部纵向钢筋及下部纵向钢筋，第 5 项为梯板分布筋。梯板的分布可直接标注，也可统一标注。平台板 PTB、梯梁 TL 及梯柱 TZ 的配筋可参照《混凝土结构施工图平面整体表示方法制图规则和构造详图（现浇混凝土框架、剪力墙、梁、板）》（22G101-1）标注。楼梯休息平台与主体结构脱开连接可避免框架柱形成端柱。

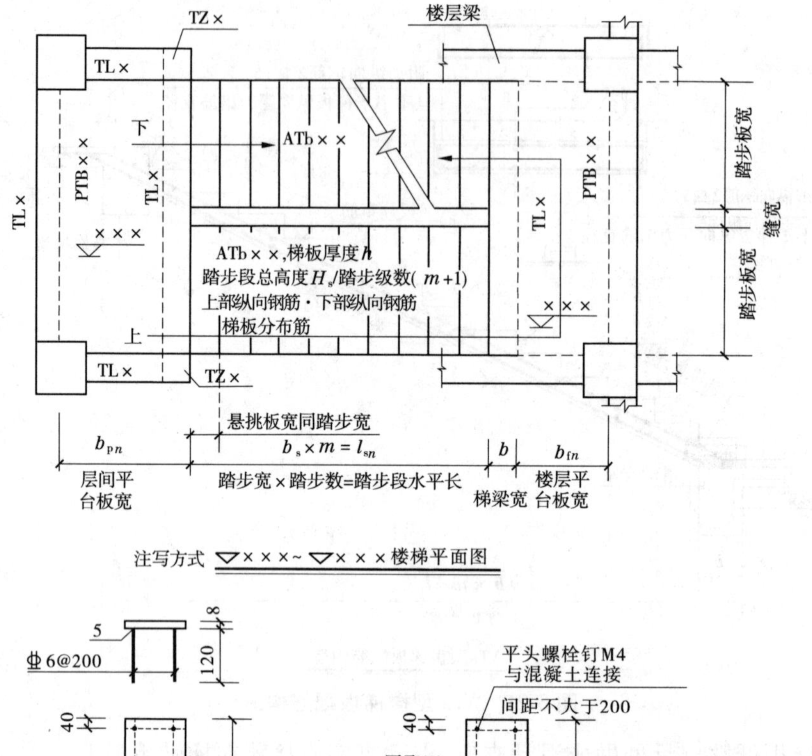

图 5-22　ATb 型楼梯平面注写方式与适用条件

注意:当采用 HPB300 光面钢筋时,除梯板上部纵向钢筋的跨内端头做 90°直角弯钩外,所有末端应做 180°弯钩;上部纵向钢筋需伸至支座对边再向下弯折;梯板拉结筋ф 6,拉结筋间距为 600 mm,ATc 型楼梯板配筋构造如图 5-25 所示。

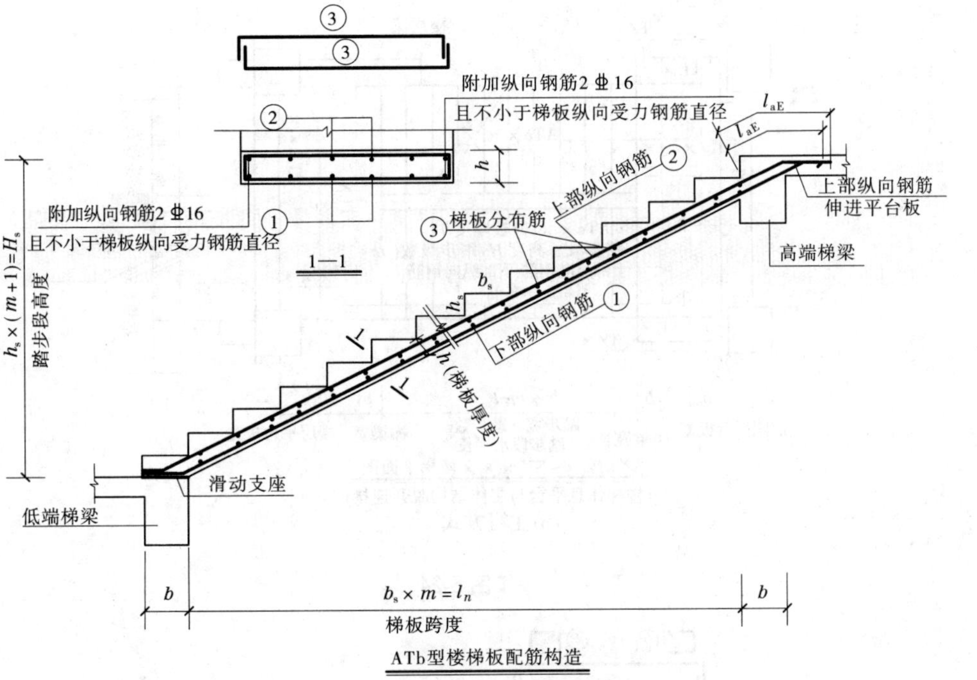

图 5-23　ATb 型楼梯板配筋构造

5. CTa、CTb 型板式楼梯适用条件及楼梯板配筋构造

CTa、CTb 型板式楼梯设滑动支座，不参与结构整体抗震计算；其适用条件为：两梯梁之间的矩形梯板由踏步段和高端平台板构成，高端平台板应≤3 个踏步宽度，梯板两端均以梯梁为支座，且梯板低端支承处做成滑动支座，CTa 滑动支座直接落在梯梁上，CTb 滑动支座落在挑板上。框架结构中，楼梯中间平台通常设梯柱、梁，中间平台可与框架柱连

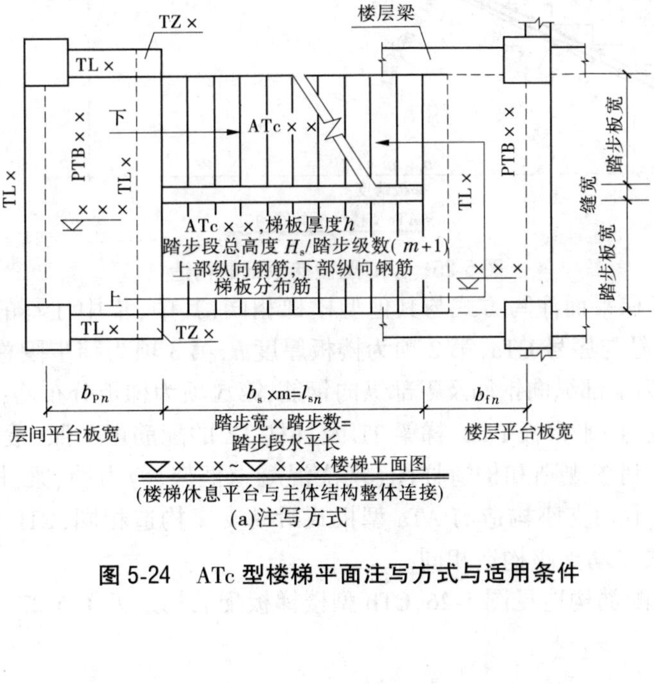

图 5-24　ATc 型楼梯平面注写方式与适用条件

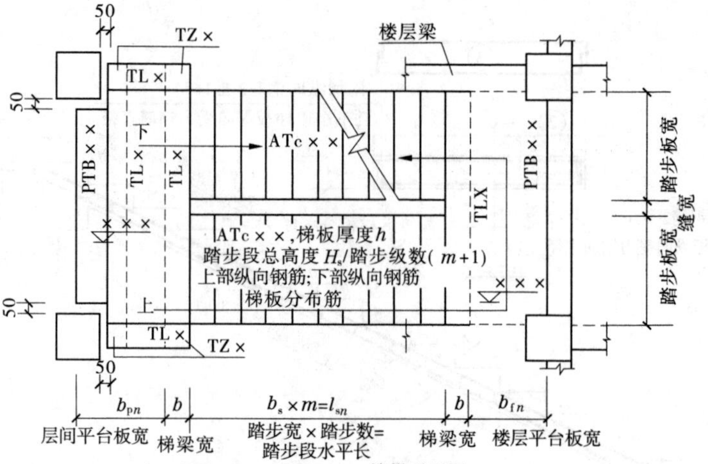

▽×××~▽×××楼梯平面图

(楼梯休息平台与主体结构脱开连接)

(b)注写方式

续图 5-24

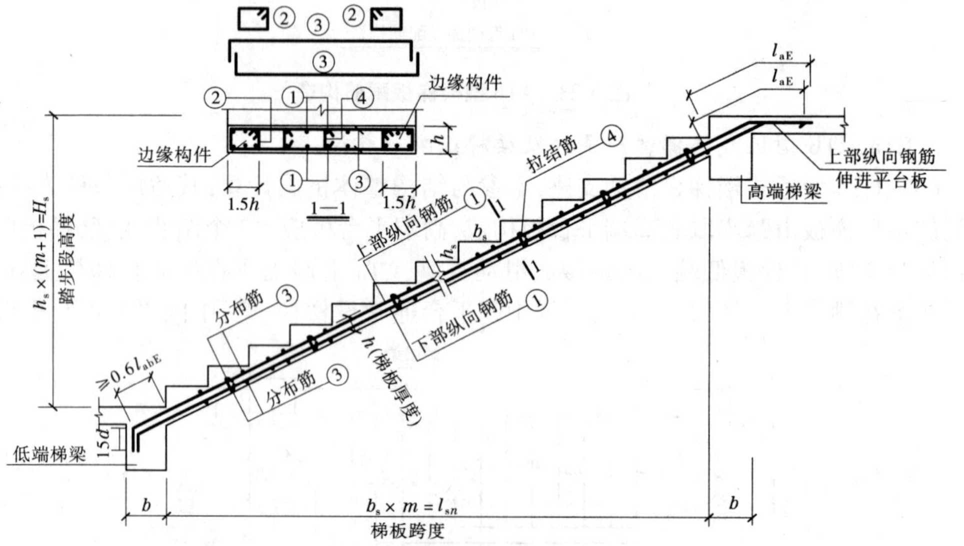

ATc型楼梯板配筋构造

图 5-25 ATc 型楼梯板配筋构造

接。CTa、CTb 型楼梯平面注写方式与其他型楼梯相同,其中,集中注写的内容有 5 项,第 1 项为梯板类型代号与序号 CTa,第 2 项为楼板厚度 h,第 3 项为踏步段总高度 H_s/踏步级数(m+1),第 4 项为上部纵向钢筋及下部纵向钢筋,第 5 项为梯板分布筋;梯板的分布可直接标注,也可统一标注;平台板 PTB、梯梁 TL 及梯柱 TZ 的配筋可参照《混凝土结构施工图平面整体表示方法制图规则和构造详图(现浇混凝土框架、剪力墙、梁、板)》(22G101-1)标注。CTa 型板式滑动支座构造与 ATa 型板式滑动支座构造相同,CTb 型板式滑动支座构造与 ATb 型板式滑动支座构造相同。

CTa 型楼梯板配筋构造见图 5-26,CTb 型楼梯板配筋构造见图 5-27。

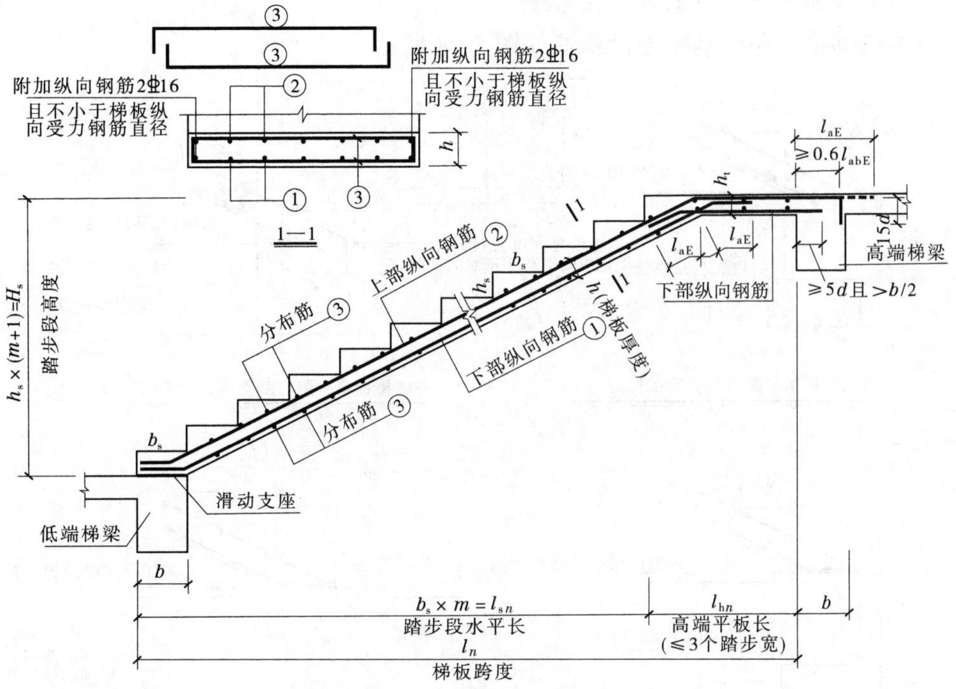

CTa型楼梯板配筋构造

图 5-26　CTa 型楼梯板配筋构造

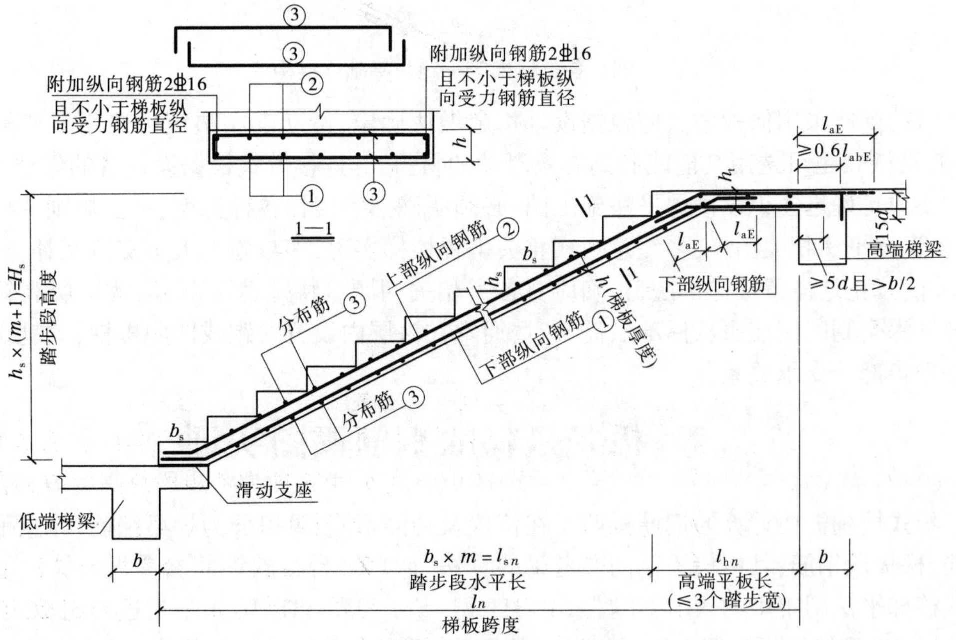

CTb型楼梯板配筋构造

图 5-27　CTb 型楼梯板配筋构造

6. 各类楼梯第一跑与基础连接构造

各类楼梯第一跑与基础连接构造如图5-28所示。

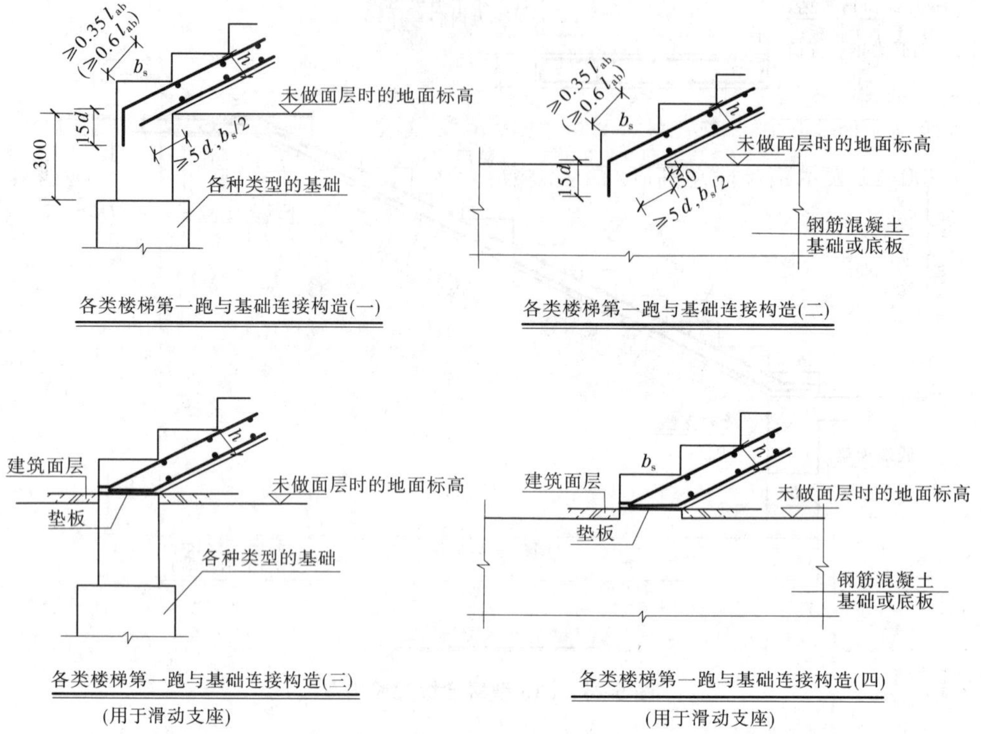

图5-28 各类楼梯第一跑与基础连接构造

滑动支座采用何种做法应根据设计指定做法确定,滑动支座垫板可选用聚四氟乙烯板(四氟板),也可选用其他能起到有效滑动的材料,其连接方式根据设计者的做法处理。

要想正确迅速识读楼梯平法施工图,必须明确熟悉楼梯各种类型、平法规则及构造要求,多识读平法相关图集,多注意观察相关工程楼梯实况,多与施工人员交流互补,只有这样,才能真正地懂得楼梯平法,正确应对各类相关问题。特殊情况下,当楼层层高较高且楼梯进深受到限制或服从标准层需要时,通常在该层内设置三跑或四跑楼梯,关键是要正确处理各部分支承关系。

5.2 板式楼梯的钢筋读图实训

板式楼梯需要计算的钢筋按照所在位置及功能不同,可以分为梯梁钢筋、休息平台板钢筋、梯板段钢筋,其中梯梁钢筋参考梁的算法,休息平台板的钢筋参考板的算法。针对板式楼梯平法图集中的AT~ET型、FT~HT型、ATa型和ATb型、ATc型这四组板式楼梯,本节以AT型楼梯板为例讲解梯板段内的钢筋计算,与其他类型楼梯类似,首先根据现浇混凝土板式楼梯梯板平法施工图(通常具体工程会选择平面标注、剖面标注和列表标注中的一种)对照楼梯平法图集中相应楼梯板配筋构造,准确地计算出所需钢筋各段外包细部尺寸(即通常所说的工程钢筋表尺寸,有时需自己去抽筋),画出钢筋设计尺寸示意简图,然后根据钢筋设计尺寸示意简图计算出所需钢筋下料长度。应该注意在弯折处钢筋设计尺寸和钢筋下料长度是有差别的,二者存在弯曲量度差。

以 AT 型板式楼梯梯板段钢筋计算为例,从图 5-29 中梯板类型及配筋的平面标注识读出的内容如下:

AT3,h=120 表示梯板类型及编号,梯板板厚;

1 800/12 表示踏步段总高度/踏步级数;

⏀ 10@ 200;⏀ 12@ 150 表示上部纵向钢筋;下部纵向钢筋;

F Φ 8@ 250 表示梯板分布筋。

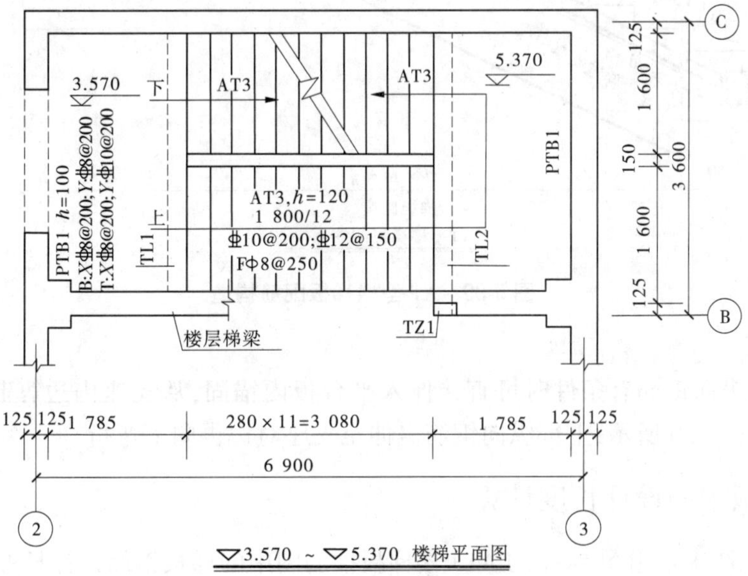

图 5-29 AT 型楼梯平面图

从楼梯施工图识读出相关内容后,对照 AT 型楼梯板配筋构造画出钢筋设计尺寸示意简图,然后进行钢筋下料长度及数量计算。

5.2.1 识读出楼梯段的基本尺寸数据

AT3 的基本尺寸数据:楼梯板净跨度 l_n = 3 080 mm;梯板净宽度 b_n = 1 600 mm;梯板厚度 h = 120 mm;踏步宽度 b_s = 280 mm;踏步总高度 H_s = 1 800 mm;踏步高度 h_s = 150 mm。

根据图 5-30 的 AT 型楼梯板配筋构造(实际工程中直接参照楼梯平法图集 22G101-2 AT 型楼梯板配筋构造)画出图 5-31 的 AT3 楼梯板配筋立面并画出钢筋设计尺寸简图(俗称抽筋)。

注意:(1)当采用 HPB300 光面钢筋时,除梯板上部纵向钢筋的跨内端头做 90°直角弯钩外,所有末端应做 180°弯钩。

(2)图 5-30 中上部纵向钢筋锚固长度 0. 35l_{ab} 用于设计按铰接的情况,括号内数据 0. 6l_{ab} 用于设计考虑充分发挥钢筋抗拉强度的情况,具体工程中设计应指明采用何种

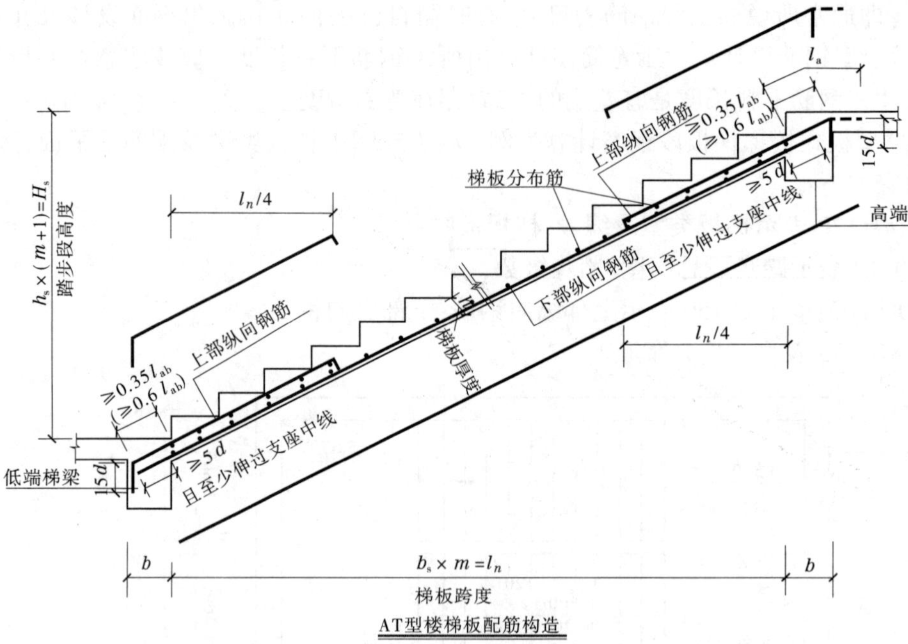

图 5-30　AT 型楼梯板配筋构造

情况。

(3)上部纵向钢筋有条件时可直接伸入平台板内锚固,从支座内边算起总锚固长度不小于 l_a,如图 5-30 所示;上部纵向钢筋需伸至支座对边再向下弯折。

5.2.2　梯板钢筋设计长度计算

如果施工图未给出图 5-31 的 AT3 楼梯板抽筋图中的梯板钢筋设计长度,那就应该通过如下计算确定:

斜坡系数:$k=\sqrt{b_s^2+h_s^2}/b_s=\sqrt{280^2+150^2}/280=1.134$

(1)梯板下部钢筋Φ 12:

长度 $l=(l_n+2\times a)\times k=[3\ 080+2\times\max(5d,b/2)]\times1.134$

$=[3\ 080+2\times\max(5\times12,200/2)]\times1.134=3\ 720$(mm)

根数$=(b_n/2-2\times c)$/间距$+1=(1\ 600-2\times15)/150+1=12$(根)

(2)梯板底部分布钢筋Φ 8:

长度 $l=b_n-2\times c+6.25d\times2=1\ 600-2\times15+6.25\times8\times2=1\ 670$(mm)

根数$=(l_n\times k-50\times2)$/间距$+1=(3\ 080\times1.134-50\times2)/250+1=15$(根)

(3)梯板低端上部钢筋(扣筋)Φ 10:

长度 $l=(l_n/4+b-c)\times k+15d+h-2c$

$=(3\ 080/4+200-20)\times1.134+15\times10+120-2\times15=1\ 317$(mm)

扣筋根数$=(b_n/2-2\times c)$/间距$+1=(1\ 600-2\times15)/200+1=9$(根)

梯板低端上部分布钢筋长度 $l=b_n-2\times c+6.25d\times2=1\ 600-2\times15+6.25\times8\times2=1\ 670$(mm)

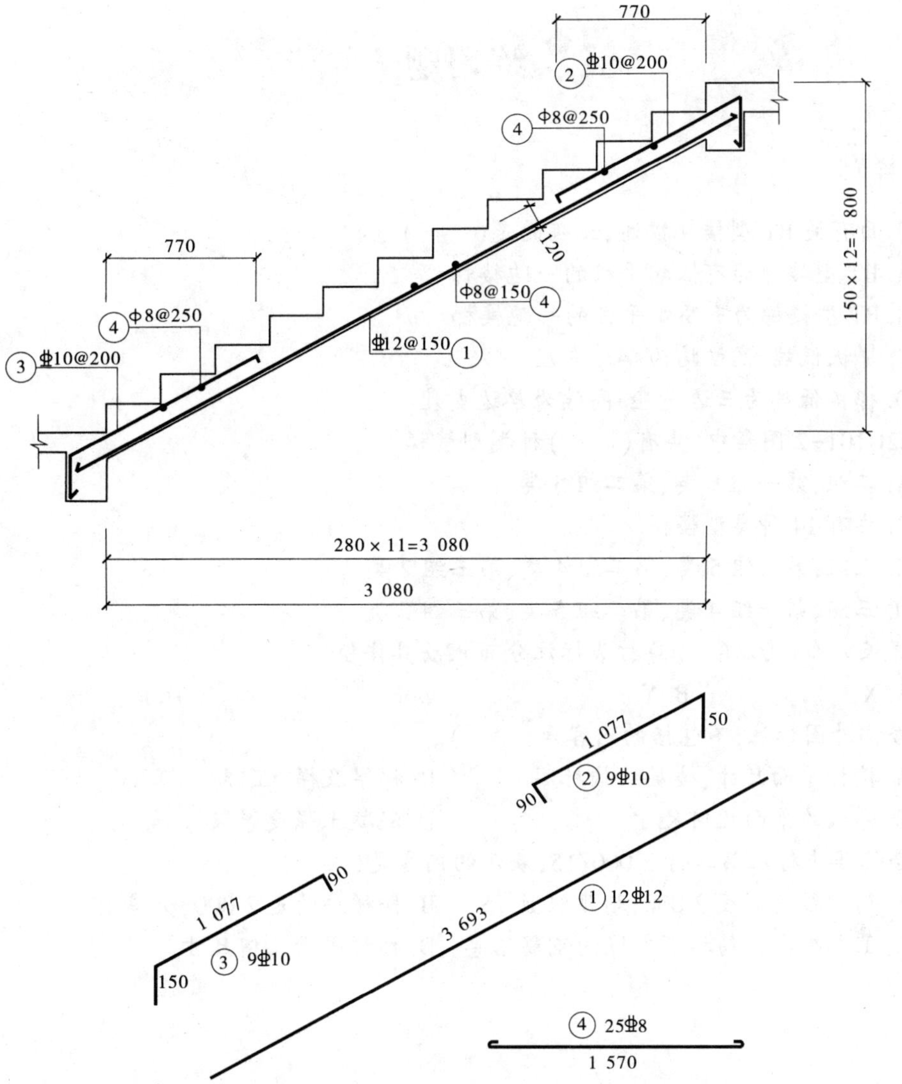

图5-31　AT3楼梯板抽筋图

梯板低端上部分布钢筋根数 = (l_n/4×k)/间距 + 1 = (3 080/4×1. 134−50)/250+1 = 5(根)

梯板高端上部钢筋(扣筋)⏀ 10、分布筋ϕ 8 长度、根数与梯板低端相同。

前面只计算了一跑 AT3 的钢筋,一个楼梯间有两跑 AT3,因此应将上述数据乘以 2。

提示:楼梯钢筋的计算要依相关施工图及图集构造要求为依据,正确计算各部分长度(区分投影长度与实有尺寸的几何关系)及数量,适当考虑钢筋下角料等合理损耗,只有这样,才能准确有效地控制所需钢筋种类及数量。

练习题

选择题

1. 下面有关BT型楼梯描述,正确的是(　　)。

A. BT型楼梯为有低端平板的一跑楼梯

B. BT型楼梯为有高端平板的一跑楼梯

C. 梯板低端、高端均为单边支座

D. 梯板低端为三边支座、高端为单边支座

2. 22G101-2图集中,共有(　　)种类型楼梯。

A. 二组,第一组6类、第二组5类

B. 共有14种类型楼梯

C. 三组,第一组5类、第二组4类、第三组2类

D. 三组,第一组4类、第二组5类、第三组2类

3. 梯板分布筋,以(　　)打头标注分布钢筋具体值。

A. X　　B. Y　　C. F　　D. P

4. 楼梯外围标注,不包括的内容是(　　)。

A. 楼梯平面尺寸、楼层结构标高　　B. 梯梁及梯柱配筋

C. 梯板的平面几何尺寸　　D. 混凝土强度等级

5. 楼梯集中标注第二行2 000/15,表示的内容是(　　)。

A. 踏步段总高度2 000,踏步级数15　　B. 楼梯序号是2 000,板厚15

C. 上部纵向钢筋和下部纵向钢筋信息　　D. 楼梯平面几何尺寸

项目 6　基础平法识图及其钢筋算量

【知识目标】

1. 熟悉基础平法施工图的制图规则。

2. 熟悉基础配筋构造。

【能力目标】

1. 熟练识读基础结构施工图。

2. 正确应用各类基础钢筋构造详图。

【课程思政】

“万丈高楼平地起,一砖一瓦皆根基。”基础是建筑物的根基,再高的大楼都要从平地修建起,要把基础打牢。党的二十大报告指出:“教育、科技、人才是全面建设社会主义现代化国家的基础性、战略性支撑。必须坚持科技是第一生产力、人才是第一资源、创新是第一动力,深入实施科教兴国战略、人才强国战略、创新驱动发展战略,开辟发展新领域新赛道,不断塑造发展新动能新优势。”

6.1　独立基础平法施工图制图规则

独立基础平面布置图是将独立基础平面与基础所支承的柱一起绘制。当设置基础联系梁时,是根据图面的疏密情况,将基础联系梁与基础平面布置图一起绘制,或是将基础联系梁布置图单独绘制。在独立基础平面布置图上有基础定位尺寸,当独立基础的柱中心线或杯口中心线与建筑轴线不重合时,会标注其定位尺寸。编号相同且定位尺寸相同的基础,仅选择一个进行标注。

独立基础平法施工图,有平面注写与截面注写两种表达方式。

6.1.1　独立基础的平面注写方式

独立基础的平面注写方式,分为集中标注和原位标注两部分内容,如图 6-1 所示。

6.1.1.1　独立基础编号

各种独立基础编号按表 6-1 的规定。

设计时应注意:当独立基础截面形状为锥形时,其坡面应采用能保证混凝土浇筑、振捣密实的较缓坡度;当采用较陡坡度时,应要求施工采取在基础顶部坡面加模板等措施,以确保独立基础的坡面浇筑成型、振捣密实。

6.1.1.2　独立基础的集中标注

普通独立基础和杯口独立基础的集中标注,是在基础平面图上集中引注基础编号、截面竖向尺寸、配筋三项必注内容,以及基础底面标高(与基础底面基准标高不同时)和必

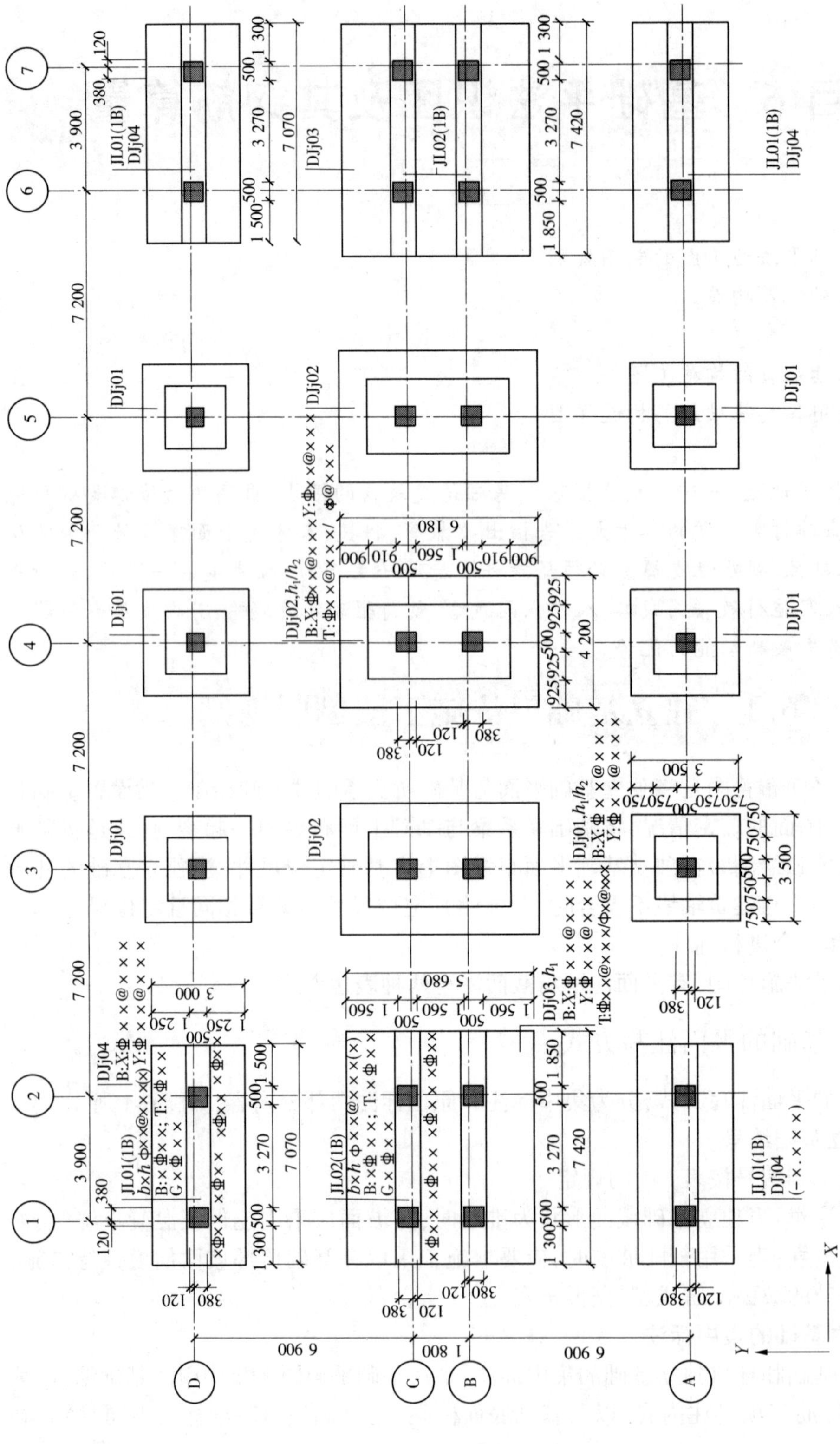

注：1. X、Y为图面方向。

2. ±0.000的绝对标高(m)：×××.×××；

基础底面基准标高(m)：-×.×××。

图 6-1　采用平面注写方式表达的独立基础设计施工图示意图

要的文字注解两项选注内容。

素混凝土普通独立基础的集中标注，除无基础配筋内容外均与钢筋混凝土普通独立基础相同。

(1)注写独立基础编号(必注内容)，如表 6-1 所示。

表 6-1 独立基础编号

类型	基础底板截面形状	代号	序号
普通独立基础	阶形	DJj	××
	锥形	DJz	××
杯口独立基础	阶形	BJj	××
	锥形	BJz	××

独立基础底板的截面形状通常有两种：

①阶形截面编号后加“j”，如 DJj××、BJj××；

②锥形截面编号后加“z”，如 DJz××、BJz××。

(2)注写独立基础截面竖向尺寸(必注内容)。下面按普通独立基础和杯口独立基础分别进行说明。

①普通独立基础。注写 $h_1/h_2/\cdots$，具体标注如下：

a. 当基础为阶形截面时(见图 6-2)。

【例 6-1】 当阶形截面普通独立基础 DJj××的竖向尺寸注写为 400/300/300 时，表示 $h_1=400$，$h_2=300$，$h_3=300$，基础底板总厚度为 1 000。图 6-2 为三阶，当为更多阶时，各阶尺寸自下而上用“/”分隔顺写。当基础为单阶时，其竖向尺寸仅为一个，且为基础总厚度。

b. 当基础为锥形截面时，注写为 h_1/h_2(见图 6-3)。

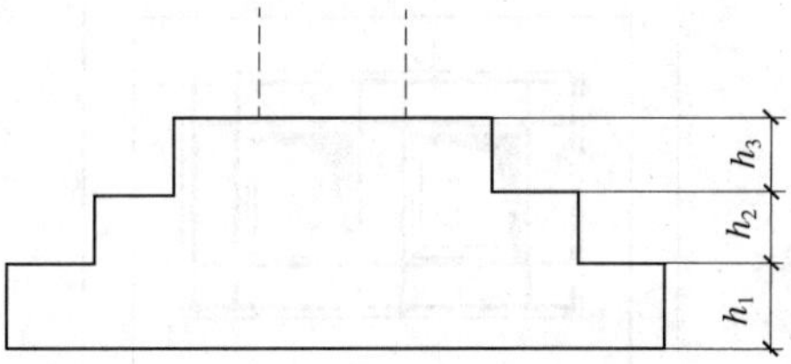

图 6-2 阶形截面普通独立基础竖向尺寸

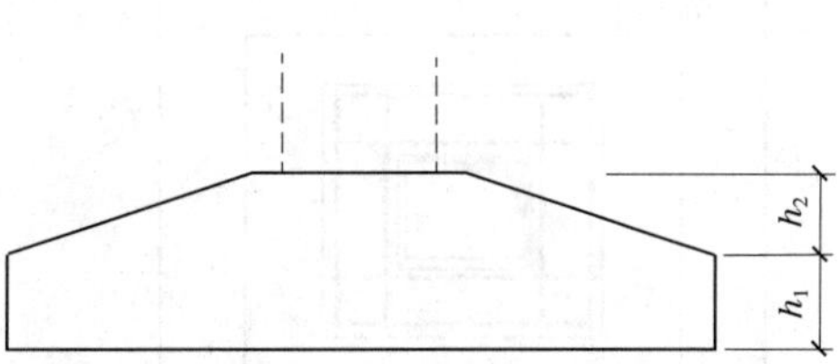

图 6-3 锥形截面普通独立基础竖向尺寸

【例 6-2】 当锥形截面普通独立基础 DJz××的竖向尺寸注写为 350/300 时，表示 $h_1=350$、$h_2=300$，基础底板总厚度为 650。

②杯口独立基础。

当基础为阶形截面时，其竖向尺寸分两组，一组表达杯口内，另一组表达杯口外，两组尺寸以“,”分隔，注写为：a_0/a_1，$h_1/h_2/\cdots$，其中杯口深度 a_0 为柱插入杯口的尺寸加 50 mm(见图 6-4)。

(3)注写独立基础配筋(必注内容)。

①注写独立基础底板配筋。

普通独立基础和杯口独立基础的底部双向配筋注写规定如下：

a. 以B代表各种独立基础底板的底部配筋。

b. *X*向配筋以*X*打头、*Y*向配筋以*Y*打头注写；当两向配筋相同时，以*X*&*Y*打头注写。

【例6-3】 当独立基础底板配筋标注为B:*X*⏀16@150,*Y*⏀16@200；表示基础底板底部配置HRB400级钢筋,*X*向直径为⏀16,分布间距150,*Y*向直径为⏀16,分布间距200,如图6-5所示。

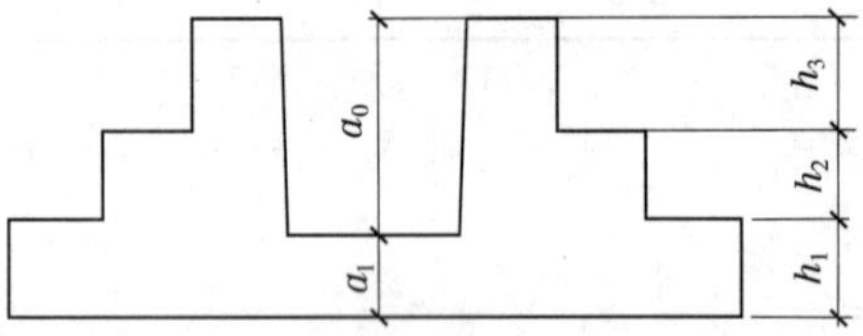

图6-4 阶形截面杯口独立基础竖向尺寸

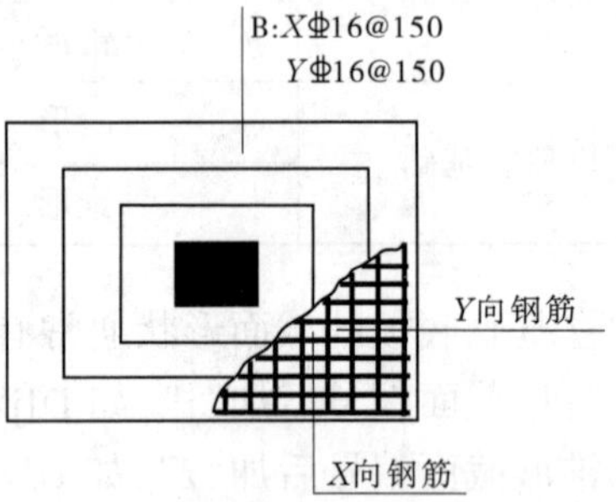

图6-5 独立基础底板底部双向配筋示意图

②注写杯口独立基础顶部焊接钢筋网。以Sn打头引注杯口顶部焊接钢筋网的各边钢筋。

【例6-4】 当单杯口独立基础顶部钢筋网标注为:Sn 2⏀14,表示杯口顶部每边配置2根HRB400级直径为⏀14的焊接钢筋网,如图6-6所示。

【例6-5】 当双杯口独立基础顶部钢筋网标注为:Sn 2⏀16,表示杯口每边和双杯口中间杯壁的顶部均配置2根HRB400级直径为⏀16的焊接钢筋网,如图6-7所示。

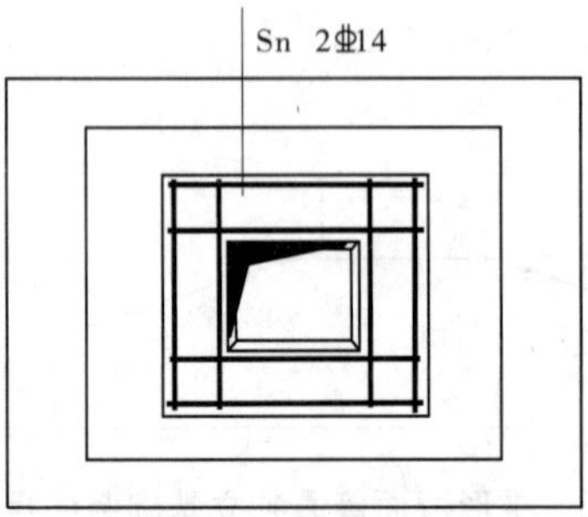

图6-6 单杯口独立基础顶部焊接钢筋网示意图

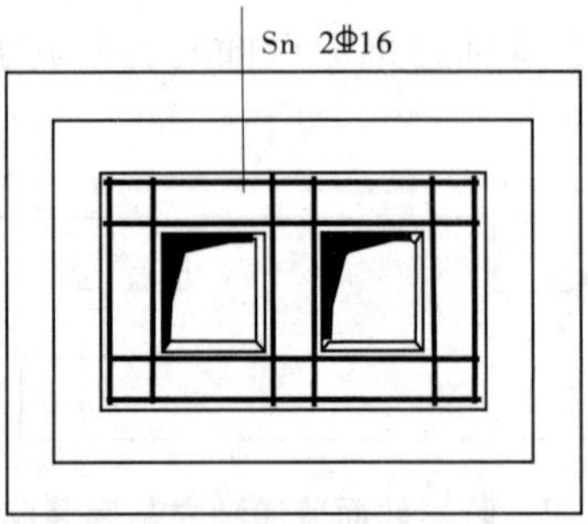

图6-7 双杯口独立基础顶部焊接钢筋网示意图

注意:高杯口独立基础应配置顶部钢筋网,非高杯口独立基础是否配置,应根据具体工程情况确定。当双杯口独立基础中间杯壁厚度小于400 mm时,在中间杯壁中配置构造钢筋见相应标准构造详图,设计不注。

③注写高杯口独立基础的杯壁外侧和短柱配筋。具体注写规定如下：

a. 以O代表杯壁外侧和短柱配筋。

b. 先注写杯壁外侧和短柱纵向钢筋,再注写箍筋。注写为:角筋/长边中部筋/短边中部筋,箍筋(两种间距)；当杯壁水平截面为正方形时,注写为:角筋/*x*边中部筋/*y*边中部筋，箍筋(两种间距，杯口范围内箍筋间距/短柱范围内箍筋间距)。

【例 6-6】　当高杯口独立基础的杯壁外侧和短柱配筋标注为 O：4 Ф 20/Ф 16@220/Ф 16@200，Φ 10@150/300 时，表示高杯口独立基础的杯壁外侧和短柱配置 HRB400 级竖向钢筋和 HPB300 级箍筋，其竖向钢筋为 4 Ф 20 角筋、Ф 16@220 长边中部筋和 Ф 16@200 短边中部筋；其箍筋直径为 Φ 10，杯口范围间距 150，短柱范围间距 300，如图 6-8 所示。

c. 对于双高杯口独立基础的杯壁外侧配筋，注写形式与单高杯口相同，施工区别在于杯壁外侧配筋为同时环住两个杯口的外壁配筋，如图 6-9 所示。

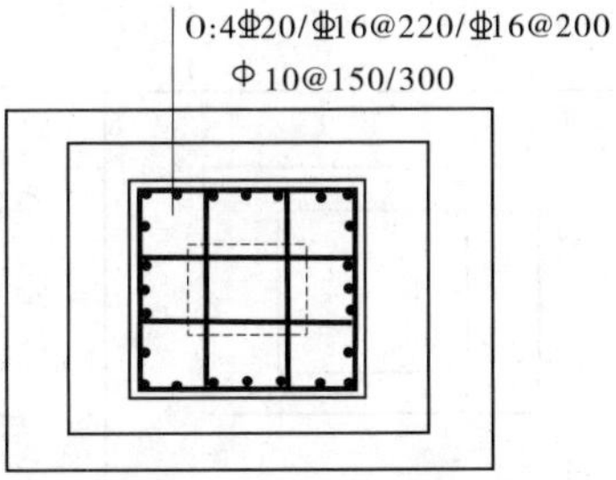

图 6-8　高杯口独立基础杯壁配筋示意图

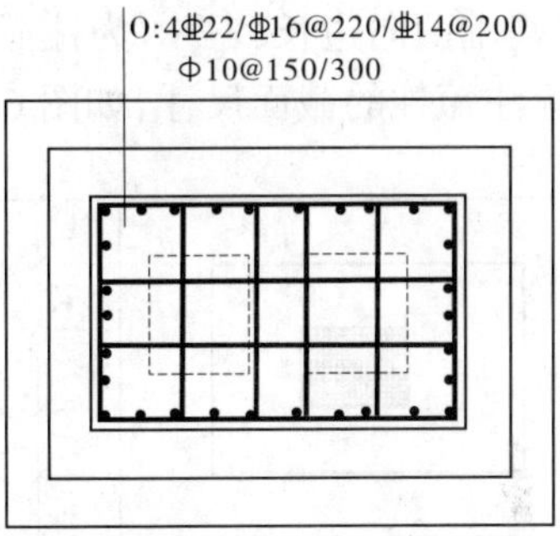

图 6-9　双高杯口独立基础杯壁配筋示意图

当双高杯口独立基础中间杯壁厚度小于 400 mm 时，在中间杯壁中配置构造钢筋见相应标准构造详图，设计不注。

④注写普通独立深基础短柱竖向尺寸及钢筋。当独立基础埋深较大，设置短柱时，短柱配筋应注写在独立基础中。

具体注写规定如下：

a. 以 DZ 代表普通独立深基础短柱。

b. 先注写短柱纵向钢筋，再注写箍筋，最后注写短柱标高范围。注写为：角筋/长边中部筋/短边中部筋，箍筋，短柱标高范围；当短柱水平截面为正方形时，注写为：角筋/x 边中部筋/y 边中部筋，箍筋，短柱标高范围。

【例 6-7】　当短柱配筋标注为 DZ　4 Ф 20/5 Ф 18/5 Ф 18，Φ 10@100，-2.500～-0.050 时，表示独立基础的短柱设置在-2.500～-0.050 高度范围内，配置 HRB400 级竖向钢筋和 HPB300 级箍筋，其竖向钢筋为 4 Ф 20 角筋、5 Ф 18 x 边中部筋和 5 Ф 18 y 边中部筋；其箍筋直径为 Φ 10，间距 100，如图 6-10 所示。

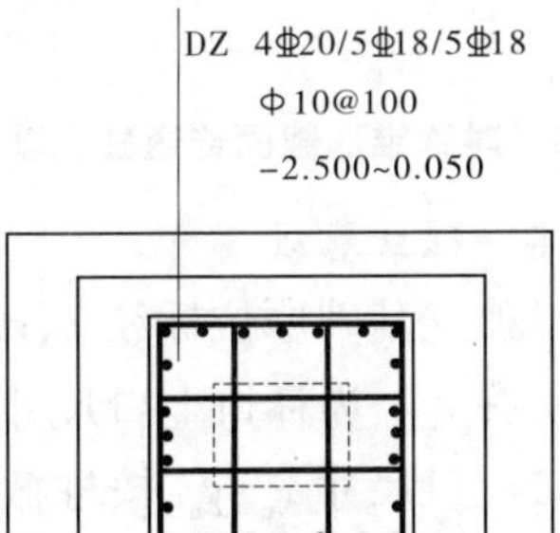

图 6-10　独立基础短柱配筋示意图

(4)注写基础底面标高(选注内容)。当独立基础的底面标高与基础底面基准标高不同时，应将独立基础底面标高直接注写在“(　)”内。

(5)必要的文字注解(选注内容)。当独立基础的设计有特殊要求时，宜增加必要的文字注解。例如,基础底板配筋长度是否采用减短方式等,可在该项内注明。

6.1.1.3 **钢筋混凝土和素混凝土独立基础的原位标注**

独立基础的原位标注,是在基础平面布置图上标注独立基础的平面尺寸。对相同编号的基础,可选择一个进行原位标注。当平面图形较小时,可将所选定进行原位标注的基础按比例适当放大;其他相同编号者仅注编号。

原位标注的具体内容规定如下。

1.普通独立基础

普通独立基础原位标注 x、y,x_c、y_c(或圆柱直径 d_c),x_i、y_i,$i=1,2,3,\cdots$。其中,x、y 为普通独立基础两向边长,x_c、y_c 为柱截面尺寸,x_i、y_i 为阶宽或坡形平面尺寸(当设置短柱时,尚应标注短柱的截面尺寸,如图6-11~图6-14所示)。

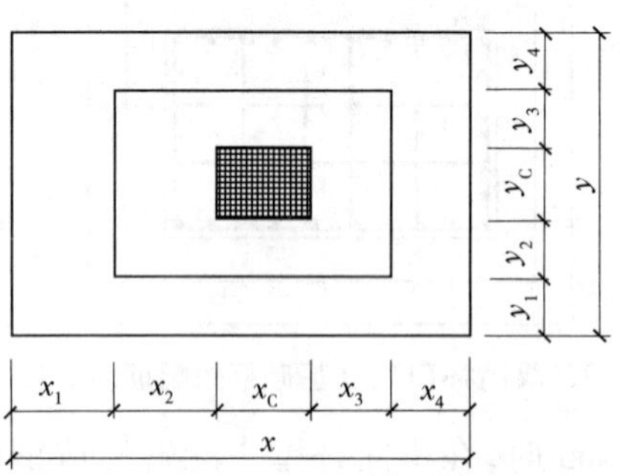

图6-11 非对称阶形截面普通独立基础原位标注

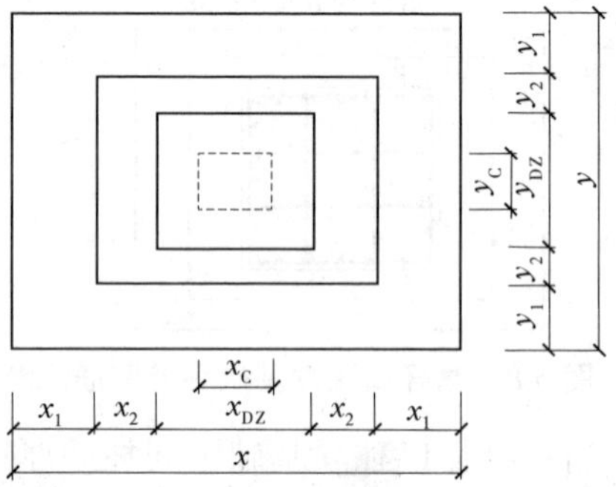

图6-12 设置短柱独立基础的原位标注

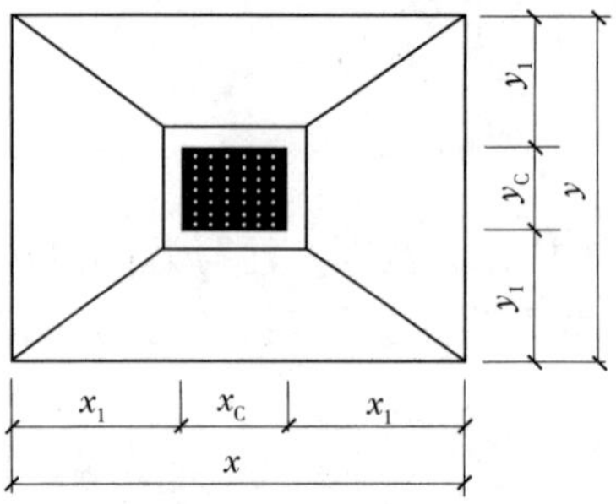

图6-13 对称锥形截面普通独立基础原位标注

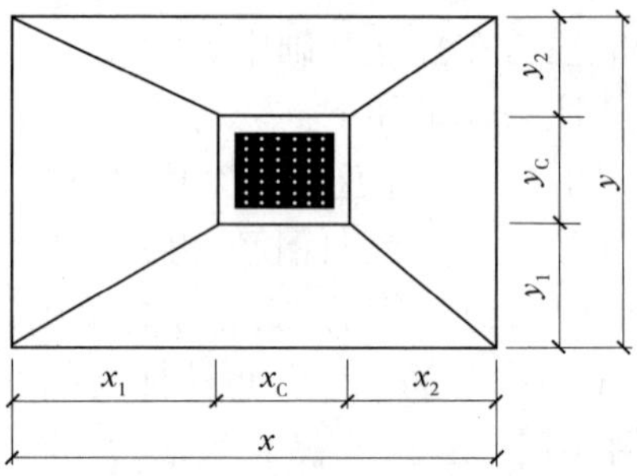

图6-14 非对称锥形截面普通独立基础原位标注

2.杯口独立基础

杯口独立基础原位标注 x、y,x_u、y_u,t_i,x_i、y_i,$i=1,2,3,\cdots$。其中,x、y 为杯口独立基础两向边长,x_u、y_u 为杯口上口尺寸,t_i 为杯壁厚度,x_i 为阶宽或坡形截面尺寸。

杯口上口尺寸 x_u、y_u,按柱截面边长两侧双向各加75 mm;杯口下口尺寸按标准构造详图(为插入杯口的相应柱截面边长尺寸,每边各加50 mm),设计不注。

阶形截面杯口独立基础的原位标注,如图6-15所示。

锥形截面杯口独立基础的原位标注,如图6-16所示。

高杯口独立基础的原位标注与杯口独立基础完全相同。

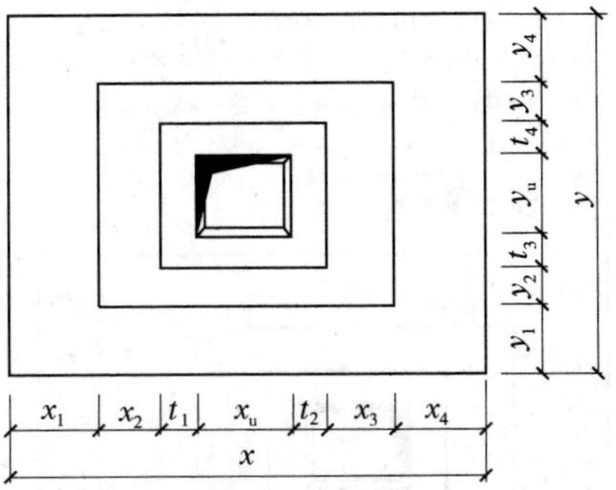

图6-15　阶形截面杯口独立基础原位标注

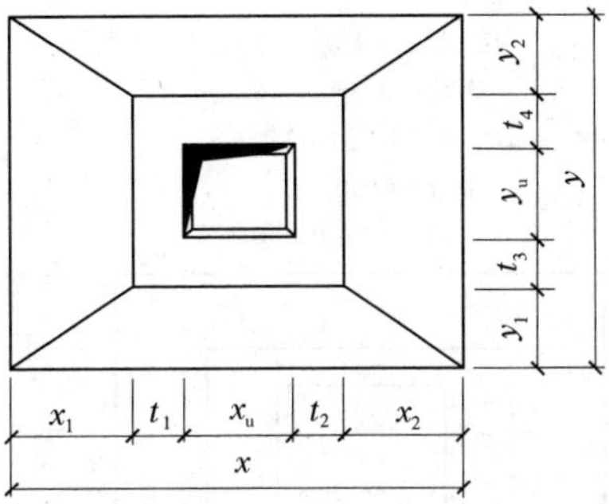

图6-16　锥形截面杯口独立基础原位标注

6.1.1.4　独立基础采用平面注写方式的集中标注和原位标注综合设计表达

(1)普通独立基础采用平面注写方式的集中标注和原位标注综合设计表达示意图，如图6-17和图6-18所示。

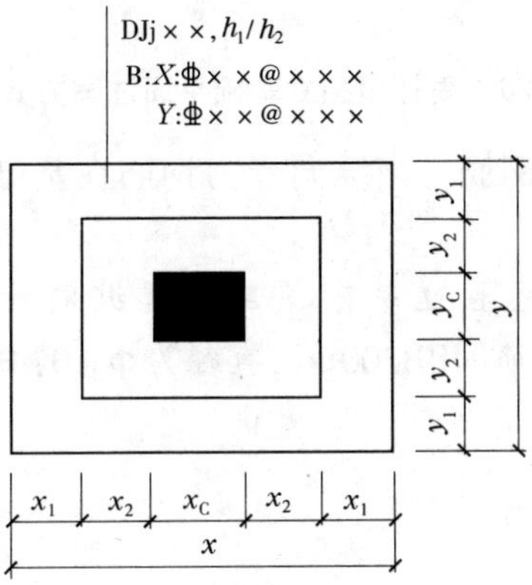

图6-17　普通独立基础平面注写方式设计表达示意图

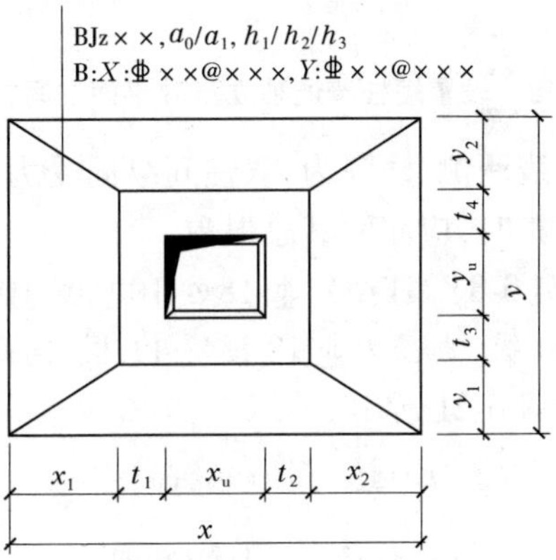

图6-18　锥形截面杯口独立基础平面注写方式设计表达示意图

(2)设置短柱普通独立基础采用平面注写方式的集中标注和原位标注综合设计表达示意图如图6-19所示。

(3)高杯口独立基础采用平面注写方式的集中标注和原位标注综合设计表达示意图如图6-20所示。

集中标注的第三、四行内容，是表达高杯口独立基础杯壁外侧的竖向纵向钢筋和横向箍筋；当为非高杯口独立基础时，集中标注通常为第一、二、五行的内容，如图6-20所示。

(4)独立基础通常为单柱独立基础，也可为多柱独立基础(双柱或四柱等)。多柱独立基础的编号、几何尺寸和配筋的标注方法与单柱独立基础相同。当为双柱独立基础且柱距较小时，通常仅配置基础底部钢筋；当柱距较大时，除基础底部配筋外，尚需在两柱间配置基础顶部钢筋或设置基础梁；当为四柱独立基础时，通常可设置两道平行的基础梁，需要时可在两道基础梁之间配置基础顶部钢筋。

多柱独立基础顶部配筋和基础梁的注写方法规定如下：

①注写双柱独立基础底板顶部配筋。双柱独立基础的顶部配筋，通常对称分布在双

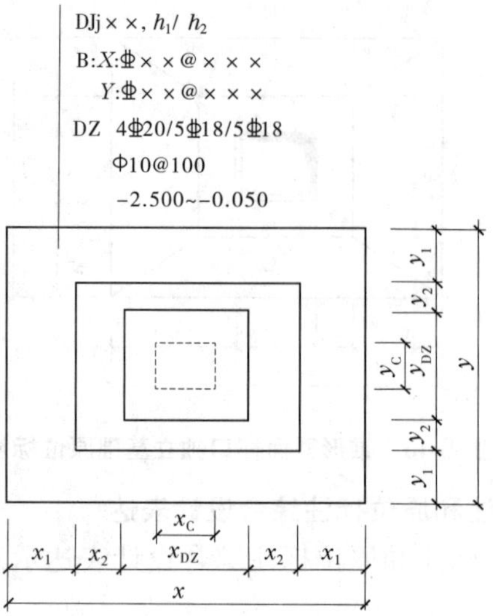

图 6-19　设置短柱普通独立基础平面注写方式

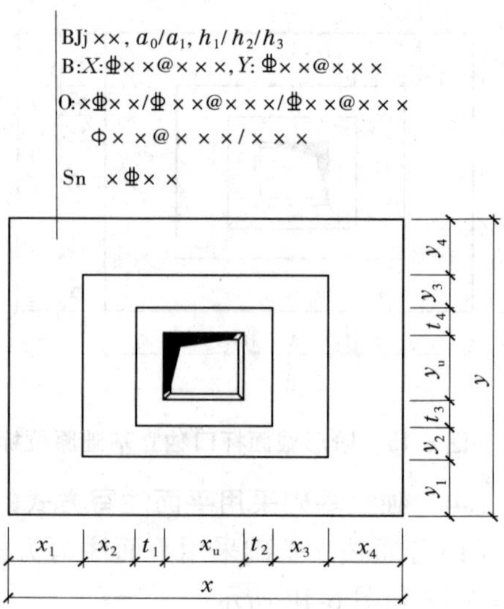

图 6-20　高杯口独立基础平面注写方式

柱中心线两侧,注写为:双柱间纵向受力钢筋/分布钢筋。当纵向受力钢筋在基础底板顶面非满布时,应注明其总根数。

【例 6-8】 T:11 Φ 18@100/Φ 10@200,表示独立基础顶部配置纵向受力钢筋 HRB400 级,直径为Φ 18 设置 11 根,间距 100,分布筋 HPB300 级,直径为Φ 10,分布间距 200,如图 6-21 所示。

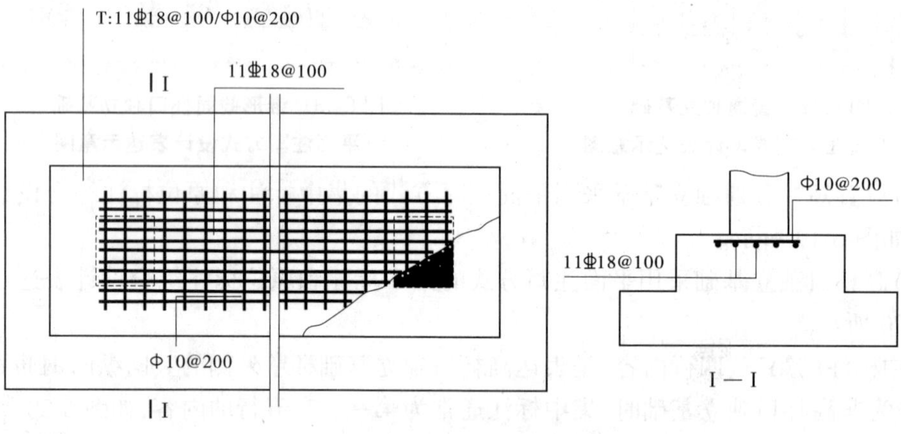

图 6-21　双柱独立基础顶部配筋示意图

②注写双柱独立基础的基础梁配筋。当双柱独立基础为基础底板与基础梁相结合时,注写基础梁的编号、几何尺寸和配筋。如 JL××(1)表示该基础梁为 1 跨,两端无外伸;JL×(1A)表示该基础梁为 1 跨,一端有外伸;JL××(1B)表示该基础梁为 1 跨,两端均有外伸。

通常情况下,双柱独立基础宜采用端部有外伸的基础梁,基础底板则采用受力明确、构造简单的单向受力配筋与分布筋。基础梁宽度宜比柱截面宽出不小于 100 mm(每边不小于 50 mm)。

基础梁的注写规定与条形基础的基础梁注写规定相同,详见本项目 6.3 的相关内容,注写示意图,如图 6-22 所示。

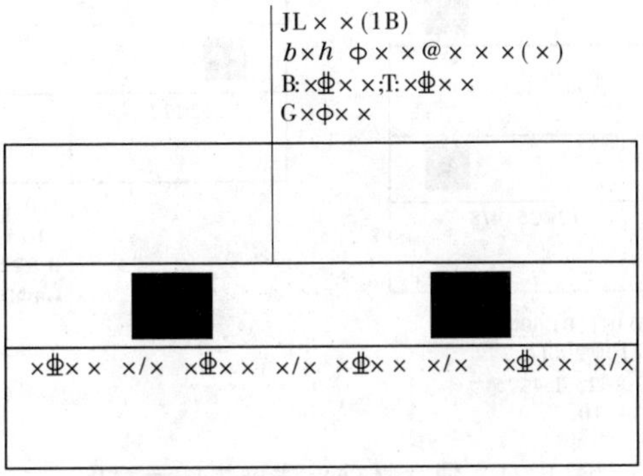

图 6-22　双柱独立基础的基础梁配筋注写示意图

③注写双柱独立基础的底板配筋。双柱独立基础底板配筋的注写,可以按条形基础底板的注写规定(详见本项目 6.3 的相关内容),也可以按独立基础底板的注写规定。

④注写配置两道基础梁的四柱独立基础底板顶部配筋。当四柱独立基础已设置两道平行的基础梁时,根据内力需要可在双梁之间及梁的长度范围内配置基础顶部钢筋,注写为:梁间受力钢筋/分布钢筋。

【例 6-9】　T:ф 16@ 120/ф 10@ 200 表示在四柱独立基础顶部两道基础梁之间配置受力钢筋 HRB400 级,直径为ф 16,间距 120,分布筋 HPB300 级,直径为ф 10,分布间距 200,如图 6-23 所示。

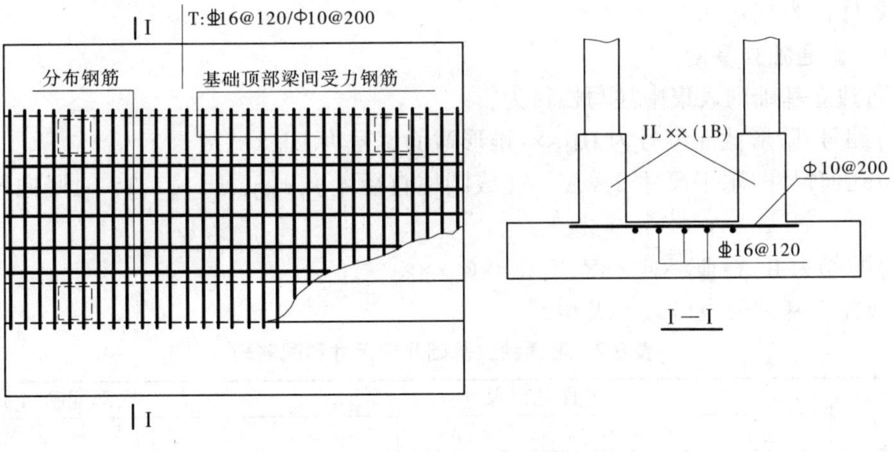

图 6-23　四柱独立基础底板顶部基础梁间配筋注写示意图

平行设置两道基础梁的四柱独立基础底板配筋,也可按双梁条形基础底板配筋的注写规定(详见本项目 6.3 的相关内容)。

采用平面注写方式表达的四柱双梁独立基础与双柱单梁独立基础设计施工图,如图6-24所示。

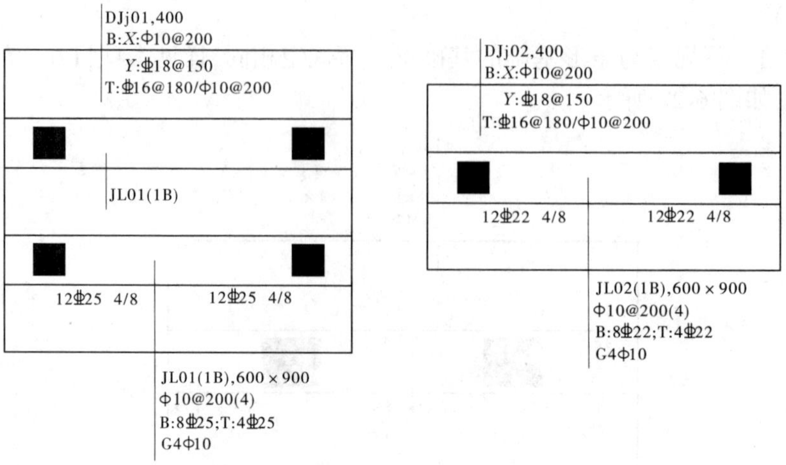

图6-24 独立基础平法施工图示意图

6.1.2 独立基础的截面注写方式

独立基础的截面注写方式,又可分为截面注写和列表注写(结合截面示意图)两种表达方式。采用截面注写方式,应在基础平面布置图上对所有基础进行编号,如表6-1所示。

对单个基础进行截面标注的内容和形式,与传统"单构件正投影表示方法"基本相同。对于已在基础平面布置图上原位标注清楚该基础平面几何尺寸的,在截面图上可不再重复表达。

对多个同类基础,可采用列表注写(结合截面示意图)的方式进行集中表达。表中内容为基础截面的几何数据和配筋等,在截面示意图上应标注与表中栏目相对应的代号。列表的具体内容规定如下。

6.1.2.1 普通独立基础

普通独立基础列表集中注写栏目为:

(1)编号:阶形截面编号为DJj××,锥形截面编号为DJz××。

(2)几何尺寸:水平尺寸x、y,x_c、y_c(或圆柱直径d_c),x_i、y_i,$i=1,2,3,\cdots$,竖向尺寸$h_1/h_2/\cdots$。

(3)配筋为B:X:Φ××@×××,Y:Φ××@×××。

普通独立基础列表格式见表6-2。

表6-2 普通独立基础几何尺寸和配筋表

基础编号/截面号	截面几何尺寸				底部配筋(B)	
	x、y	x_c、y_c	x_i、y_i	$h_1/h_2/\cdots$	X向	Y向

注:表中可根据实际情况增加栏目。例如,当基础底面标高与基础底面基准标高不同时,加注基础底面标高;当为双柱独立基础时,加注基础顶部配筋或基础梁几何尺寸和配筋;当设置短柱时,增加短柱尺寸及配筋等。

6.1.2.2　杯口独立基础

杯口独立基础列表集中注写栏目为：

(1)编号：阶形截面编号为 BJj××，坡形截面编号为 BJz××。

(2)几何尺寸：水平尺寸 x、y，x_u、y_u，t_i，x_i、y_i，$i=1,2,3,\cdots$；竖向尺寸 a_0、a_1，$h_1/h_2/h_3\cdots$。

(3)配筋为B：X：Φ××@ ×××，Y：Φ××@ ，Sn ×Φ××，

O：×Φ××/Φ××@ ××/Φ××@ ×××，ϕ××@ ×××/×××。

杯口独立基础列表格式如表 6-3 所示。

表 6-3　杯口独立基础几何尺寸和配筋表

基础编号/截面号	截面几何尺寸				底部配筋(B)		杯口顶部钢筋网(Sn)	杯壁外侧配筋(O)	
	x、y	x_c、y_c	x_i、y_i	$h_1/h_2/\cdots$	X 向	Y 向		角筋/长边中部筋/短边中部筋	杯口箍筋/短柱箍筋

注：表中可根据实际情况增加栏目。

6.2　独立基础配筋构造

6.2.1　单柱独立基础底板配筋构造

(1)单柱独立基础底板配筋构造，如图 6-25 所示。

(2)适用于普通独立基础(DJj、DJz)和杯口独立基础(BJj、BJz)。独立基础底板双向交叉钢筋长向设置在下，短向设置在上，如图 6-25 所示。

(3)当独立基础底板边长≥2 500 mm 时，除外侧钢筋外，底板钢筋长度可取相应方向钢筋长度的 90%。当非对称独立基础底板长度≥2 500 mm，但该基础某侧从柱中心至基础底板边缘的距离小于 1 250 mm 时，钢筋在该侧不应减短，如图 6-26 所示。

6.2.2　独立基础杯口、杯壁和基础短柱配筋构造

(1)杯口顶部焊接钢筋网片构造如图 6-27 所示。

(2)高杯口独立基础杯壁和基础短柱配筋构造如图 6-28 所示。双高杯口中间杯壁配筋构造如图 6-29 所示。

(3)单柱普通独立基础短柱配筋构造同高杯口短柱范围内配筋构造。

6.2.3　双柱、四柱普通独立基础配筋构造

6.2.3.1　双柱普通独立基础配筋构造

双柱普通独立基础底板配筋构造同图 6-25、图 6-26，如图 6-30 所示。

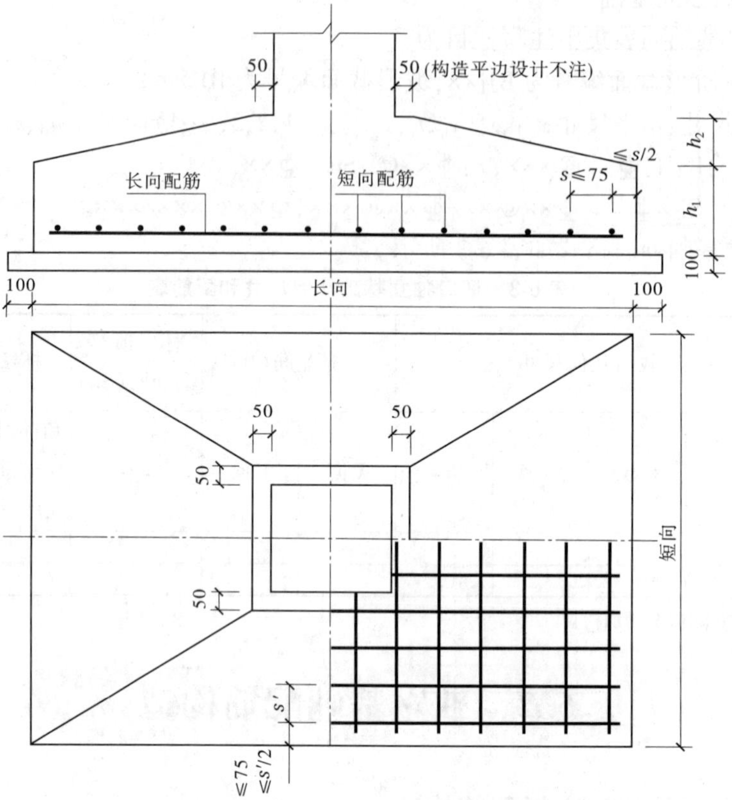

图 6-25　独立基础 DJj、DJz、BJj、BJz 底板钢筋排布构造

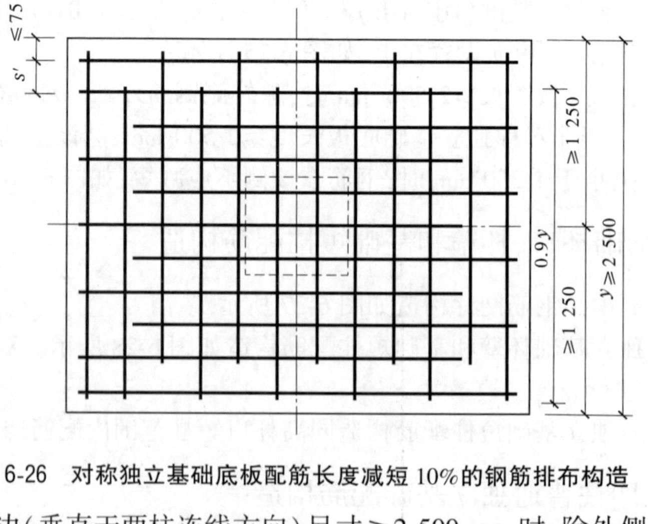

图 6-26　对称独立基础底板配筋长度减短 10%的钢筋排布构造

当基础底板短边(垂直于两柱连线方向)尺寸≥2 500 mm 时,除外侧钢筋外,底板短边钢筋长度可取相应方向钢筋长度的 90%。

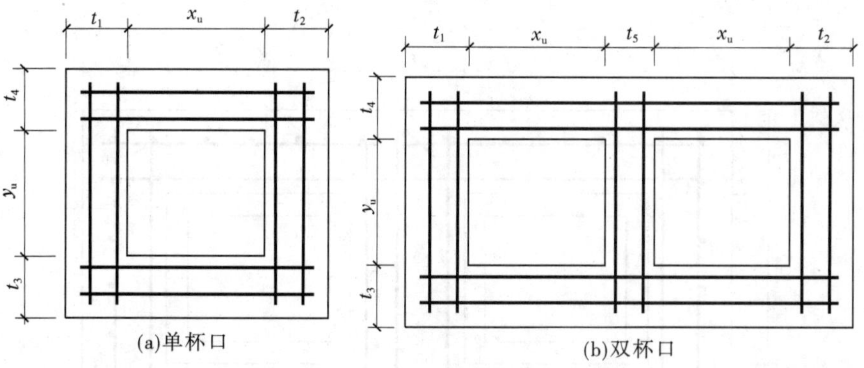

图 6-27　杯口顶部焊接钢筋网片

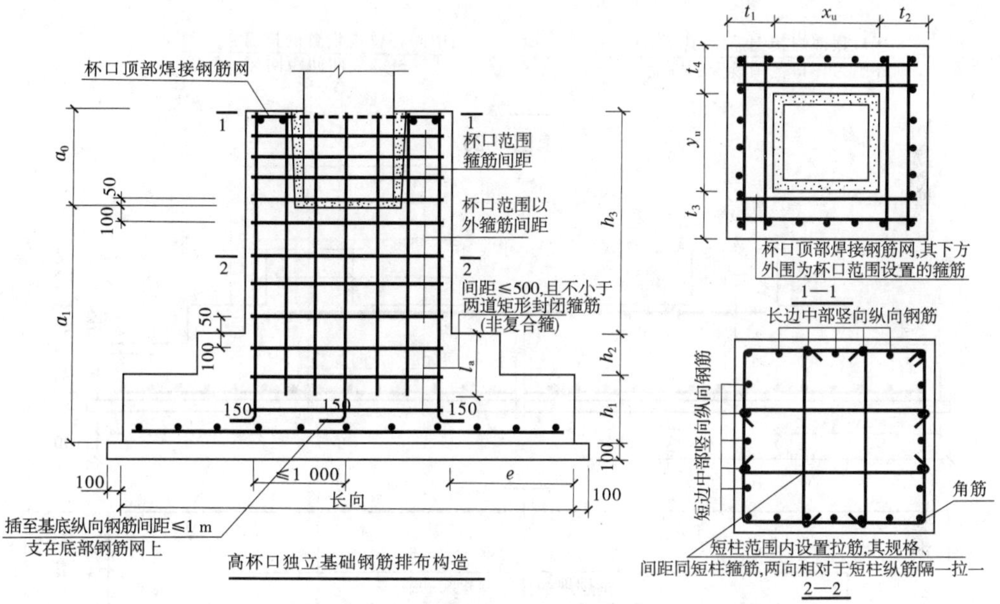

图 6-28　高杯口独立基础杯壁和基础短柱配筋构造

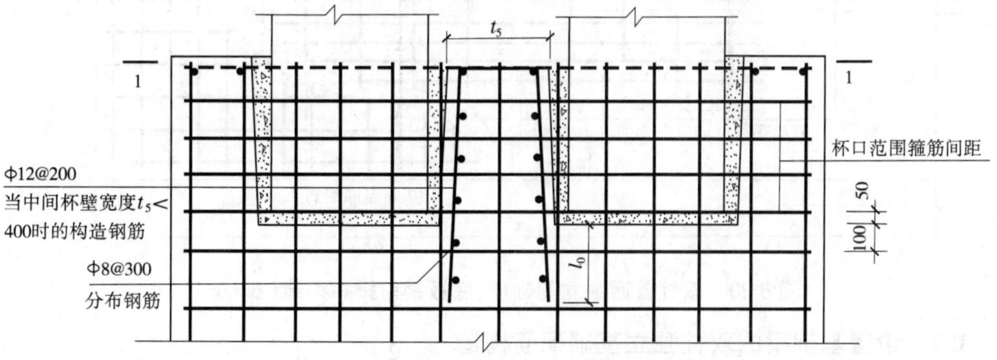

图 6-29　双高杯口中间杯壁配筋构造

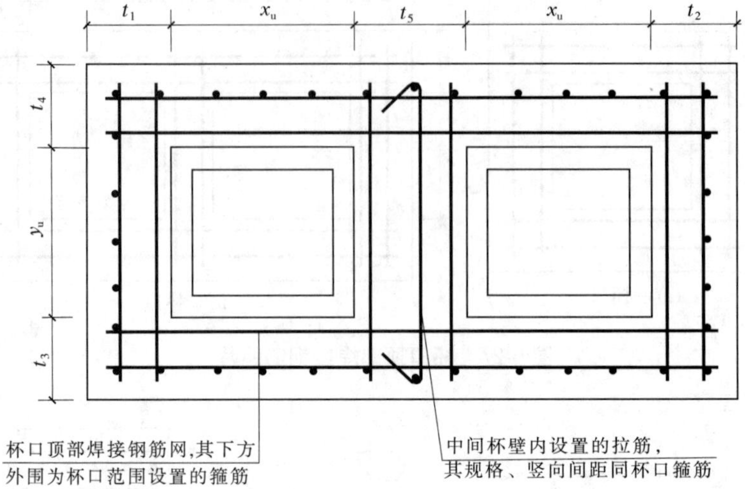

1—1

续图 6-29

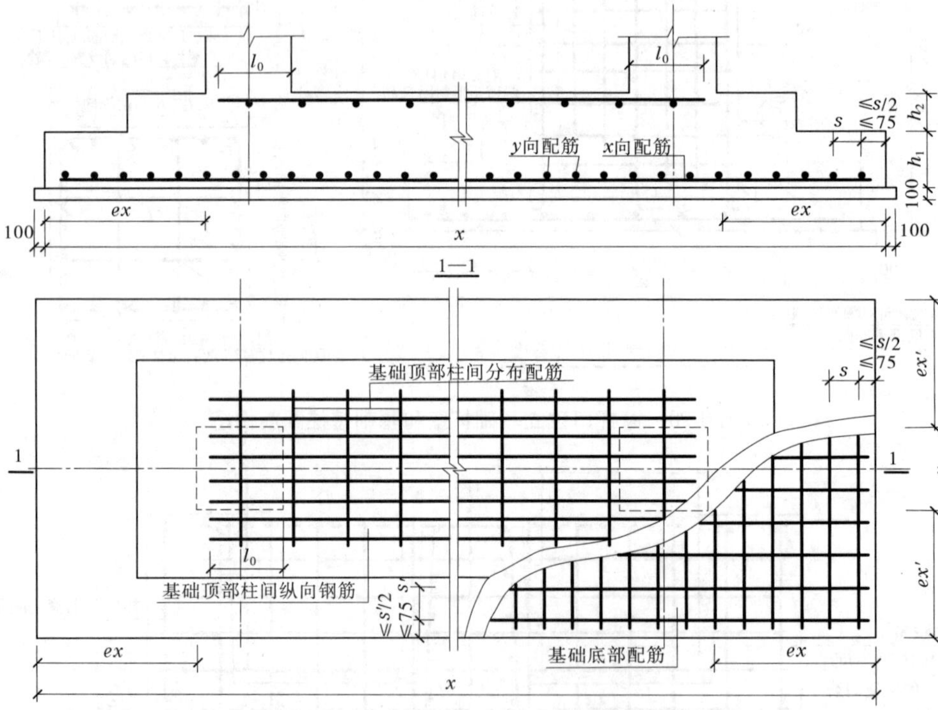

图 6-30　双柱普通独立基础顶、底板钢筋排布构造($ex>ex'$)

6.2.3.2　设置基础梁的双柱独立基础配筋构造

对于设置基础梁的双柱独立基础底板配筋同柱下条形基础,短边钢筋为受力筋,与之垂直的长边钢筋为分布筋,钢筋构造如图 6-31 所示。

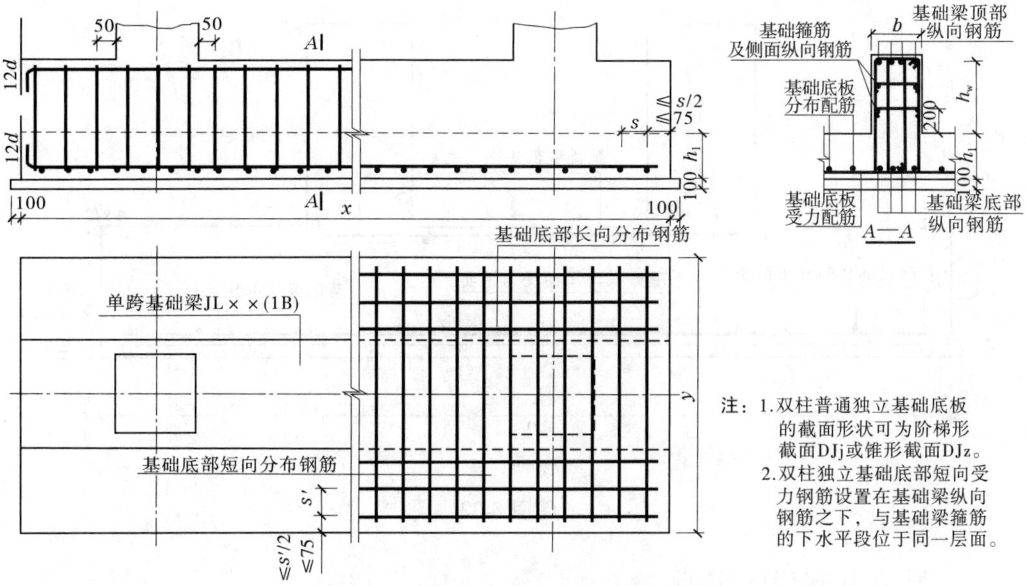

注：1.双柱普通独立基础底板的截面形状可为阶梯形截面DJj或锥形截面DJz。
2.双柱独立基础底部短向受力钢筋设置在基础梁纵向钢筋之下，与基础梁箍筋的下水平段位于同一层面。

图6-31　设置基础梁的双柱普通独立基础钢筋排布构造

当基础底板短边(垂直于基础梁轴线方向)尺寸≥2 500 mm时,除外侧钢筋外,底板短边钢筋长度可取相应方向钢筋长度的90%。

6.2.3.3　平行设置两道基础梁的四柱独立基础底板配筋构造

底板配筋与图6-31相似,在基础梁下不重复设置与基础梁平行方向的钢筋;基础梁的钢筋构造同图6-31,如图6-32所示。

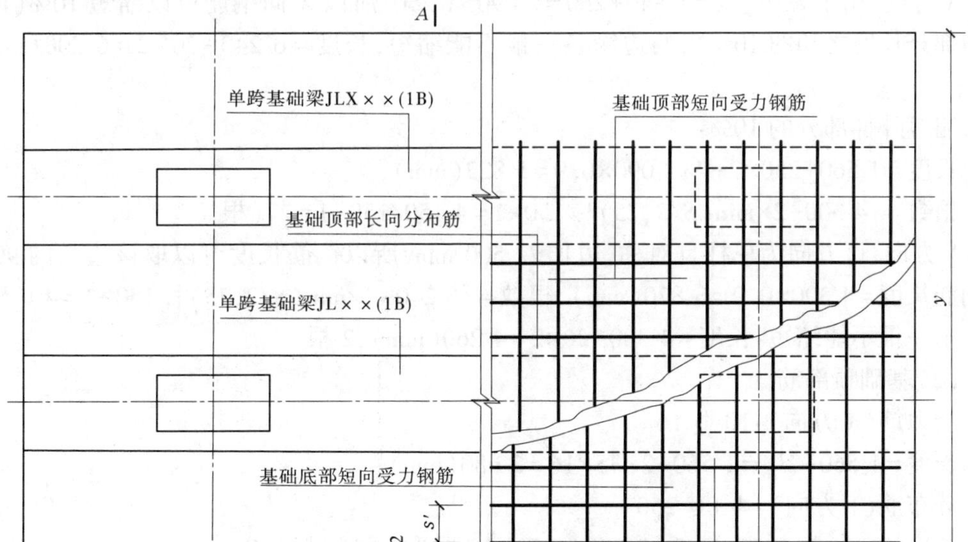

图6-32　平行设置两道基础梁的四柱普通独立基础钢筋排布构造

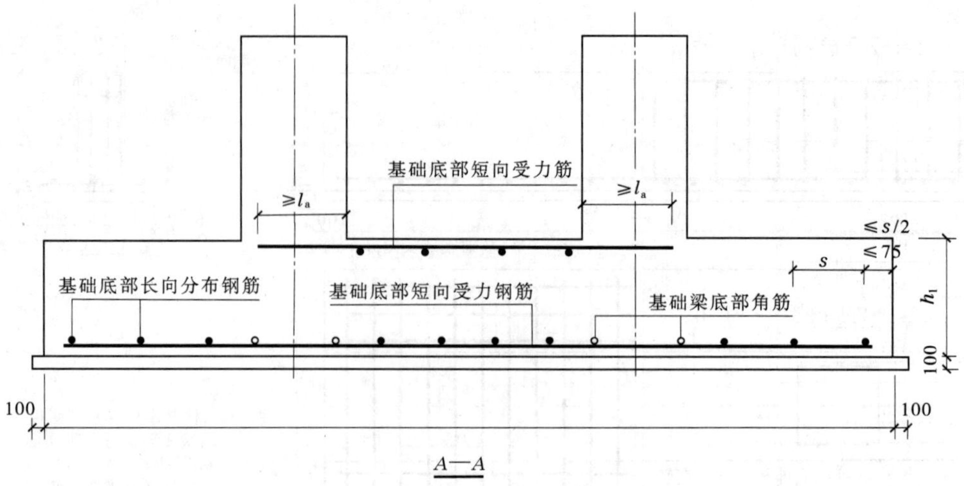

续图 6-32

6.2.4 独立基础识图实训

如图 6-30 所示,若 x=6 240 mm,y=4 300 mm,柱截面尺寸 500 mm×500 mm,ex=1 840 mm,ex'=1 900 mm,两柱之间净距 1 560 mm。混凝土强度等级 C30。

B:X&Y:⏀ 16@ 150;T:10 ⏀ 16@ 100/ϕ 8@ 250。

试确定基础尺寸与根数。

(1)基础底板底筋。

X 方向:由于 $ex+h_c/2$=1 840+250=2 090>1 250,所以 X 向钢筋可以缩短 10%(两端外伸部分长度之和的 10%),两边缘各一根不能缩短,长度=6 240−20×2=6 200(mm),2 根;

缩短外伸部分的 10%:

长度=1 560+250×2+2×2 090×0.9=5 822(mm),

根数={4 300−2×min(S/2,75)}/150−1=4 150/150−1=27(根)。

Y 方向:该方向为单柱且对称,边长>2 500 mm,所以钢筋长度可以取该边长的 90%,则钢筋长度=4 300×0.9=3 870(mm),根数={6 240−2×min(S/2,75)}/150−1=40(根),两端第一根不能缩短:长度=4 300−20×2=4 260(mm),2 根。

(2)基础顶部筋。

受力筋(X 方向):10 ⏀ 16

长度=1 560+2l_{ab}=1 560+2×35×16=2 680(mm);

分布筋(Y 方向):ϕ 8@ 250

长度=100×9+6.25×8×2=1 000(mm),10 根受力筋间距 100 mm;

由于分布筋为 HPB300 级钢筋,两端应有 180°弯钩。

分布筋根数=2 680/250=11(根)。

钢筋算量如表 6-4 所示。

表 6-4　钢筋算量表

大样	序号	级别	直径	计算长度/mm	根数	总根数	单位重量/(kg/m)	重量/kg
6 200	1	Φ	16	6 200	2×1	2	1.578	19.57
5 822	2	Φ	16	5 822	27×1	27	1.578	248.05
4 260	3	Φ	16	4 260	2×1	2	1.578	13.44
3 870	4	Φ	16	3 870	40×1	40	1.578	244.27
2 680	5	Φ	16	2 680	10×1	10	1.578	42.29
900	7	Φ	8	1 000	11×1	11	0.415	4.57
								572.19

以上钢筋除基础顶部分布筋两端有 180°弯钩外,其余钢筋均为直形。

6.3　条形基础平法施工图制图规则

条形基础平法施工图的表示方法,有平面注写和截面注写两种表达方式,设计者可根据具体工程情况选择一种,或将两种方式相结合进行条形基础的施工图设计表达。对于编号相同的条形基础,可仅选择一个进行标注。

条形基础平面布置图,是将条形基础平面与基础所支承的上部结构的柱、墙一起绘制。当基础底面标高不同时,需注明与基础底面基准标高不同之处的范围和标高。

条形基础整体上可分为以下两类:

(1)梁板式条形基础。该类条形基础适用于钢筋混凝土框架结构、框架-剪力墙结构、部分框支剪力墙结构和钢结构。

平法施工图将梁板式条形基础分解为基础梁和条形基础底板,分别进行表达。

(2)板式条形基础。该类条形基础适用于钢筋混凝土剪力墙结构和砌体结构。平法施工图仅表达条形基础底板。

条形基础编号分为基础梁和条形基础底板编号,按表 6-5 的规定。

表 6-5　条形基础梁及底板编号

类型		代号	序号	跨数及有无外伸
基础梁		JL	××	(××)端部无外伸 (××A)一端有外伸 (××B)两端有外伸
条形基础底板	坡形	TJB_P	××	
	阶形	TJB_J	××	

注:条形基础通常采用坡形截面或单阶形截面。

6.3.1　基础梁的平面注写方式

基础梁JL的平面注写方式,分集中标注和原位标注两部分内容。

6.3.1.1　集中标注

基础梁的集中标注内容为:基础梁编号、截面尺寸、配筋三项必注内容,以及基础梁底面标高(与基础底面基准标高不同时)和必要的文字注解两项选注内容。具体规定如下:

(1)注写基础梁编号(必注内容),如表6-1所示。

(2)注写基础梁截面尺寸(必注内容)。注写 $b \times h$,表示梁截面宽度和高度。当为加腋梁时,用 $b \times h$ $YC_1 \times C_2$ 表示,其中 C_1 为腋长,C_2 为腋高。

(3)注写基础梁配筋(必注内容)。

①注写基础梁箍筋:

a. 当具体设计仅采用一种箍筋间距时,注写钢筋级别、直径、间距与肢数(箍筋肢数写在括号内,下同)。

b. 当具体设计采用两种箍筋时,用"/"分隔不同箍筋,按照从基础梁两端向跨中的顺序注写。先注写第1段箍筋(在前面加注箍筋道数),在斜线后再注写第2段箍筋(不再加注箍筋道数)。

【例6-10】　9 ⌀16@100/⌀16@200(6),表示配置两种HRB400级箍筋,直径⌀16从梁两端起向跨内按间距100,设置9道,梁其余部位的间距为200,均为6肢箍。

施工时应注意:两向基础梁相交的柱下区域,应有一向截面较高的基础梁按梁端箍筋贯通设置;当两向基础梁高度相同时,任选一向基础梁箍筋贯通设置。

②注写基础梁底部、顶部及侧面纵向钢筋:

a. 以B打头,注写梁底部贯通纵向钢筋(不应少于梁底部受力钢筋总截面面积的1/3)。当跨中所注根数少于箍筋肢数时,需要在跨中增设梁底部架立筋以固定箍筋,采用"+"将贯通纵向钢筋与架立筋相联,架立筋注写在加号后面的括号内。

b. 以T打头,注写梁顶部贯通纵向钢筋。注写时用分号";"将底部与顶部贯通纵向钢筋分隔开,如有个别跨与其不同者按原位注写的规定处理。

c. 当梁底部或顶部贯通纵向钢筋多于一排时,用"/"将各排纵向钢筋自上而下分开。

【例6-11】　B:4⌀25;T:12⌀25 7/5表示梁底部配置贯通纵向钢筋为4⌀25;梁顶部配置贯通纵向钢筋上一排为7⌀25,下一排为5⌀25,共12⌀25。

注:基础梁的底部贯通纵向钢筋,可在跨中1/3净跨长度范围内采用搭接连接、机械连接或焊接;基础梁的顶部贯通纵向钢筋,可在距柱根1/4净跨长度范围内采用搭接连接,或在柱根附近采用机械连接或焊接,且应严格控制接头百分率。

d. 以大写字母G打头注写梁两侧面对称设置的纵向构造钢筋的总配筋值(当梁腹板净高 h_w 不小于450 mm时,根据需要配置)。

【例6-12】　G8⌀14,表示梁每个侧面配置纵向构造钢筋4⌀14,共配置8⌀14。

(4)注写基础梁底面标高(选注内容)。当条形基础的底面标高与基础底面基准标高不同时,将条形基础底面标高注写在"( )"内。

(5)必要的文字注解(选注内容)。当基础梁的设计有特殊要求时,宜增加必要的文字注解。

6.3.1.2　原位标注

原位标注基础梁端或梁在柱下区域的底部全部纵向钢筋(包括底部非贯通纵向钢筋和已集中注写的底部贯通纵向钢筋):

(1)当梁端或梁在柱下区域的底部纵向钢筋多于一排时,用"/"将各排纵向钢筋自上而下分开。

(2)当同排纵向钢筋有两种直径时,用"+"将两种直径的纵向钢筋相联。

(3)当梁中间支座或梁在柱下区域两边的底部纵向钢筋配置不同时,需在支座两边分别标注;当梁中间支座两边的底部纵向钢筋相同时,可仅在支座的一边标注。

(4)当梁端(柱下)区域的底部全部纵向钢筋与集中注写过的底部贯通纵向钢筋相同时,可不再重复原位标注。

当集中标注的内容不符合某跨或外伸部位时,原位标注该部位具体内容,施工时原位标注取值优先。

当在多跨基础梁的集中标注中已注明加腋,而该梁某跨根部不需要加腋时,应在该跨原位标注无 $YC_1 \times C_2$ 的 $b \times h$,以修正集中标注中的加腋要求。

6.3.2　条形基础底板的平面注写方式

条形基础底板 TJB_P、TJB_J 的平面注写方式,分为集中标注和原位标注两部分内容。

6.3.2.1　条形基础底板的集中标注

条形基础底板的集中标注内容为条形基础底板编号、截面竖向尺寸、配筋三项必注内容,以及条形基础底板底面标高(与基础底面基准标高不同时)、必要的文字注解两项选注内容。素混凝土条形基础底板的集中标注,除无底板配筋内容外与钢筋混凝土条形基础底板相同。具体规定如下:

(1)注写条形基础底板编号(必注内容),见表 6-1。条形基础底板向两侧的截面形状通常有两种:

①阶形截面,编号加下标"J",如 TJB_J××(××);

②坡形截面,编号加下标"P",如 TJB_P××(××)。

(2)注写条形基础底板截面竖向尺寸(必注内容)。注写 $h_1/h_2/\cdots$,具体标注为:

①当条形基础底板为坡形截面时,注写为 h_1/h_2,如图 6-33 所示。

【例 6-13】　当条形基础底板为坡形截面 TJB_P××,其截面竖向尺寸注写为 300/250 时,表示 $h_1=300$,$h_2=250$,基础底板根部总厚度为 550。

②当条形基础底板为阶形截面时,如图 6-34 所示。

【例 6-14】　当条形基础底板为阶形截面 TJB_J××,其截面竖向尺寸注写为 300/300 时,表示 $h_1=300$,$h_2=300$,基础底板总厚度为 600。

(3)注写条形基础底板底部及顶部配筋(必注内容)。

以 B 打头,注写条形基础底板底部的横向受力钢筋;以 T 打头,注写条形基础底板顶部的横向受力钢筋;注写时用"/"分隔条形基础底板的横向受力钢筋与构造配筋,如图 6-35 和图 6-36 所示。

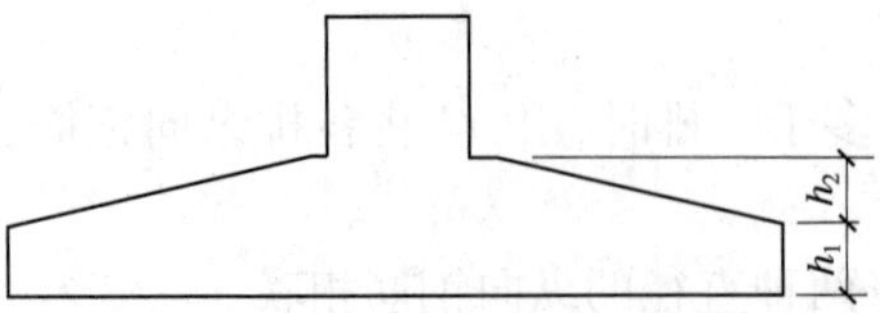

图6-33 条形基础底板坡形截面竖向尺寸

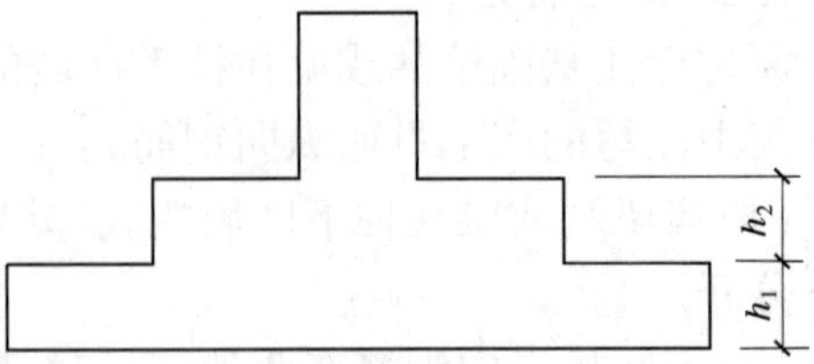

图6-34 条形基础底板阶形截面竖向尺寸

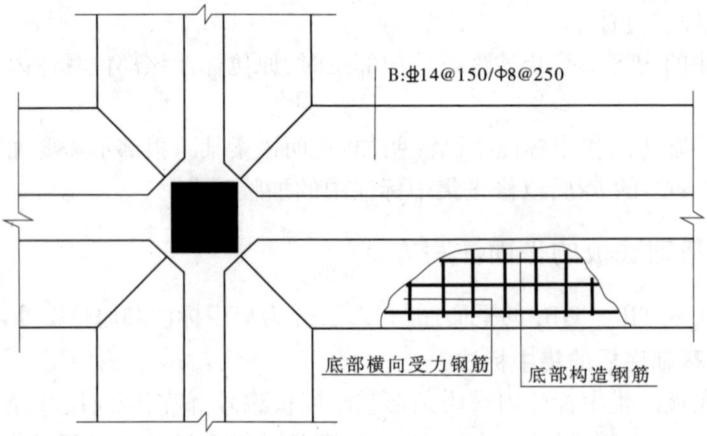

图6-35 条形基础底板底部配筋示意图

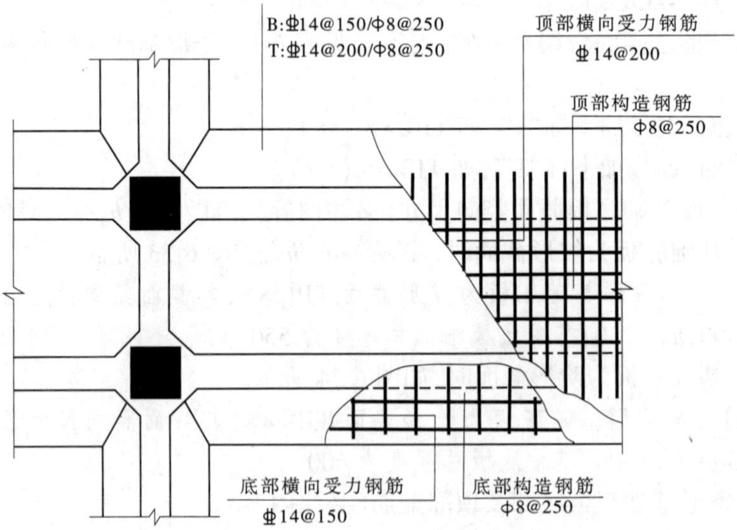

图6-36 双梁条形基础底板配筋示意图

【例 6-15】 当条形基础底板配筋标注为 B:Φ 14@ 150/Φ 8@ 250 时;表示条形基础底板底部配置 HRB400 级横向受力钢筋,直径为 14,分布间距 150;配置 HPB300 级构造钢筋,直径为 8,分布间距 250,如图 6-35 所示。

【例 6-16】 当为双梁(或双墙)条形基础底板时,除在底板底部配置钢筋外,一般尚需在两根梁或两道墙之间的底板顶部配置钢筋,其中横向受力钢筋的锚固从梁的内边缘(或墙边缘)起算,如图 6-36 所示。

(4)注写条形基础底板底面标高(选注内容)。当条形基础底板的底面标高与条形基础底面基准标高不同时,应将条形基础底板底面标高注写在"( )"内。

(5)必要的文字注解(选注内容)。当条形基础底板有特殊要求时,应增加必要的文字注解。

6.3.2.2　条形基础底板的原位标注

条形基础底板的原位标注规定如下:

(1)原位注写条形基础底板的平面尺寸。原位标注 b、b_i,$i=1,2,\cdots$。其中,b 为基础底板总宽度,b_i 为基础底板台阶的宽度。当基础底板采用对称于基础梁的坡形截面或单阶形截面时,b_i 不注,如图 6-37 所示。

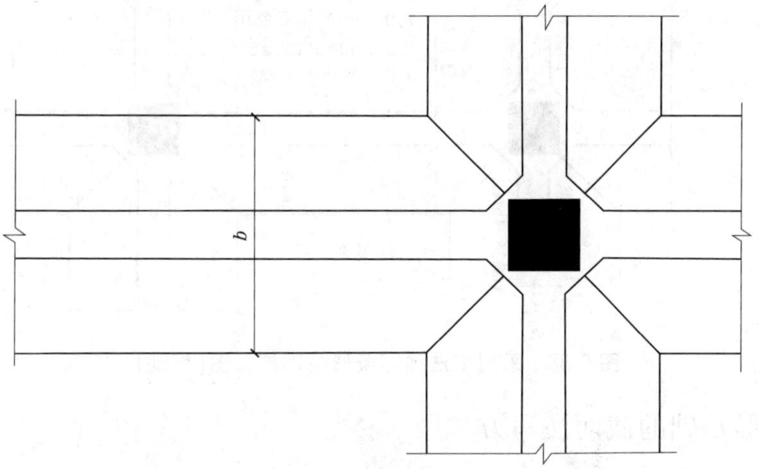

图 6-37　条形基础底板平面尺寸原位标注

素混凝土条形基础底板的原位标注与钢筋混凝土条形基础底板相同。对于相同编号的条形基础底板,可仅选择一个进行标注。梁板式条形基础存在双梁或双墙共用一条形基础底板的情况,当为双梁或为双墙且梁或墙荷载差别较大时,条形基础两侧可取不同的宽度,实际宽度以原位标注的基础底板两侧非对称的不同台阶宽度 b_i 进行表达。

(2)原位注写修正内容。当在条形基础底板上集中标注的某项内容,如底板截面竖向尺寸、底板配筋、底板底面标高等,不适用于条形基础底板的某跨或某外伸部分时,可将其修正内容原位标注在该跨或该外伸部位,施工时原位标注取值优先。

采用平面注写方式表达的条形基础设计施工图如图 6-38 所示。

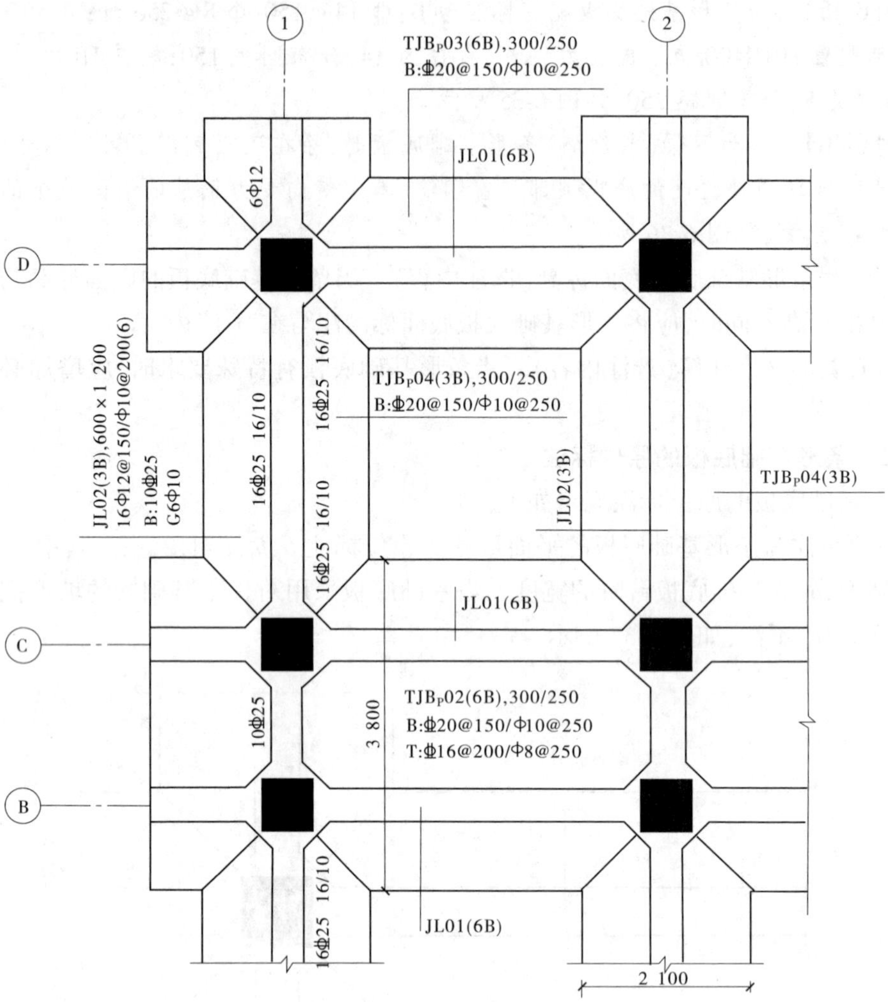

图 6-38 采用平法注写条形基础施工图(局部)

6.3.3 条形基础的截面注写方式

条形基础的截面注写方式,又可分为截面注写和列表注写(结合截面示意图)两种表达方式。采用截面注写方式,应在基础平面布置图上对所有条形基础进行编号,见表6-5。

对条形基础进行截面注写的内容和形式,与传统"单构件正投影表示方法"基本相同。对于已在基础平面布置图上原位标注清楚的该条形基础梁和条形基础底板的水平尺寸,可不在截面图上重复表达,具体表达内容可参照本项目中相应的标准构造图。

对多个条形基础,可采用列表注写(结合截面示意图)的方式进行集中表达。表中内容为条形基础截面的几何数据和配筋,截面示意图上应标注与表中栏目相对应的代号。列表的具体内容规定如下。

6.3.3.1 基础梁

基础梁列表集中注写栏目为：

(1)编号：注写 JL××(××)、JL××(××A)或 JL××(××B)。

(2)几何尺寸：梁截面宽度与高度 $b\times h$。当为加腋梁时，注写 $b\times h$ Y $C_1\times C_2$。

(3)配筋：注写基础梁底部贯通纵向钢筋+非贯通纵向钢筋，顶部贯通纵向钢筋，箍筋。当设计为两种箍筋时，箍筋注写为：第一种箍筋/第二种箍筋，第一种箍筋为梁端部箍筋，注写内容包括箍筋的箍数、钢筋级别、直径、间距与肢数。

基础梁列表格式如表 6-6 所示。

表 6-6 基础梁几何尺寸和配筋表

基础梁编号/截面号	截面几何尺寸		配筋	
	$b\times h$	加腋 $C_1\times C_2$	底部贯通纵向钢筋+非贯通纵向钢筋，顶部贯通纵向钢筋	第一种箍筋/第二种箍筋

注：表中可根据实际情况增加栏目，如增加基础梁底面标高等。

6.3.3.2 条形基础底板

条形基础底板列表集中注写栏目为：

(1)编号：坡形截面编号为 TJB_p××(××)、TJB_p××(××A)或 TJB_p××(××B)，阶形截面编号为 TJB_J××(××)、TJB_J××(××A)或 TJB_J××(××B)。

(2)几何尺寸：水平尺寸 b、b_i，$i=1,2,\cdots$；竖向尺寸 h_1/h_2。

(3)配筋为 B：ⵠ××@ ×××/ⵠ××@ ×××。条形基础底板列表格式如表 6-7 所示。

表 6-7 条形基础底板几何尺寸和配筋表

基础底板编号/截面号	截面几何尺寸			底部配筋(B)	
	b	b_i	h_1/h_2	横向受力钢筋	纵向构造钢筋

注：表中可根据实际情况增加栏目，如增加上部配筋、基础底板底面标高(与基础底板底面基准标高不一致时)等。

6.4 条形基础底板与基础梁配筋构造

6.4.1 条形基础底板配筋构造

条形基础底板配筋构造，如图 6-39 所示。

(1)梁板式条形基础，基础底板分布筋在梁宽范围内不设置。

(2)在两向受力钢筋交接的网状部位，分布筋与同向受力筋的构造搭接长度为 150 mm。

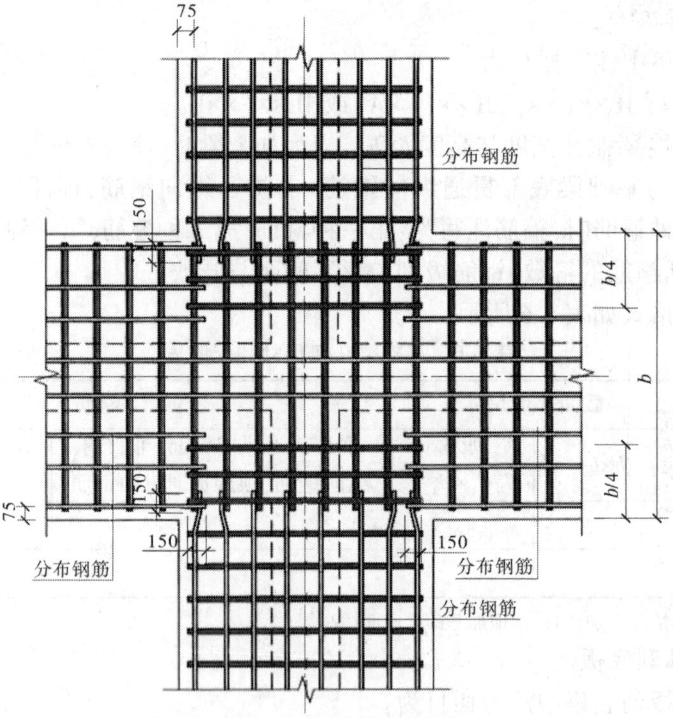

十字交叉条形基础底板钢筋排布构造

(a)

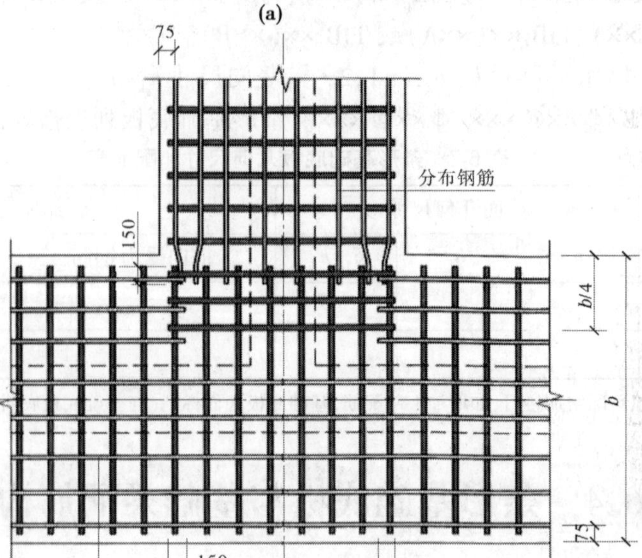

丁字交叉条形基础底板钢筋排布构造

(b)

图 6-39　条形基础底板配筋构造

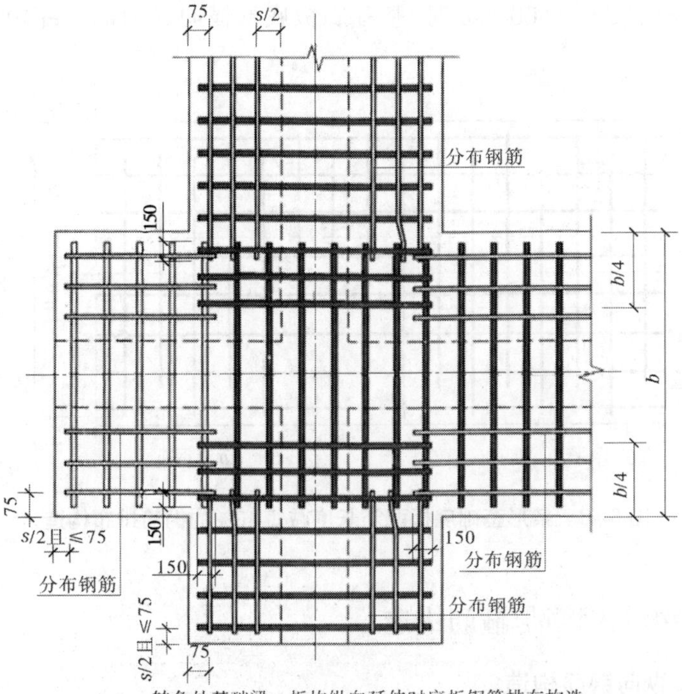

转角处基础梁、板均纵向延伸时底板钢筋排布构造

(c)

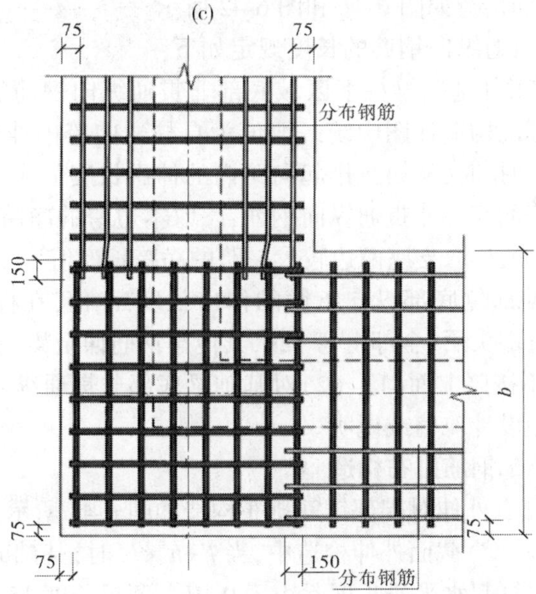

转角处基础梁、板均无延伸时底板钢筋排布构造

(d)

续图 6-39

(3)当基础宽度大于2 500 mm时,基础底板底部横向受力筋可缩短10%,如图6-40所示。

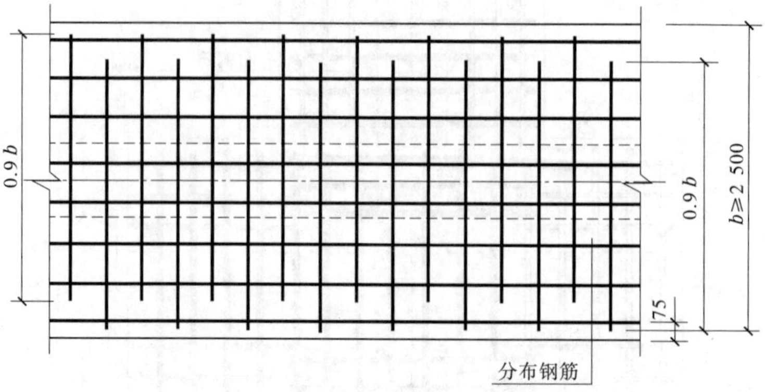

图6-40　条形基础底板配筋长度减短10%的钢筋排布构造

6.4.2　基础梁纵向钢筋与箍筋构造

6.4.2.1　基础梁纵向钢筋构造

基础梁纵向钢筋构造如图6-41和图6-42所示。

基础梁底部非贯通纵向钢筋的长度规定如下:

(1)为方便施工,凡基础梁柱下区域底部非贯通纵向钢筋的伸出长度 a_0 值,当配置不多于两排时,在标准构造详图中统一取值为自柱边向跨内伸出至 $l_n/3$ 位置;当非贯通纵向钢筋配置多于两排时,从第三排起向跨内的伸出长度值应由设计者注明。l_n 的取值规定为:边跨边支座的底部非贯通纵向钢筋,l_n 取本边跨的净跨长度值;对于中间支座的底部非贯通纵向钢筋,l_n 取支座两边较大一跨的净跨长度值。

(2)基础梁外伸部位底部纵向钢筋的伸出长度 a_0 值,在标准构造详图中统一取值为:第一排伸出至梁端头后,全部上弯 $12d$,其他排钢筋伸至梁端头后截断。

(3)设计者若不按照上面(1)、(2)对基础梁底部非贯通纵向钢筋伸出长度规定取值时,应在图纸中标注设计取值或说明。

6.4.2.2　基础梁端部钢筋排布构造

(1)基础梁端部有外伸时端部钢筋排布构造如图6-43所示。

注意:①端部等(变)截面外伸构造中,当 $l'_n+h_c<l_a$ 时,基础梁下部钢筋应伸至端部后弯折,且从外柱内边算起水平段长度不小于 $0.4l_{ab}$,弯折长度 $15d$。

②节点区域内箍筋设置同梁端箍筋设置。

③基础主梁相交处的交叉钢筋的位置关系应按具体设计要求。

④本图节点内的梁、柱均有箍筋,施工前应组织好施工顺序,以避免梁或柱的箍筋无法放置。

⑤l_n 为边跨净跨度。

(2)基础梁端部无外伸时端部钢筋排布构造如图6-44所示。

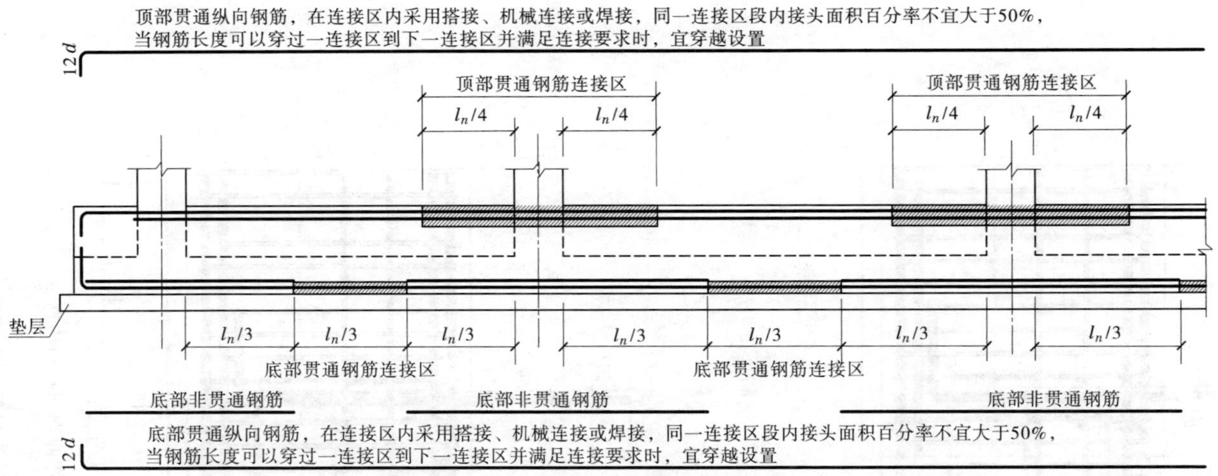

图 6-41　基础梁 JL 纵向钢筋构造

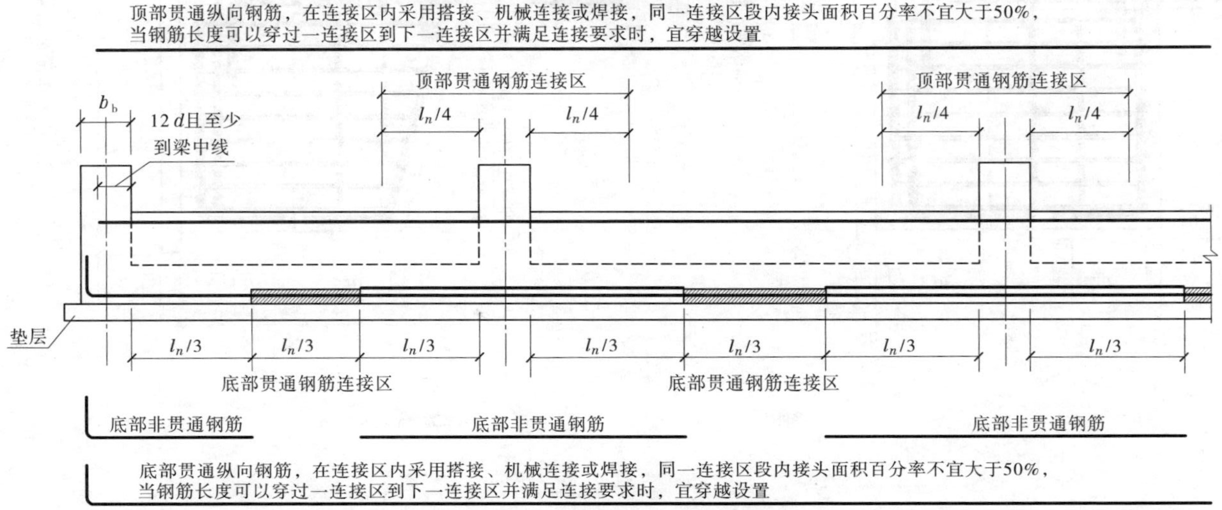

图 6-42　基础次梁纵向钢筋构造

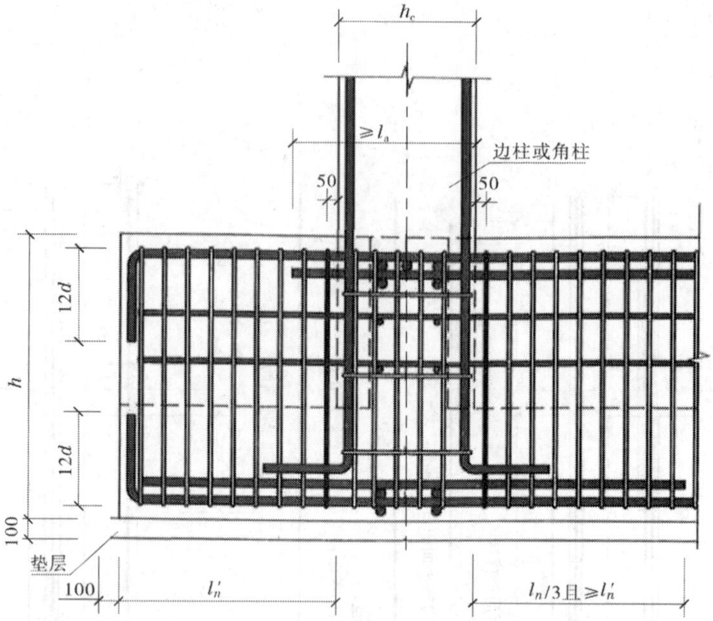

(a)端部等截面外伸钢筋排布构造

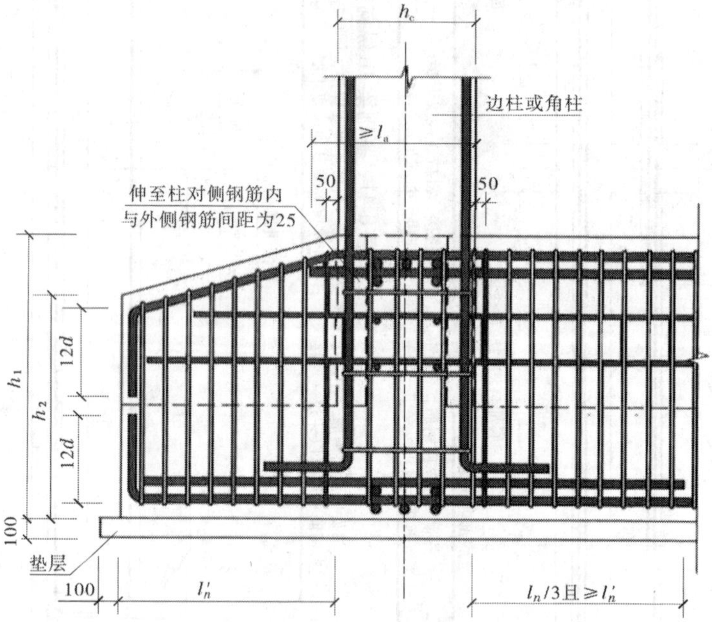

(b)端部变截面外伸钢筋排布构造

图6-43　基础梁端部外伸部位钢筋排布构造

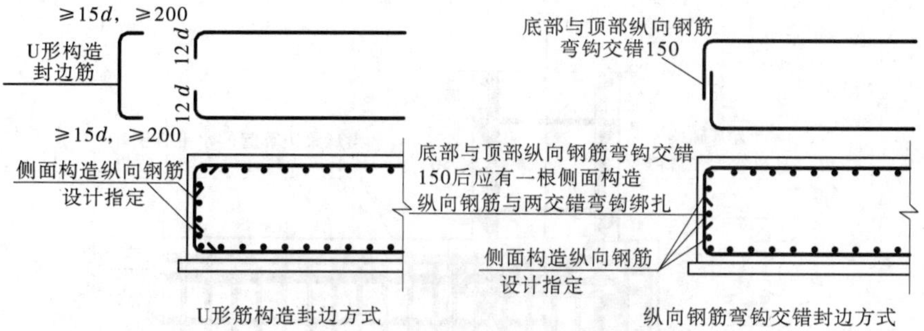

(c)基础梁外伸端封边构造

续图 6-43

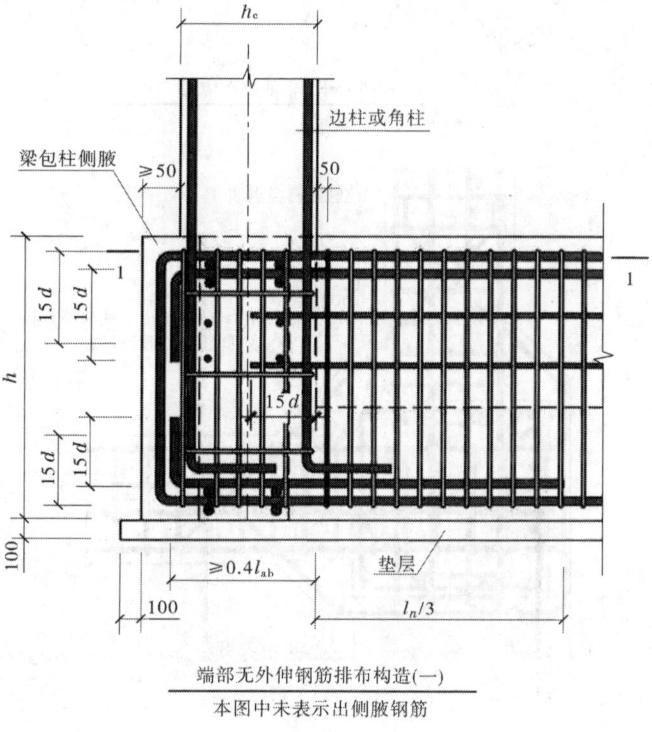

(a)

图 6-44　基础梁端部钢筋排布构造

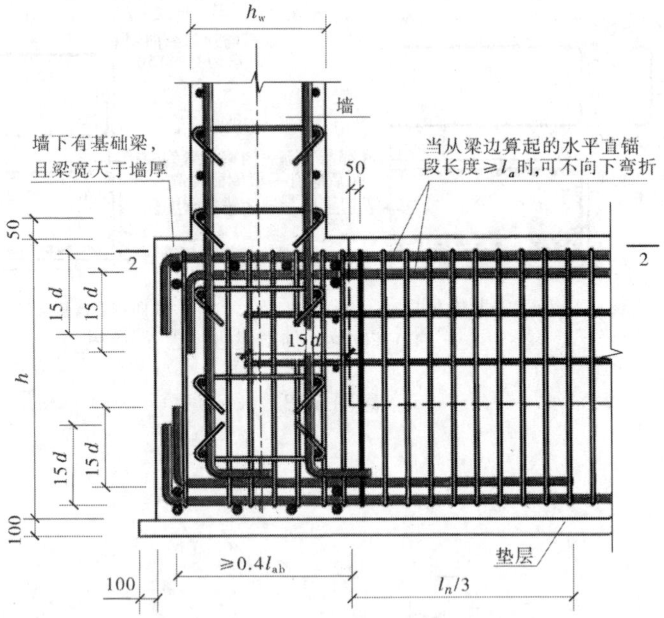

端部无外伸钢筋排布构造(二)

(b)

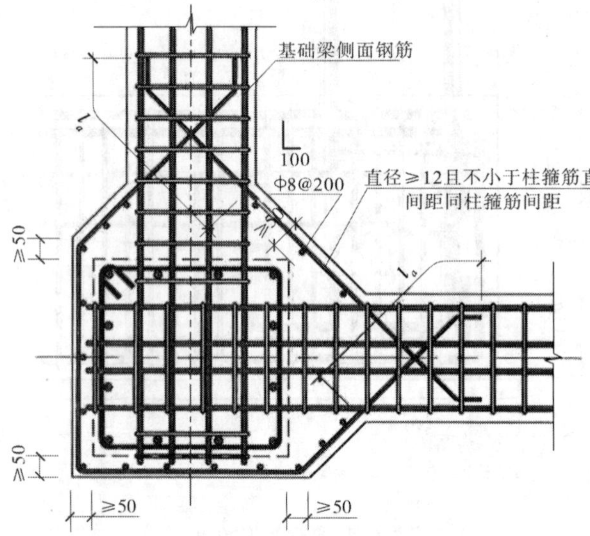

1—1
角柱

(c)

续图 6-44

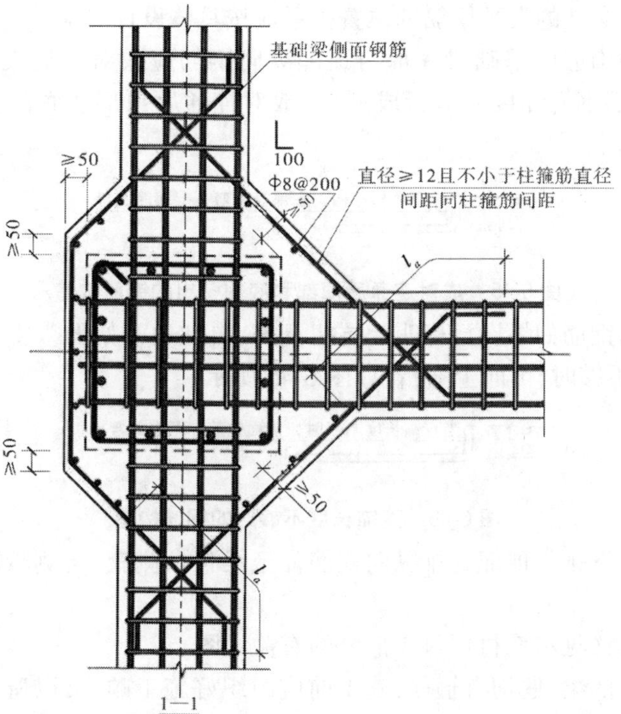

(d)

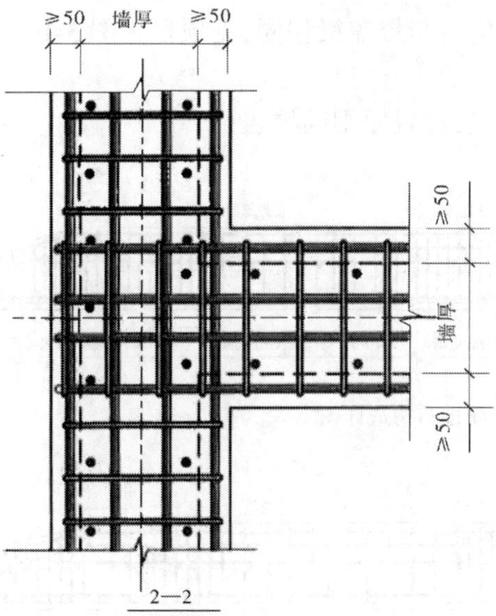

(e)

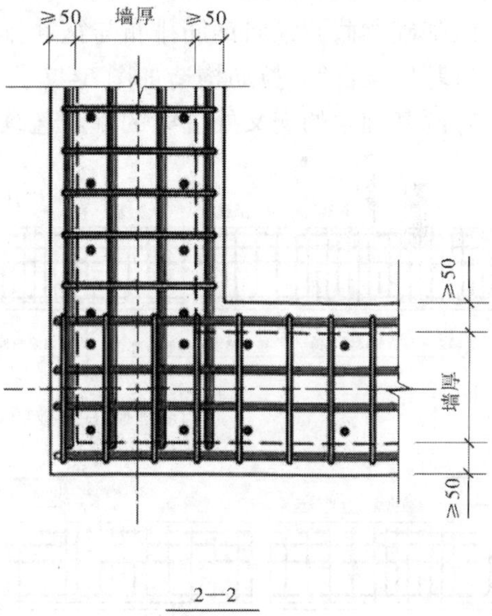

(f)

续图 6-44

注意：①l_n 为边跨净跨度。

②节点区域内箍筋设置同梁端箍筋设置。

③基础主梁相交处的交叉钢筋的位置关系应按具体设计要求。

④端部无外伸构造中基础梁底部与顶部纵向钢筋应成对连通设置(可采用通长钢筋,或将底部与顶部钢筋焊接后弯折成型)。成对连通后顶部和底部多出的钢筋构造如图6-45所示。

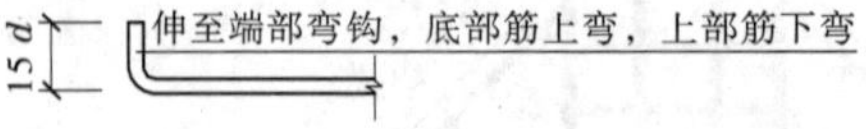

图6-45 成对连通后顶部和底部多出的钢筋构造

⑤基础梁侧面钢筋如果设计标明为抗扭钢筋,自柱边开始伸入支座的锚固长度不小于 l_a,当直锚长度不够时,可向上弯折,如图6-46所示。

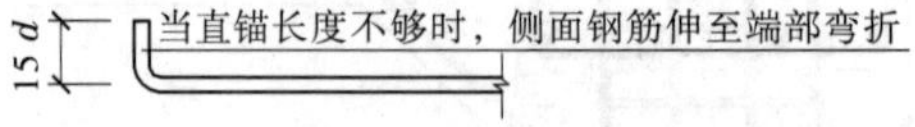

图6-46 直锚长度不够时的钢筋构造

⑥基础梁底部下排与顶部上排纵向钢筋伸至梁包柱侧腋,与侧腋的水平构造钢筋绑扎在一起。

⑦柱插筋构造详见本教材项目3部分的有关详图。

⑧本图节点内的梁、柱均有箍筋,施工前应组织好施工顺序,以避免梁或柱的箍筋无法放置。

6.4.2.3 基础梁箍筋、拉筋排布构造

(1)基础梁截面纵向钢筋排布与箍筋排布构造与楼盖梁相同,见项目3图3-19。

(2)基础梁箍筋、拉筋构造如图6-47所示。

(3)两基础梁的交叉处主梁的箍筋连续布置,设置原则同楼盖梁。

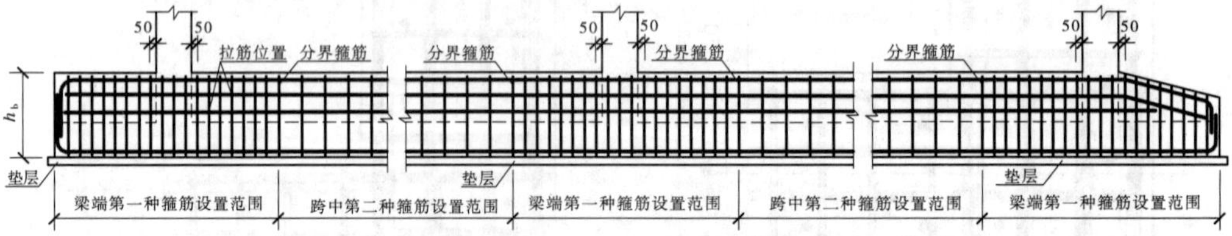

(a)基础主梁箍筋、拉筋排布构造详图

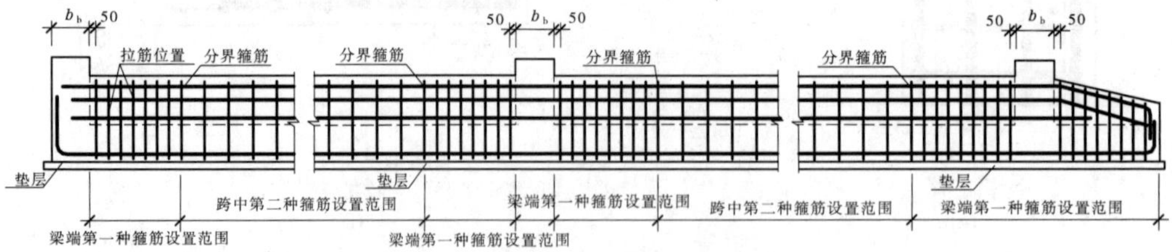

(b)基础次梁箍筋、拉筋排布构造详图

图6-47 基础梁箍筋与构造筋、拉筋排布构造

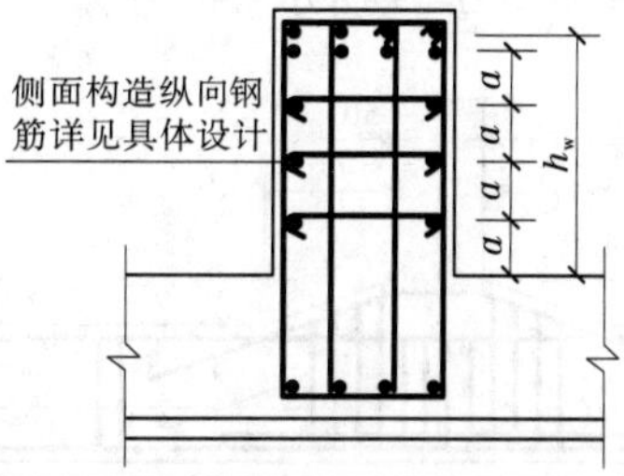

(c)基础梁侧面构造纵向钢筋和拉筋($a \leq 200$)

续图 6-47

注意:①在不同配置要求的箍筋区域分界处应设置一道分界箍筋,分界箍筋应按相邻区域配置要求较高的箍筋。

②梁第一道箍筋距支座边缘为 50 mm。

③基础梁侧面纵向构造钢筋搭接长度为 $15d$。十字相交的基础梁,当相交位置有柱时,侧面构造纵向钢筋锚入梁包柱侧腋内 $15d$;当无柱时侧面构造纵向钢筋锚入交叉梁内 $15d$。丁字相交的基础梁,当相交位置无柱时,横梁外侧的构造纵向钢筋应贯通,横梁内侧的构造纵向钢筋锚入交叉梁内 $15d$。

④梁两侧腰筋用拉筋联系,拉筋直径除注明者外均为 8 mm,拉筋间距为非加密区箍筋间距的 2 倍,且≤600 mm。当梁侧向拉筋多于一排时,相邻上下排拉筋应错开设置。

⑤弧形梁箍筋加密区范围按梁宽中心线展开计算,箍筋间距按凸面量度。

⑥节点两侧主梁宽不同时,节点区域的箍筋应按梁宽较大的一侧配置箍筋。

⑦具体工程中,梁第一种箍筋的设置范围、纵向钢筋搭接区箍筋的配置等均应以设计图中的要求为准。

6.4.2.4　特殊情况下的条形基础构造

(1)基底不平时的底板配筋构造如图 6-48 所示。

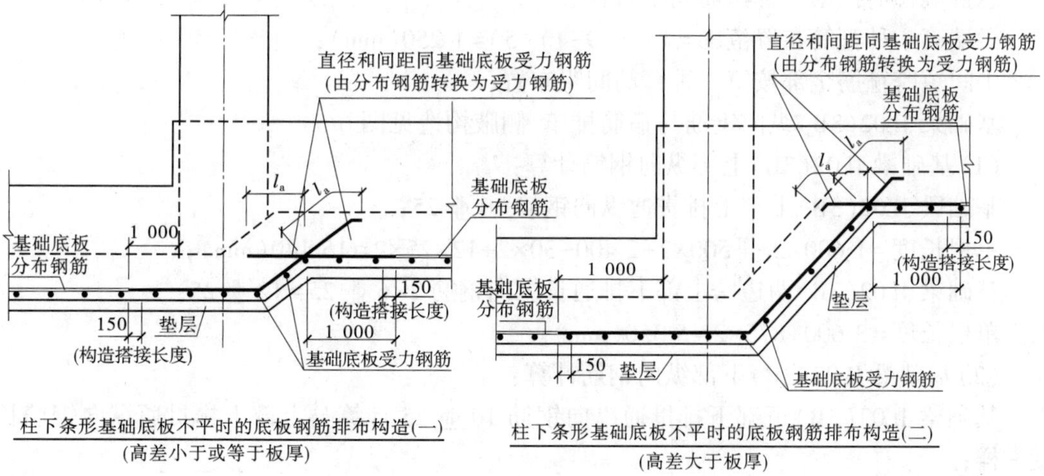

图 6-48　基底不平时的底板配筋构造

(2)基础梁竖向加腋钢筋构造如图 6-49 所示。

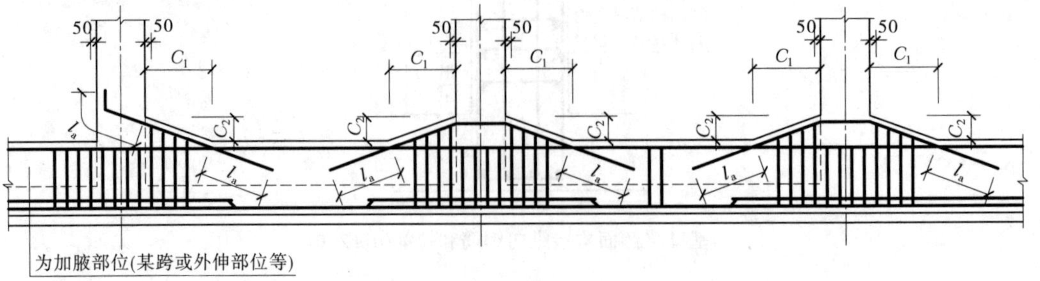

图 6-49　基础梁竖向加腋钢筋构造

(3)基础梁与基础次梁不平和变截面处构造,如图 6-50 和图 6-51 所示。

6.4.3　基础梁平法识图与钢筋算量实训

已知条件见表 6-8 和图 6-52。

6.4.3.1　基础梁 JL02(3B)上、下纵向钢筋计算

与本例有关的基础梁纵向钢筋构造见图 6-41、图 6-43。

基础梁 JL02(3B)上部下排纵向钢筋在端支座的锚固长度 $l_a=35d=35\times25=875$(mm);

基础梁 JL02(3B)下部上排纵向钢筋为非贯通筋伸入跨中净长 $l_n/3=3\ 600/3=1\ 200$(mm);

对于有悬挑的端支座下部上排纵向钢筋为非贯通筋伸入跨中净长:

$\max(l'_n, l_n/3)=\max(1\ 150, 1\ 200)=1\ 200$;

中跨为短跨($1\ 500<2\times(l_n/3)=2\times1\ 200$),因此该跨下部上排纵向钢筋不切断,贯通布置;

悬挑端箍筋按第一种箍筋间距布置。

梁端第一种箍筋布置范围 $=150\times(9-1)+50=1\ 250$(mm);

中间短跨箍筋全部按第一种箍筋间距布置;

基础梁 JL02(3B)纵向钢筋与箍筋排布、侧腋构造见图 6-53。

(1)基础梁 JL02(3B)上部纵向钢筋计算:

基础梁 JL02(3B)上部上排贯通纵向钢筋 10 ⏀ 25;

单根长度 $=1\ 600\times2+4\ 500\times2+2\ 400-30\times2+12\times25\times2=15\ 140$(mm);

基础梁 JL02(3B)两边跨上部下排通长纵向钢筋 2×6 ⏀ 25 = 12 ⏀ 25;

单根长度 $=3\ 600+875\times2=5\ 350$(mm)。

(2)基础梁 JL02(3B)下部纵向钢筋计算:

基础梁 JL02(3B)下部下排贯通纵向钢筋 10 ⏀ 25 计算与上部上排贯通纵向钢筋长度一样;

单根长度 $=15\ 140$(mm);

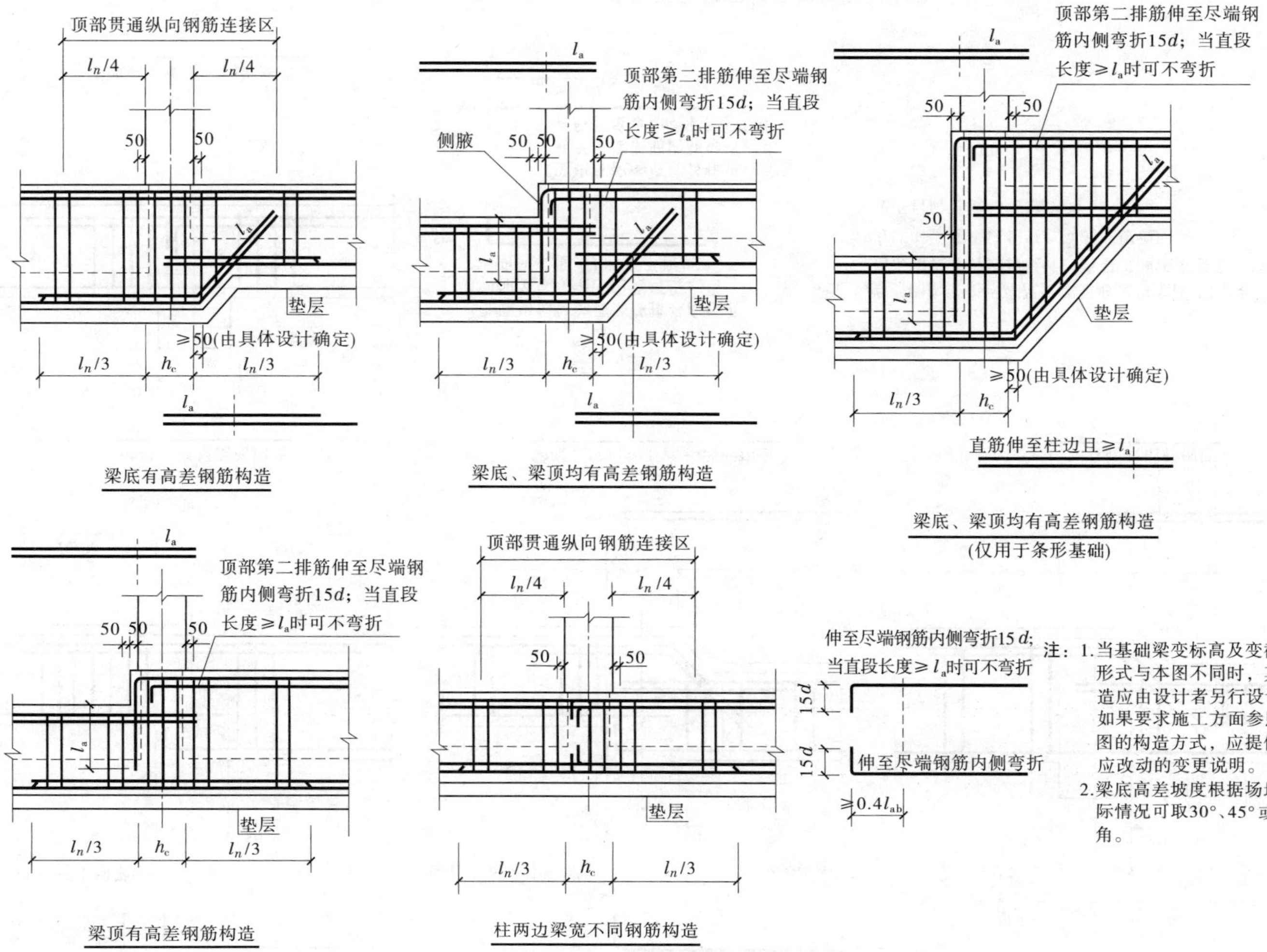

注：1.当基础梁变标高及变截面形式与本图不同时，其构造应由设计者另行设计；如果要求施工方面参照本图的构造方式，应提供相应改动的变更说明。
2.梁底高差坡度根据场地实际情况可取30°、45°或60°角。

图 6-50　基础梁 JL 梁底不平和变截面处构造

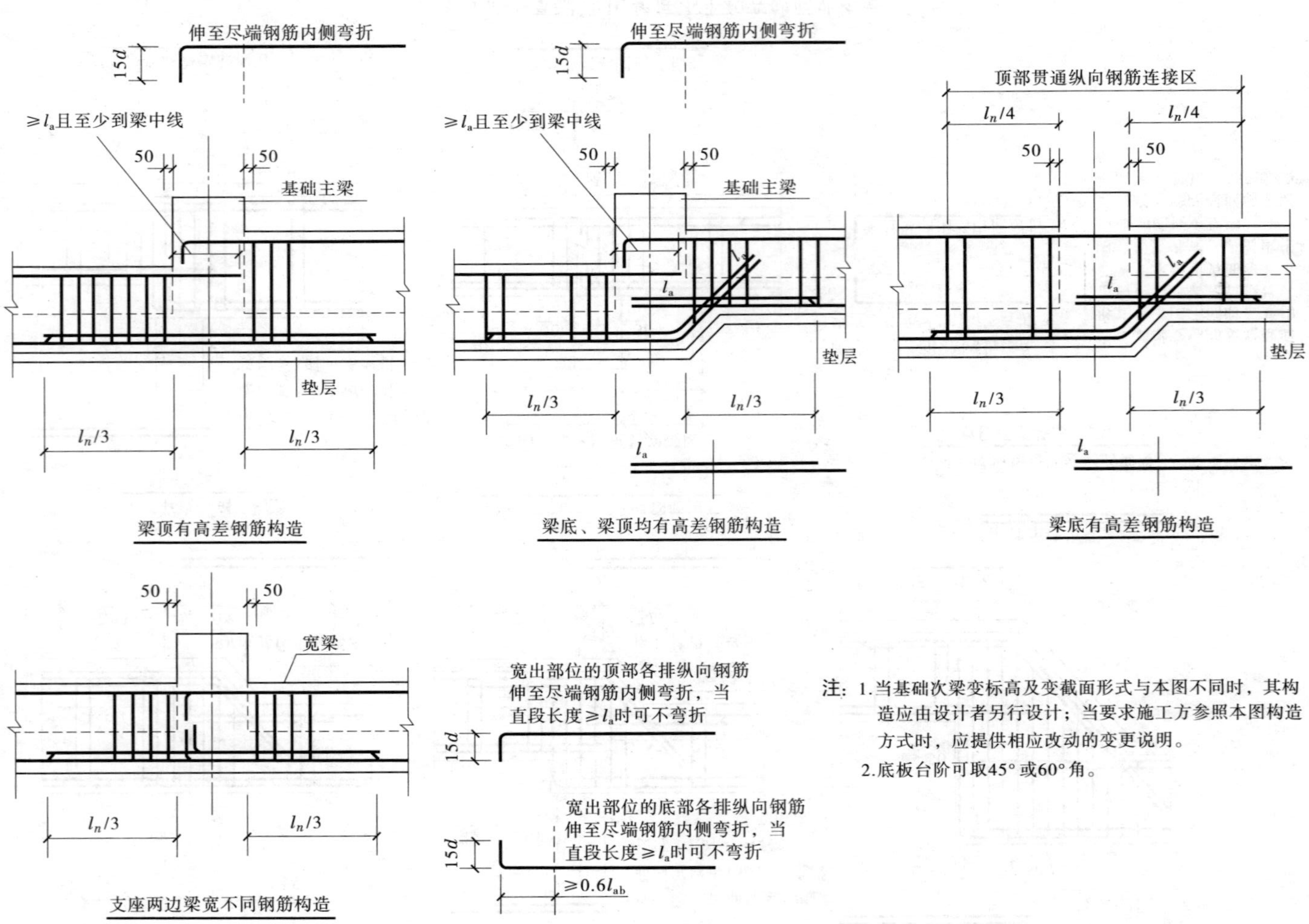

注：1.当基础次梁变标高及变截面形式与本图不同时，其构造应由设计者另行设计；当要求施工方参照本图构造方式时，应提供相应改动的变更说明。

2.底板台阶可取45°或60°角。

图 6-51　基础次梁 JCL 梁底不平和变截面部位钢筋构造

表 6-8　计算条件

混凝土强度等级	基础底保护层/mm	基础其他构件保护层/mm	未标注基础地板宽度/mm	未标注基础梁宽度/mm
C30	50	30	2 400	600
截面尺寸/mm	框架柱纵向钢筋	框架柱箍筋	钢筋定尺长度/mm	基础垫层
800×900	Φ 25	Φ 10@ 100/200	9 000	C15 厚 100 mm

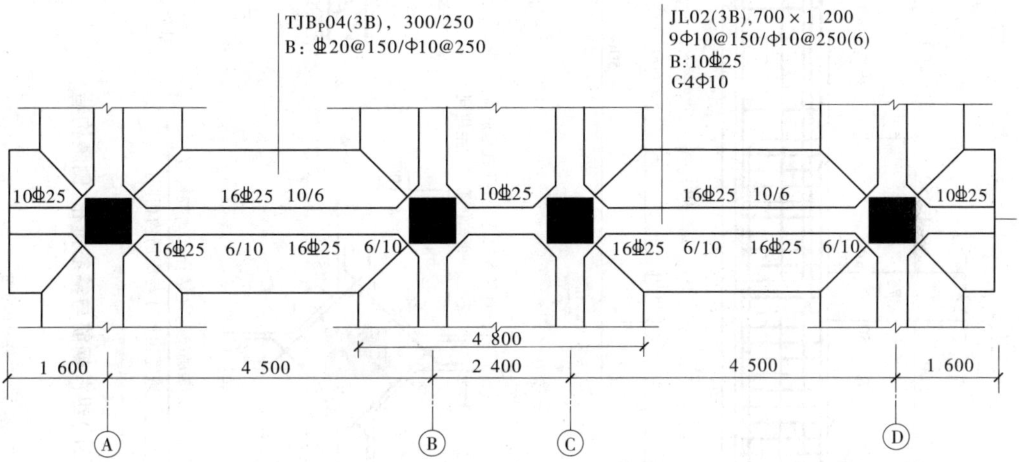

图 6-52　JL02(3B)与 TJB$_p$04(3B)施工图

基础梁 JL02(3B)两边支座下部上排钢筋 2×6 Φ 25 = 12 Φ 25；

单根长度 = 1 150−30+900+1 200 = 3 220(mm)；

基础梁 JL02(3B)两中间支座下部上排钢筋 6 Φ 25；

单根长度 = 1 200×2+900×2+1 500 = 5 700(mm)。

6.4.3.2　基础梁 JL02(3B)箍筋与拉筋计算

(1)基础梁有两种箍筋间距 9 Φ 10@ 150/Φ 10@ 250(6)：

悬挑端箍筋道数 = (1 150−50×2)/150+1 = 8；

节点区箍筋道数 = 900/150 = 6；

中间短跨箍筋道数 = (1 600−50×2)/150+1 = 11；

长跨中间箍筋道数 = 1 100/250−1 = 4；

则基础梁 JL02(3B)箍筋总道数 = 8×2+6×4+11+4×2+9×4 = 95。

箍筋外皮宽度 = 700−30×2 = 640(mm)；

箍筋外皮高度 = 1 200−30−(50+20)+10 = 1 110(mm)；

复合内箍外皮宽度 = 基础梁纵向钢筋净距×2+基础梁纵向钢筋直径×3+箍筋直径×2

= [(700−30×2−10×2−25×10)/9]×2+25×3+10×2

= 177(mm)。

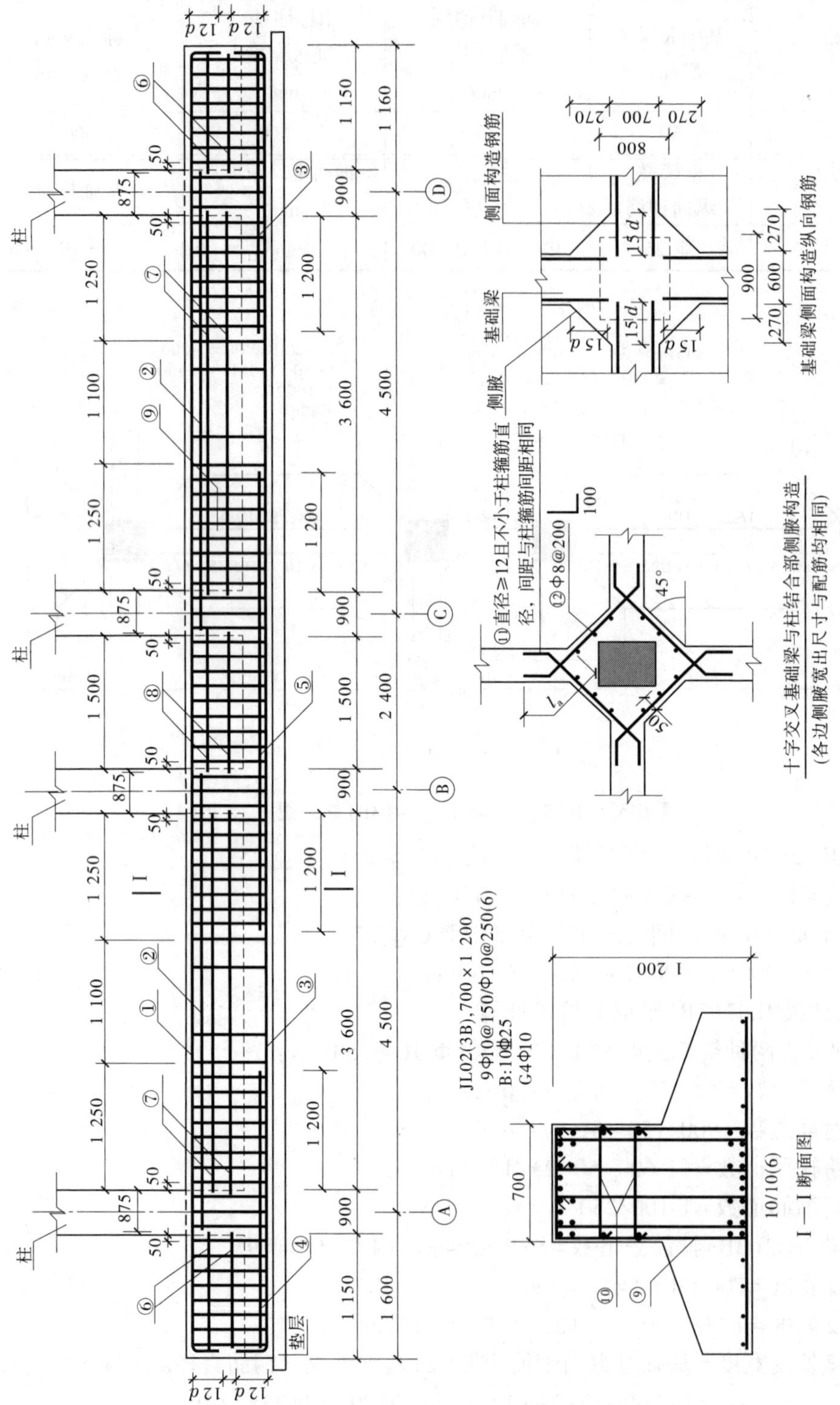

图 6-53　基础梁 JL02(3B)纵向钢筋与箍筋排布、侧腋构造

(2)按照 22G101-3 的规定，拉筋直径为 8，间距为箍筋间距的 2 倍，基础梁 JL02(3B)构造筋为 G4 Φ 10，因此拉筋为 2 排；

拉筋根数＝2×(95/2+1)＝97(根)；

拉筋长度＝700−30×2+8×2+11.9×8×2＝846(mm)。

(3)基础梁 JL02(3B)构造筋计算：

按照构造要求，基础梁构造筋进入梁侧腋的长度为 15d，则基础梁钢筋算量为：

悬挑端单根长＝悬挑净长−保护层厚度−侧腋长+15d+6.25d×2

＝1 150−30−270+15×10+6.25×10×2＝1 125(mm)，共 8 根；

内跨构造筋单根长＝净跨长度−侧腋长×2+15d×2+6.25d×2；

两边跨构造筋单根长＝3 600−270×2+15×10×2+6.25×10×2＝3 485(mm)，共 8 根；

中间跨构造筋单根长＝1 500−270×2+15×10×2+6.25×10×2＝1 385(mm)，共 4 根。

6.4.3.3　基础梁与柱结合部侧腋构造筋计算

按照构造要求，侧腋水平筋采用Φ 12@100，竖向筋采用Φ 8@200。

(1)侧腋水平筋长度 270×1.414+l_a＝382+35d×2＝382+35×12×2＝1 222(mm)；

单侧侧腋水平筋根数＝(1 200−300−250−30)/100+1＝8(根)；

基础梁 JL02(3B)侧腋水平构造筋总根数＝8×4×4＝128(根)。

(2)侧腋竖向构造筋(底与柱插筋平)单根长度＝基础梁高度−基底保护层−基底钢筋网厚度−基础梁保护层+100＝1 200−50−(20+10)−30+100＝1 190(mm)；

单侧竖向筋根数＝270×1.414/200+1＝3(根)；

基础梁 JL02(3B)侧腋竖向构造筋总根数＝3×4×4＝48(根)。

基础梁 JL02(3B)抽筋图见图 6-54。

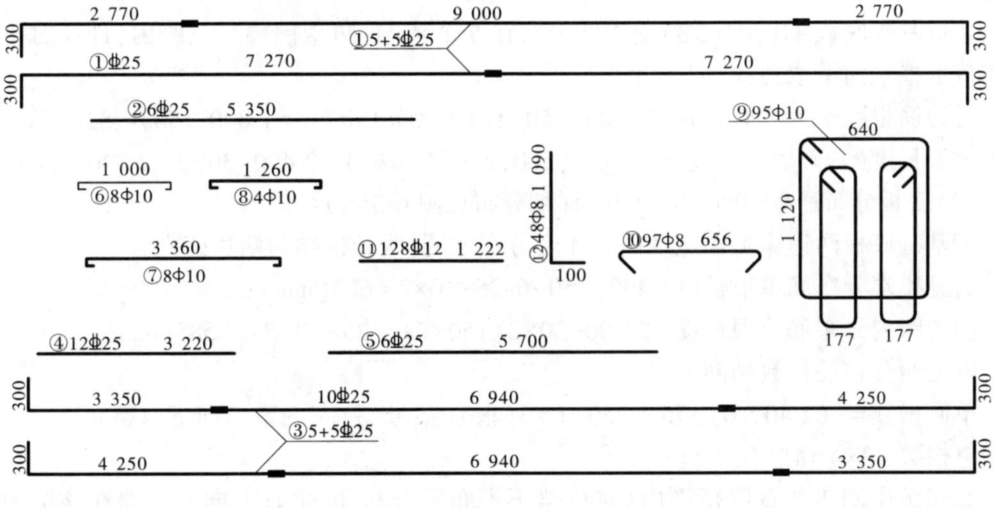

图 6-54　基础梁 JL02(3B)抽筋图

6.4.3.4　条形基础底板 TJB$_P$04(3B)钢筋算量

条形基础底板 TJB$_P$04(3B)钢筋排布见图 6-55。

(1)底板受力筋Φ 20@150 计算：

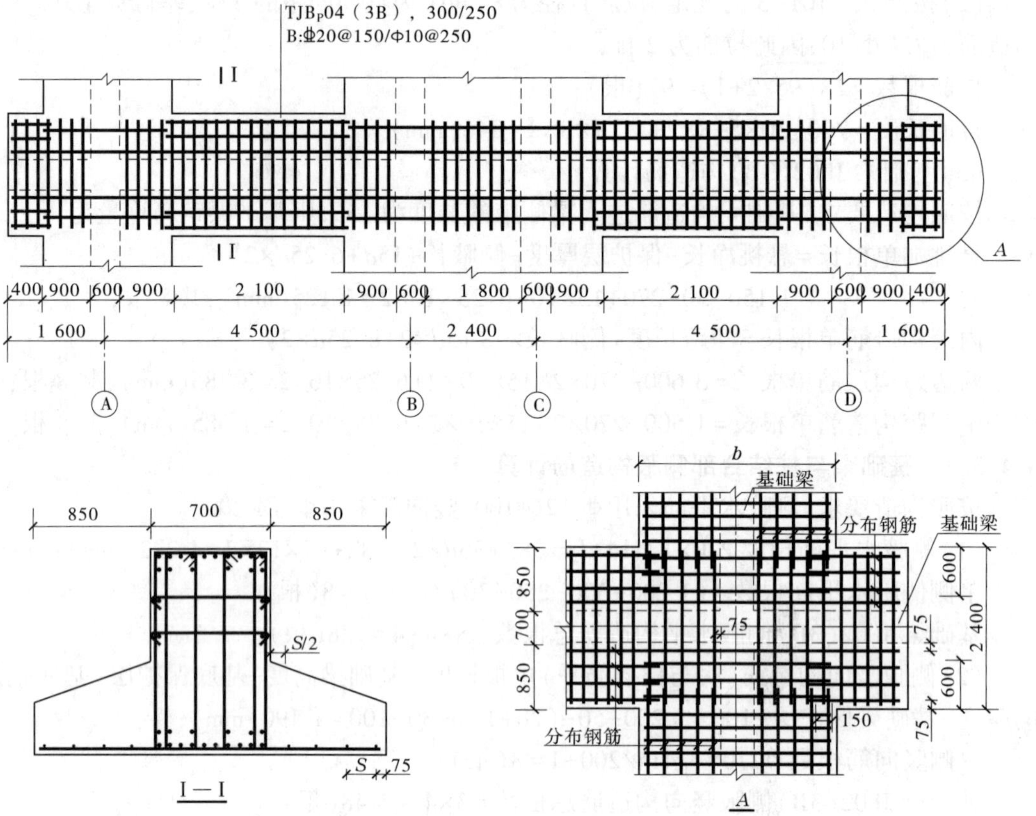

图6-55 条形基础底板 TJB$_P$04(3B)钢筋排布

条形基础底板 TJB$_P$04(3B)受力筋分布在5个范围:两悬挑端与三跨内,计算时每一分布范围根数向上取整数。

受力筋根数=2×[(1 300−75−30)/150+1+(3 900/150)]+(1 800/150)=82(根);

单根长度(基础底板宽度=2 400<2 500,长度不折减)=2 400−30×2=2 340(mm)。

(2)底板分布筋Φ10@250计算(详细分布见图6-55A):

①基础底板两边缘1/4宽度内有4个分布范围:两悬挑端与两边跨内。

两悬挑端分布筋单根长度=400+150+6.25×10×2=675(mm);

两边跨内分布筋单根长度=2 100+30×2+150×2+6.25×10×2=2 585(mm);

以上两分布筋根数相同。

单侧根数=｛(2 400/6)−75｝/250+1=3(根)(括号"｛ ｝"内数值向下取整),

总根数=3×4=12(根)。

②底板中间1/2宽度范围内(基础梁下不布置分布筋,垂直方向基础梁在该范围内不布置受力筋)分布筋通长布置。

通长分布筋单根长度=1 600×2+4 500×2+2 400−30×2+6.25×10×2=14 665(mm);

总根数=｛(850−125−75)/250+1−3｝×2=2(根)(括号"｛ ｝"内数值向上取整)。

条形基础底板 TJB$_P$04(3B)抽筋图见图6-56。

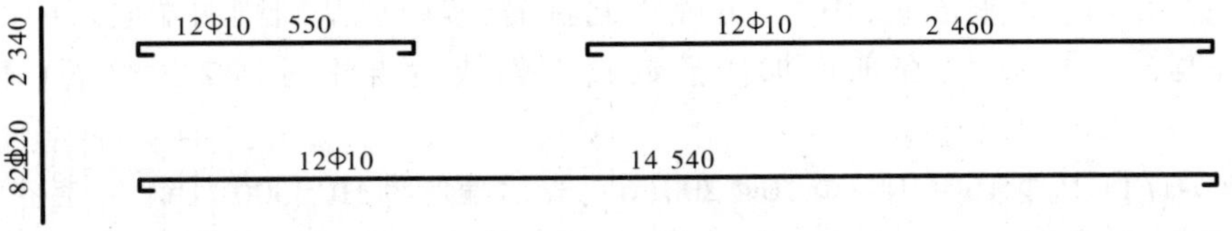

图 6-56 条形基础底板 $TJB_P04(3B)$ 抽筋图

6.5 梁板式筏形基础平法施工图识读

6.5.1 梁板式筏形基础平法施工图制图规则

6.5.1.1 梁板式筏形基础平法施工图的表示方法

梁板式筏形基础平法施工图,是在基础平面布置图上采用平面注写方式进行表达。梁板式筏形基础与其所支承的柱、墙一起绘制。当基础底面标高不同时,需注明与基础底面基准标高不同之处的范围和标高。通过选注基础梁底面与基础平板底面的标高高差来表达两者间的位置关系,可以明确其"高板位"(梁顶与板顶一平)、"低板位"(梁底与板底一平)以及"中板位"(板在梁的中部)三种不同位置组合的筏形基础,方便设计表达。对于轴线未居中的基础梁,应标注其定位尺寸。

6.5.1.2 梁板式筏形基础构件的类型与编号

(1)梁板式筏形基础由基础主梁、基础次梁、基础平板等构成,编号按表 6-9 的规定。

表 6-9 梁板式筏形基础构件编号

构件类型	代号	序号	跨数及有无外伸
基础主梁(柱下)	JL	××	(××)或(××A)或(××B)
基础次梁	JCL	××	
梁板筏基础平板	LPB	××	在 X、Y 向配筋后表达, (××)或(××A)或(××B)

注:1. (××A)为一端有外伸,(××B)为两端有外伸,外伸不计入跨数。如 JL7 (5B)表示第 7 号基础主梁,5 跨,两端有外伸。

2. 梁板式筏形基础平板跨数及是否有外伸分别在 X、Y 向的贯通纵向钢筋之后表达。图面从左至右为 X 向,从下至上为 Y 向。

3. 梁板式筏形基础主梁和条形基础梁编号与标准构造详图一致。

6.5.1.3 基础主梁与基础次梁的平面注写方式

基础主梁 JL 与基础次梁 JCL 的平面注写方式分为集中标注和原位标注两部分内容。

集中标注包括基础梁编号、截面尺寸、配筋三项必注内容,以及基础梁底面标高高差(相对于筏形基础平板底面标高)一项选注内容。具体规定如下:

(1)注写基础梁的编号见表 6-9。

(2)注写基础梁的截面尺寸。以 $b×h$ 表示梁截面宽度与高度;当为加腋梁时,用 $b×h$ $YC_1×C_2$ 表示,其中 C_1 为腋长,C_2 为腋高。

(3)注写基础梁的配筋。

①注写基础梁箍筋,当采用一种箍筋间距时,注写钢筋级别、直径、间距与肢数(写在括号内);当采用两种箍筋时,用"/"分隔不同箍筋,按照从基础梁两端向跨中的顺序注写。先注写第1段箍筋(在前面加注箍数),在斜线后再注写第2段箍筋(不再加注箍数)。

【例6-17】 9Φ16@100/Φ16@200(6):表示箍筋为HPB300级钢筋,直径为16,从梁端向跨内,间距100,设置9道,其余间距为200,均为六肢箍。

施工时应注意:两向基础主梁相交的柱下区域,应有一向截面较高的基础主梁按梁端箍筋贯通设置。当两向基础主梁高度相同时,任选一向基础主梁箍筋贯通设置。

②注写基础梁的底部、顶部及侧面纵向钢筋。

以B打头,先注写梁底部贯通纵向钢筋(不应少于底部受力钢筋总截面面积的1/3)。当跨中所注根数少于箍筋肢数时,需要在跨中加设架立筋以固定箍筋,注写时,用加号"+"将贯通纵向钢筋与架立筋相联,架立筋注写在加号后面的括号内。

以T打头,注写梁顶部贯通纵向钢筋值。注写时用分号";"将底部与顶部纵向钢筋分隔开,如有个别跨与其不同,则原位注写。

【例6-18】 B4Φ32;T7Φ3:表示梁的底部配置4Φ32的贯通纵向钢筋,梁的顶部配置7Φ32的贯通纵向钢筋。

当梁底部或顶部贯通纵向钢筋多于一排时,用斜线"/"将各排纵向钢筋自上而下分开。

【例6-19】 梁底部贯通纵向钢筋注写为B8Φ28 3/5,表示上排纵向钢筋为3Φ28,下排纵向钢筋为5Φ28。

注意:基础主梁与基础次梁的底部贯通纵向钢筋,可在跨中1/3净跨长度范围内采用搭接连接、机械连接或焊接。基础主梁与基础次梁的顶部贯通纵向钢筋,可在距支座1/4净跨长度范围内采用搭接连接,或在支座附近采用机械连接或焊接(均应严格控制接头百分率)。

③以大写字母G打头注写基础梁两侧面对称设置的纵向构造钢筋的总配筋值;以N打头注写基础梁两侧面对称设置的抗扭纵向钢筋的总配筋值。

【例6-20】 G8Φ16,表示梁的两个侧面共配置8Φ16的纵向构造钢筋,每侧各配置4Φ16。

【例6-21】 N8Φ16,表示梁的两个侧面共配置8Φ16的纵向抗扭钢筋,沿截面周边均匀对称设置。

注意:当为梁侧面构造钢筋时,其搭接与锚固长度可取为$15d$。

当为梁侧面受扭纵向钢筋时,其锚固长度为l_a搭接长度为l_l,其锚固方式同基础梁上部纵向钢筋。

(4)注写基础梁底面标高高差是指相对于筏形基础平板底面标高的高差值,该项为选注值。有高差时需将高差写入括号内(如"高板位"与"中板位"基础梁的底面与基础平板底面标高的高差值),无高差时不注(如"低板位"筏形基础的基础梁)。

基础主梁与基础次梁的原位标注规定如下:

(1)注写梁端(支座)区域的底部全部纵向钢筋,包括已经集中注写过的贯通纵向钢筋在内的所有纵向钢筋。

①当梁端(支座)区域的底部纵向钢筋多于一排时,用斜线"/"将各排纵向钢筋自上而下分开。

【例6-22】 梁端(支座)区域底部纵向钢筋注写为10 ⏀25 4/6,表示上一排纵向钢筋为4 ⏀25,下一排纵向钢筋为6 ⏀25。

②当同排纵向钢筋有两种直径时,用加号"+"将两种直径的纵向钢筋相联。

【例6-23】 梁端(支座)区域底部纵向钢筋注写为4 ⏀28+2 ⏀25,表示一排纵向钢筋由两种不同直径钢筋组合。

③当梁中间支座两边的底部纵向钢筋配置不同时,需在支座两边分别标注;当梁中间支座两边的底部纵向钢筋相同时,可仅在支座的一边标注配筋值。

④当梁端(支座)区域底部全部的纵向钢筋与集中注写过的贯通纵向钢筋相同时,可不再重复做原位标注。

⑤加腋梁加腋部位钢筋,需在设置加腋的支座处以Y打头注写在括号内。

【例6-24】 加腋梁端(支座)处注写为Y4 ⏀25,表示加腋部位斜纵向钢筋为4 ⏀25。

设计时应注意:当对底部一平的梁支座两边的底部非贯通纵向钢筋采用不同配筋值时,应先按较小一边的配筋值选配相同直径的纵向钢筋贯穿支座,再将较大一边的配筋差值选配适当直径的钢筋锚入支座,避免造成两边大部分钢筋直径不相同的不合理配置结果。

施工及预算方面应注意:当底部贯通纵向钢筋经原位修正注写后,两种不同配置的底部贯通纵向钢筋应在两毗邻跨中配置较小一跨的跨中连接区域(即配置较大一跨的底部贯通纵向钢筋需越过其跨数终点或起点伸至毗邻跨的跨中连接区域)连接。具体位置见标准构造详图6-41、图6-42。

(2)注写基础梁的附加箍筋或(反扣)吊筋。将其直接画在平面图中的主梁上,用线引注总配筋值(附加箍筋的肢数注在括号内),当多数附加箍筋或(反扣)吊筋相同时,可在基础梁平法施工图上统一注明,少数与统一注明值不同时,再原位引注。

施工时应注意:附加箍筋或(反扣)吊筋的几何尺寸应按照标准构造详图,结合其所在位置的主梁和次梁的截面尺寸确定。

(3)当基础梁外伸部位变截面高度时,在该部位原位注写 $b\times h_1/h_2$,h_1 为根部截面高度,h_2 为尽端截面高度。

(4)注写修正内容。当在基础梁上集中标注的某项内容(如梁截面尺寸、箍筋、底部与顶部贯通纵向钢筋或架立筋、梁侧面纵向构造钢筋、梁底面标高高差等)不适用于某跨或某外伸部分时,则将其修正内容原位标注在该跨或该外伸部位。施工时原位标注取值优先。

当在多跨基础梁的集中标注中已注明加腋,而该梁某跨根部不需要加腋时,则应在该跨原位标注等截面的 $b\times h$,以修正集中标注中的加腋信息。

按以上各项规定的组合表达方式示意图如图6-57所示。

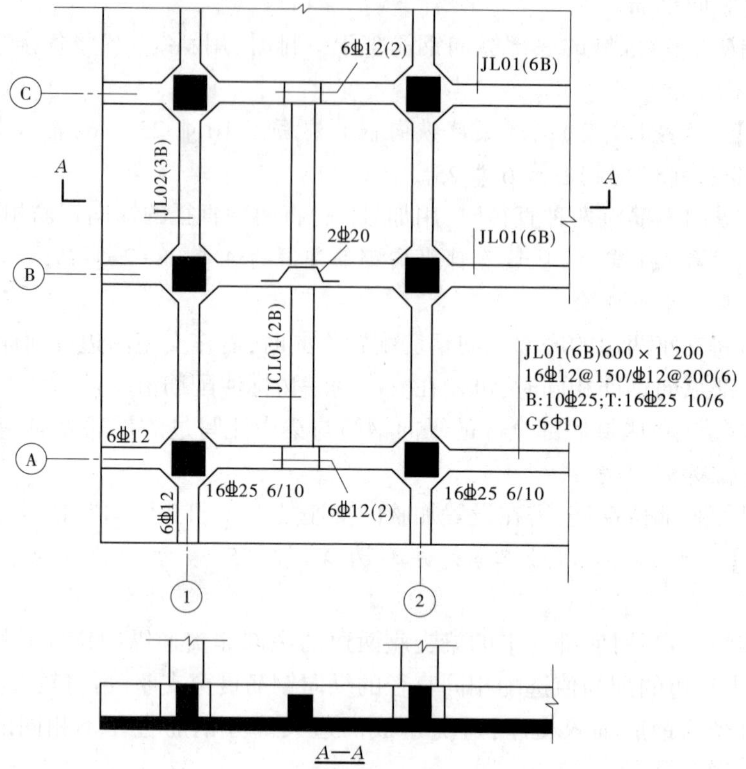

图 6-57 基础梁标注示意图

6.5.1.4 梁板式筏形基础平板的平面注写方式

梁板式筏形基础平板 LPB 的平面注写分为板底部与顶部贯通纵向钢筋的集中标注与板底部附加非贯通纵向钢筋的原位标注两部分内容。当仅设置贯通纵向钢筋而未设置附加非贯通纵向钢筋时仅做集中标注。

1. 集中标注

梁板式筏形基础平板 LPB 贯通纵向钢筋的集中标注,应在所表达的板区双向均为第一跨(X 与 Y 双向首跨)的板上引出(图面从左至右为 X 向,从下至上为 Y 向)。

板区划分条件:板厚相同、基础平板底部与顶部贯通纵向钢筋配置相同的区域为同一板区。

集中标注的内容规定如下:

(1)注写基础平板的编号,如表 6-9 所示。

(2)注写基础平板的截面尺寸。注写 h=×××表示板厚。

(3)注写基础平板的底部与顶部贯通纵向钢筋及其总长度。先注写 X 向底部(B 打头)贯通纵向钢筋与顶部(T 打头)贯通纵向钢筋及纵向长度范围;再注写 Y 向底部(B 打头)贯通纵向钢筋与顶部(T 打头)贯通纵向钢筋及纵向长度范围(图面从左至右为 X 向,从下至上为 Y 向)。

贯通纵向钢筋的总长度注写在括号中,注写方式为“跨数及有无外伸”,其表达形式为:(××)(无外伸)、(××A)(一端有外伸)或(××B)(两端有外伸)。

注意:基础平板的跨数以构成柱网的主轴线为准;两主轴线之间无论有几道辅助轴线(例如框筒结构中混凝土内筒中的多道墙体),均可按一跨考虑。

【例 6-25】　*X*:B ⏀22@150;T ⏀20@150(5B)

Y:B ⏀20@200;T ⏀18@200(7A)

表示基础平板 *X* 向底部配置 4 ⏀22 间距 150 的贯通纵向钢筋,顶部配置⏀20 间距 150 的贯通纵向钢筋,纵向总长度为 5 跨两端有外伸;*Y* 向底部配置⏀20 间距 200 的贯通纵向钢筋,顶部配置⏀18 间距 200 的贯通纵向钢筋,纵向总长度为 7 跨一端有外伸。

当贯通筋采用两种规格钢筋"隔一布一"方式时,表达为ϕ××/yy@×××,表示直径为××的钢筋和直径为 yy 的钢筋之间的间距为×××,直径为××的钢筋、直径为 yy 的钢筋间距分别为×××的 2 倍。

【例 6-26】　⏀10/12@100 表示贯通纵向钢筋为⏀10、⏀12 隔一布一,彼此之间间距为 100。

施工及预算方面应注意:当基础平板分板区进行集中标注,且相邻板区板底一平时,两种不同配置的底部贯通纵向钢筋应在两毗邻板跨中配置较小板跨的跨中连接区域(即配置较大板跨的底部贯通纵向钢筋需越过板区分界线伸至毗邻板跨的跨中连接区域)连接,具体位置见标准构造详图。

2. 原位标注

梁板式筏形基础平板 LPB 的原位标注,主要表达板底部附加非贯通纵向钢筋。

(1)原位注写位置及内容。板底部原位标注的附加非贯通纵向钢筋,应在配置相同跨的第一跨表达(当在基础梁悬挑部位单独配置时在原位表达)。在配置相同跨的第一跨(或基础梁外伸部位),垂直于基础梁绘制一段中粗虚线(当该筋通长设置在外伸部位或短跨板下部时,应画至对边或贯通短跨),在虚线上注写编号(如①、②等)、配筋值、横向布置的跨数及是否布置到外伸部位。

注意:(××)为横向布置的跨数,(××A)为横向布置的跨数及一端基础梁的外伸部位,(××B)为横向布置的跨数及两端基础梁外伸部位。

板底部附加非贯通纵向钢筋向两边跨内的伸出长度值注写在线段的下方位置。当该筋向两侧对称伸出时,可仅在一侧标注,另一侧不注。当布置在边梁下时,向基础平板外伸部位一侧的伸出长度与方式按标准构造,设计不注。底部附加非贯通筋相同者,可仅注写一处,其他只注写编号。

横向连续布置的跨数及是否布置到外伸部位,不受集中标注贯通纵向钢筋的板区限制。

【例 6-27】　在基础平板第一跨原位注写底部附加非贯通纵向钢筋⏀18@300(4A),表示在第一跨至第四跨板且包括基础梁外伸部位横向配置⏀18@300 底部附加非贯通纵向钢筋,伸出长度值略。

原位注写的底部附加非贯通纵向钢筋与集中标注的底部贯通纵向钢筋,宜采用"隔一布一"的方式布置,即基础平板(*X* 向或 *Y* 向)底部附加非贯通纵向钢筋与贯通纵向钢筋间隔布置,其标注间距与底部贯通纵向钢筋相同(两者实际组合后的间距为各自标注间距的 1/2)。

【例6-28】 原位注写的基础平板底部附加非贯通纵向钢筋为⑤⌀22@300(3),该4跨范围集中标注的底部贯通纵向钢筋为B⌀22@300,在该3跨支座处实际横向设置的底部纵向钢筋合计为⌀22@150,其他与⑤号筋相同的底部附加非贯通纵向钢筋可仅注编号⑤。

【例6-29】 原位注写的基础平板底部附加非贯通纵向钢筋为②⌀25@300(4),该4跨范围集中标注的底部贯通纵向钢筋为B⌀22@300,表示该4跨支座处实际横向设置的底部纵向钢筋为⌀25和⌀22间隔布置,彼此间距为150。

(2)注写修正内容。当集中标注的某些内容不适用于梁板式筏形基础平板某板区的某一板跨时,应由设计者在该板跨内注明,施工时应按注明内容取用。

(3)当若干基础梁下基础平板的底部附加非贯通纵向钢筋配置相同时(其底部、顶部的贯通纵向钢筋可以不同),可仅在一根基础梁下做原位注写,并在其他梁上注明"该梁下基础平板底部附加非贯通纵向钢筋同基础梁"。

梁板式筏形基础平板LPB的平面注写规定,同样适用于钢筋混凝土墙下的基础平板。

按以上主要分项规定的组合表达方式,如图6-58所示。

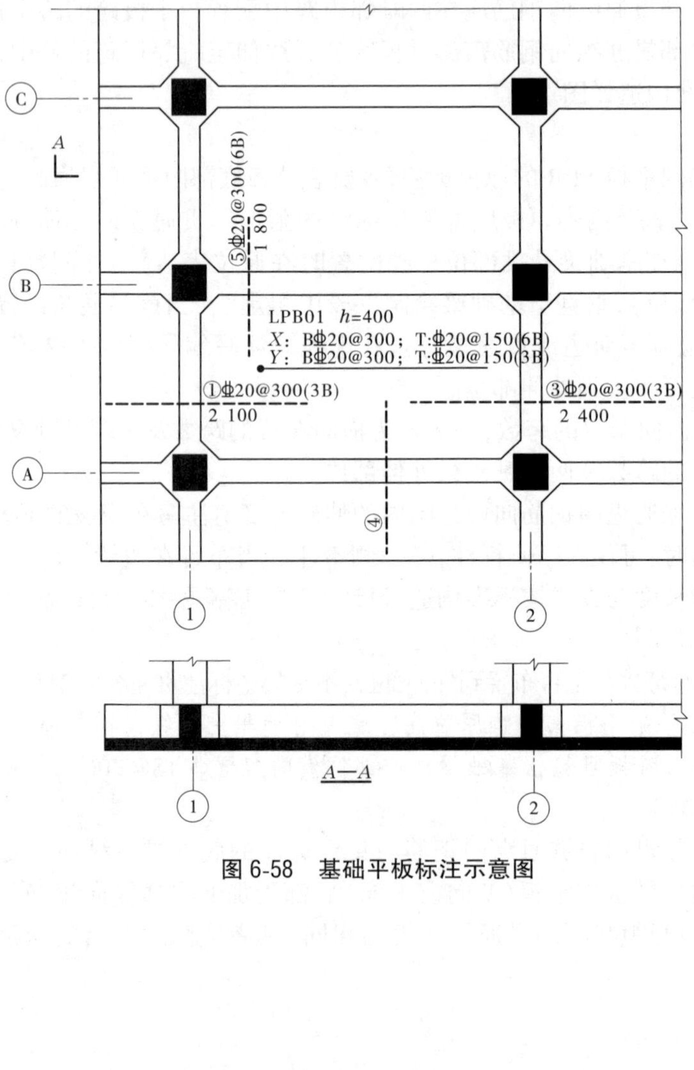

图6-58 基础平板标注示意图

6.5.2　梁板式筏形基础配筋构造

6.5.2.1　梁板式筏形基础梁配筋构造

基础梁配筋构造与梁板式条形基础基础梁完全相同，基础梁底部非贯通纵向钢筋的长度规定，凡基础主梁柱下区域和基础次梁支座区域底部非贯通纵向钢筋的伸出长度 a_0 值，当配置不多于两排时，在标准构造详图中统一取值为自支座边向跨内伸出至 $l_n/3$ 位置；当非贯通纵向钢筋配置多于两排时，从第三排起向跨内的伸出长度值应由设计者注明。l_n 的取值规定为：边跨边支座的底部非贯通纵向钢筋，l_n 取本边跨的净跨长度值；中间支座的底部非贯通纵向钢筋，l_n 取支座两边较大一跨的净跨长度值。

基础主梁与基础次梁外伸部位底部纵向钢筋的伸出长度 a_0 值，在标准构造详图中统一取值为：第一排伸出至梁端头后，全部上弯 $12d$；其他排伸至梁端头后截断。若设计者在执行上述基础梁底部非贯通纵向钢筋伸出长度的统一取值规定时，按《混凝土结构设计规范》(GB 50010—2010)、《建筑地基基础设计规范》(GB 50007—2011)和《高层建筑混凝土结构技术规程》(JGJ 3—2010)的相关规定进行校核，当不满足时应另行变更，在图纸上明确具体做法或标注。

6.5.2.2　梁板式筏形基础平板配筋构造

(1)梁板式筏形基础平板配筋构造，如图 6-59 所示。

在基础梁范围内与基础梁平行的底筋与面筋不设，第一根钢筋与基础梁边缘的距离为其分布间距的 1/2 且不大于 75 mm。底部非贯通筋伸出基础梁中线长度由设计者注明。

(2)梁板式筏形基础平板端部与变截面处钢筋构造，如图 6-60 所示。

6.5.3　平板式筏形基础平法施工图制图规则

6.5.3.1　平板式筏形基础平法施工图的表示方法

平板式筏形基础平法施工图，是在基础平面布置图上采用平面注写方式表达的。基础平面布置图是将平板式筏形基础与其所支承的柱、墙一起绘制的。当基础底面标高不同时，需注明与基础底面基准标高不同之处的范围和标高。

6.5.3.2　平板式筏形基础构件的类型与编号

平板式筏形基础可划分为柱下板带和跨中板带，也可不分板带，按基础平板进行表达。平板式筏形基础构件编号按表 6-10 的规定。

【例 6-30】　ZXB7(5B)表示第 7 号柱下板带，5 跨，两端有外伸。

6.5.3.3　柱下板带、跨中板带的平面注写方式

柱下板带 ZXB(视其为无箍筋的宽扁梁)与跨中板带 KZB 的平面注写，分板带底部与顶部贯通纵向钢筋的集中标注与板带底部附加非贯通纵向钢筋的原位标注两部分内容。

1. 集中标注

柱下板带与跨中板带的集中标注，应在第一跨(*X* 向为左端跨，*Y* 向为下端跨)引出。具体规定如下：

(1)注写编号如表 6-10 所示。

顶部贯通纵向钢筋在连接区内采用搭接、机械连接或焊接，同一连接区段内接头面积百分比率不宜大于50%，当钢筋长度可以穿过一连接区到下一连接区并满足要求时，宜穿越设置

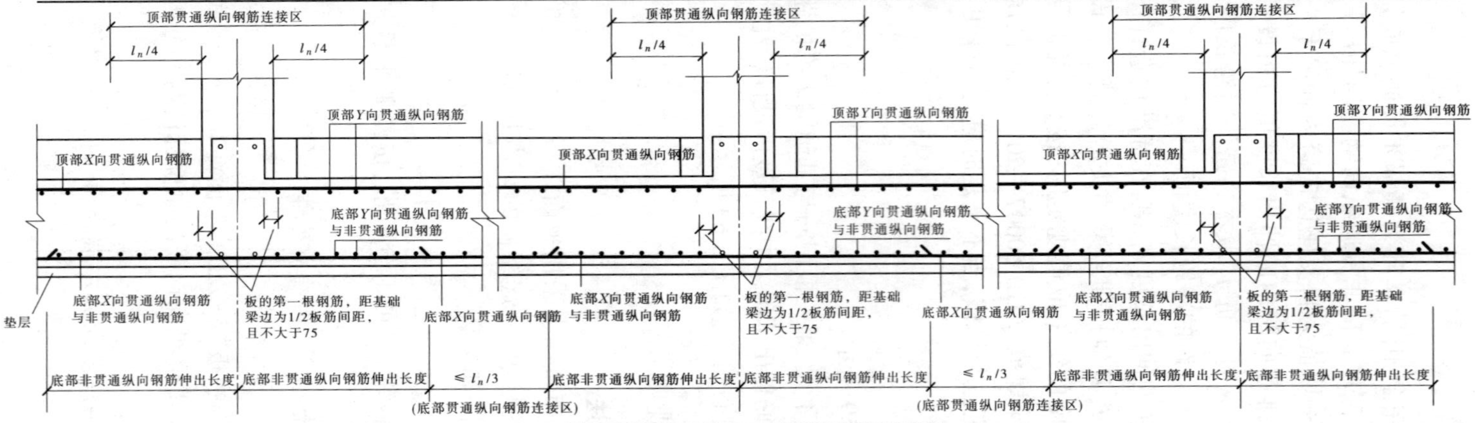

梁板式筏形基础平板LPB钢筋构造(柱下区域)

顶部贯通纵向钢筋在连接区内采用搭接、机械连接或焊接，同一连接区段内接头面积百分比率不宜大于50%，当钢筋长度可以穿过一连接区到下一连接区并满足要求时，宜穿越设置

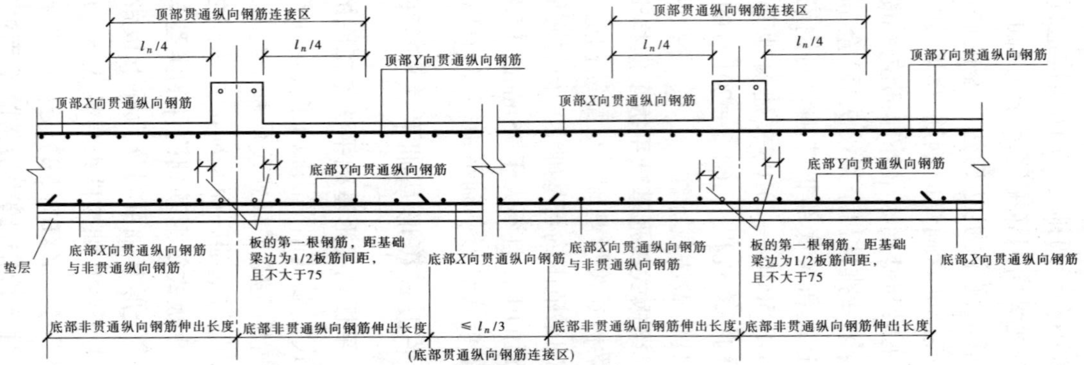

梁板式筏形基础平板LPB钢筋构造(跨中区域)

注：基础平板同一层面的交叉纵向钢筋，何向纵向钢筋在下，何向纵向钢筋在上，应按具体设计说明。

图 6-59　梁板式筏形基础平板配筋构造

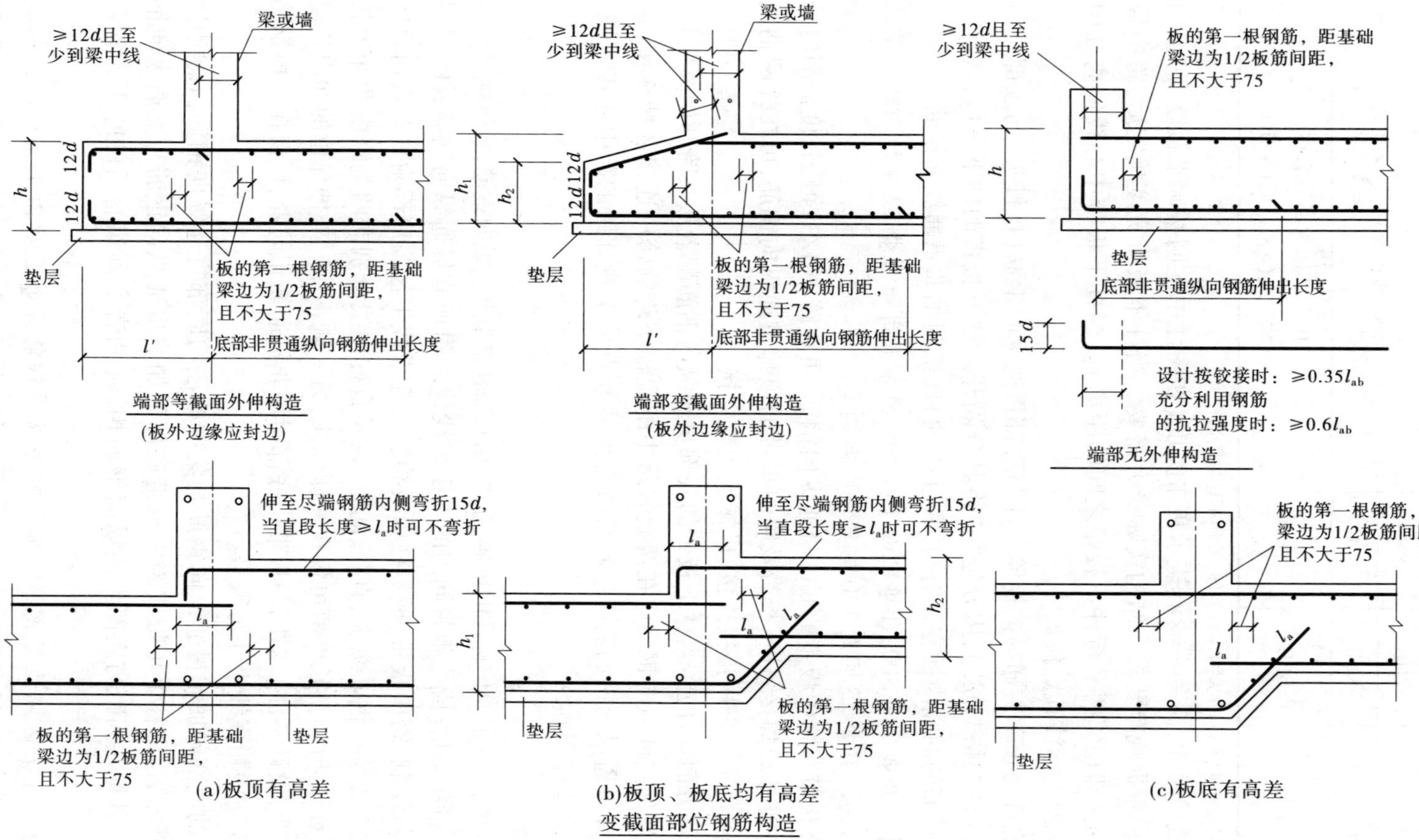

注：1. 基础平板同一层面的交叉纵筋，何向纵筋在下，何向纵筋在上，应该具体设计说明。2. 当梁板式阀形基础平板的变截面形式与本图不同时，其构造应由设计者设计；当要求施工方参照本图构造方式时，应提供相应改动的变更说明。3. 端部等(变)截面外伸构造中，当从支座内边算起至外伸端头≤l_a时，基础平板下部钢筋应伸至端部后弯折15d；从梁内边算起水平段长度由设计指定，当设计按铰接时应≥$0.35l_{ab}$，当充分利用钢筋抗拉强度时应≥$0.6l_{ab}$。4. 板底台阶可为45°或60°角。

图6-60　梁板式筏形基础平板LPB端部与变截面处钢筋构造

表 6-10　平板式筏形基础构件编号

构件类型	代号	序号	跨数及有无外伸
柱下板带	ZXB	××	(××)或(××A)或(××B)
跨中板带	KZB	××	
平板筏基础平板	BPB	××	在 X、Y 向配筋后表达, (××)或(××A)或(XXB)

注:(××A)为一端有外伸,(××B)为两端有外伸,外伸不计入跨数。

(2)注写截面尺寸,注写 b=×××表示板带宽度(在图注中注明基础平板厚度)。确定柱下板带宽度应根据规范要求与结构实际受力需要。当柱下板带宽度确定后,跨中板带宽度亦随之确定(即相邻两平行柱下板带之间的距离)。当柱下板带中心线偏离柱中心线时,应在平面图上标注其定位尺寸。

(3)注写底部与顶部贯通纵向钢筋。注写底部贯通纵向钢筋(B 打头)与顶部贯通纵向钢筋(T 打头)的规格与间距,用分号";"将其分隔开。柱下板带的柱下区域,通常在其底部贯通纵向钢筋的间隔内插空设有(原位注写的)底部附加非贯通纵向钢筋。

【例 6-31】　B Φ 22@300;T Φ 25@150 表示板带底部配置Φ 22 间距 300 的贯通纵向钢筋,板带顶部配置Φ 25 间距 150 的贯通纵向钢筋。

注意:柱下板带与跨中板带的底部贯通纵向钢筋,可在跨中 1/3 净跨长度范围内采用搭接连接、机械连接或焊接;柱下板带及跨中板带的顶部贯通纵向钢筋,可在柱网轴线附近 1/4 净跨长度范围内采用搭接连接、机械连接或焊接。

施工及预算方面应注意:当柱下板带的底部贯通纵向钢筋配置从某跨开始改变时,两种不同配置的底部贯通纵向钢筋应在两毗邻跨中配置较小跨的跨中连接区域连接(即配置较大跨的底部贯通纵向钢筋需越过其跨数终点或起点伸至毗邻跨的跨中连接区域,具体位置见标准构造详图 6-59)。

2. 原位标注

柱下板带与跨中板带原位标注的内容,主要为底部附加非贯通纵向钢筋,具体规定如下:

(1)注写内容。以一段与板带同向的中粗虚线代表附加非贯通纵向钢筋;柱下板带:贯穿其柱下区域绘制;跨中板带:横贯柱中线绘制。在虚线上注写底部附加非贯通纵向钢筋的编号(如①、②等)、钢筋级别、直径、间距,以及自柱中线分别向两侧跨内的伸出长度值。当向两侧对称伸出时,长度值可仅在一侧标注,另一侧不注。外伸部位的伸出长度与方式按标准构造,设计不注。对同一板带中底部附加非贯通筋相同者,可仅在一根钢筋上注写,其他可仅在中粗虚线上注写编号。

原位注写的底部附加非贯通纵向钢筋与集中标注的底部贯通纵向钢筋,宜采用"隔一布一"的方式布置,即柱下板带或跨中板带底部附加非贯通纵向钢筋与贯通纵向钢筋交错插空布置,其标注间距与底部贯通纵向钢筋相同(两者实际组合后的间距为各自标注间距的 1/2)。

【例 6-32】　柱下区域注写底部附加非贯通纵向钢筋③Φ 22@300,集中标注的底部贯通纵向钢筋也为 B Φ 22@300,表示在柱下区域实际设置的底部纵向钢筋为Φ 22@

150，其他部位与③号筋相同的附加非贯通纵向钢筋仅注编号③。

【例6-33】 柱下区域注写底部附加非贯通纵向钢筋②Φ25@300，集中标注的底部贯通纵向钢筋为BΦ22@300，表示在柱下区域实际设置的底部纵向钢筋为Φ25和Φ22间隔布置，彼此之间间距为150。

当跨中板带在轴线区域不设置底部附加非贯通纵向钢筋时，不做原位注写。

(2)注写修正内容。当在柱下板带、跨中板带上集中标注的某些内容(如截面尺寸、底部与顶部贯通纵向钢筋等)不适用于某跨或某外伸部分时，将修正的数值原位标注在该跨或该外伸部位，如筏板基础平板外伸变截面高度时，应注明外伸部位的h_1/h_2，h_1为板根部截面高度，h_2为板尽端截面高度。施工时原位标注取值优先。

施工时应注意：对于支座两边不同配筋值的(经注写修正的)底部贯通纵向钢筋，相同直径的纵向钢筋应贯穿支座，不同直径的钢筋锚入支座。

柱下板带ZXB与跨中板带KZB的注写规定，同样适用于平板式筏形基础上局部有剪力墙的情况。按以上各项规定的组合表达方式示意图如图6-61所示。

平板式筏形基础平板标注说明如表6-11所示。

6.5.3.4 平板式筏形基础平板的平面注写方式

平板式筏形基础平板BPB的平面注写，分板底部与顶部贯通纵向钢筋的集中标注和板底部附加非贯通纵向钢筋的原位标注两部分内容。当仅设置底部与顶部贯通纵向钢筋而未设置底部附加非贯通纵向钢筋时，仅做集中标注。

基础平板BPB的平面注写与柱下板带ZXB、跨中板带KZB的平面注写为不同的表达方式，但可以表达同样的内容。当整片板式筏形基础配筋比较规律时，宜采用BPB表达方式。

1. 集中标注

平板式筏形基础平板BPB的集中标注，除按表6-10注写编号外，所有规定均与LPB相同。

当某向底部贯通纵向钢筋或顶部贯通纵向钢筋的配置，在跨内有两种不同间距时，先注写跨内两端的第一种间距，并在前面加注纵向钢筋根数(以表示其分布的范围)，再注写跨中部的第二种间距(不需加注根数)，两者用“/”分隔。

【例6-34】 X:B12Φ22@150/200；T10Φ20@150/200表示基础平板X向底部配置Φ22的贯通纵向钢筋，跨两端间距为150配12根，跨中间距为200；X向顶部配置Φ20的贯通纵向钢筋，跨两端间距为150配10根，跨中间距为200(纵向总长度略)。

2. 原位标注

平板式筏形基础平板BPB的原位标注，主要表达横跨柱中心线下的底部附加非贯通纵向钢筋。注写规定如下：

(1)原位注写位置及内容。在配置相同的若干跨的第一跨下，垂直于柱中线绘制一段中粗虚线代表底部附加非贯通纵向钢筋，在虚线上的注写内容与梁板式筏形基础平板底部附加非贯通筋相同。

当柱中心线下的底部附加非贯通纵向钢筋(与柱中心线正交)沿柱中心线连续若干跨配置相同时，在该连续跨的第一跨下原位注写，且将同规格配筋连续布置的跨数注在括

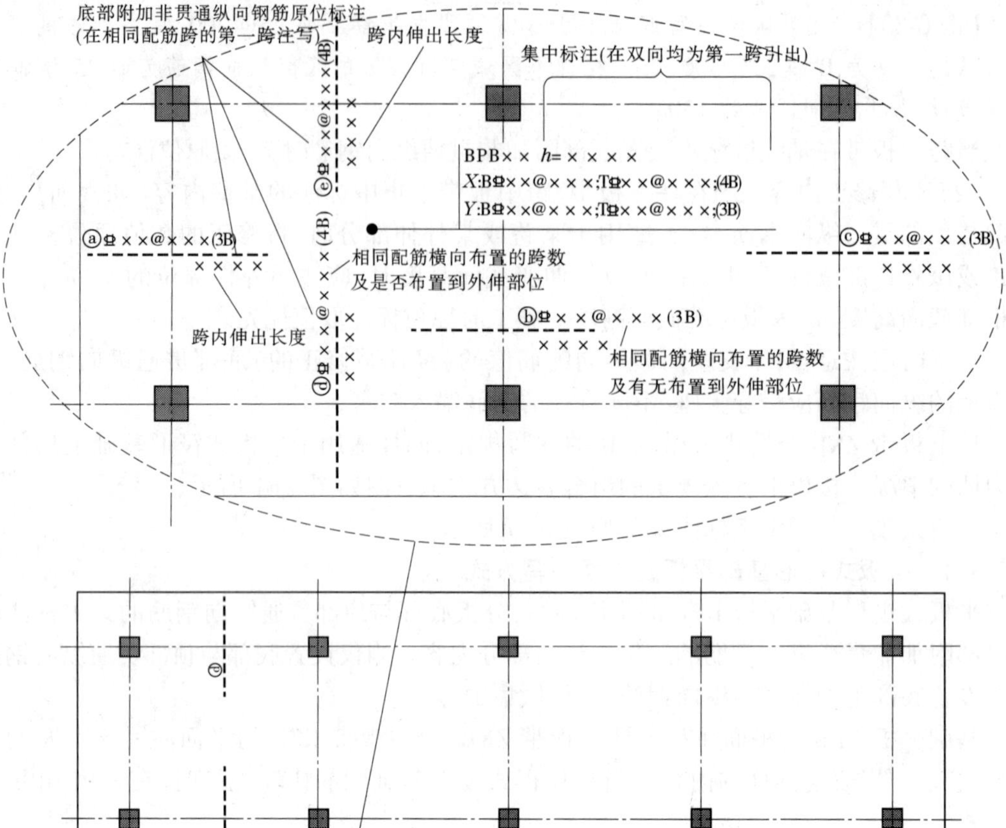

图6-61 柱下板带、跨中板带的平面注写方式

表 6-11　平板式筏形基础平板标注说明

集中标注说明:集中标注应在双向均为第一跨引出		
注写形式	表达内容	附加说明
BPB××	基础平板编号,包括代号和序号	为平板式阀形基础的基础平板
h=××××	基础平板厚度	
X:B Φ××@××× T Φ××@×××;(×、×A、×B) *Y*:B Φ××@××× T Φ××@×××;(×、×A、×B)	*X* 向底部与顶部贯通纵向钢筋强度等级、直径、间距(总长度:跨数及有无外伸); *Y* 向底部与顶部贯通纵向钢筋强度等级、直径、间距(总长度:跨数及有无外伸)	底部纵向钢筋有不少于 1/3 贯通全跨,注意与非贯通纵向钢筋组合设置的具体要求,详见制图规则。顶部纵向钢筋应全跨贯通。用 B 引导底部贯通纵向钢筋,用 T 引导顶部贯通纵向钢筋。(×A):一端有外伸;(×B):两端均有外伸;无外伸则仅注跨数(×)。图面从左至右为 *X* 向,从下至上为 *Y* 向
板底部附加非贯通筋的原位标注说明:原位标注应在基础梁下相同配筋的第一跨下注写		
注写形式	表达内容	附加说明
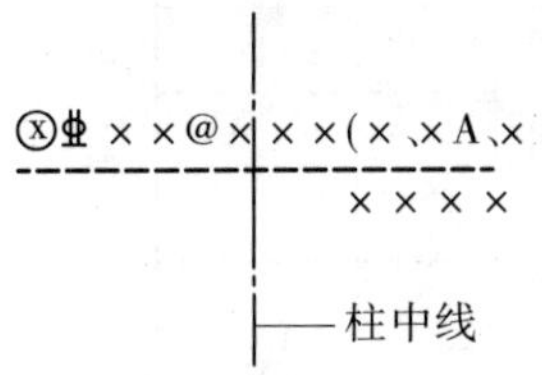	底部附加非贯通纵向钢筋编号、强度等级、直径、间距(相同配筋横向布置的跨数及有无布置到外伸部位);自梁中心线分别向两边跨内的伸出长度值	当向两侧对称伸出时,可只在一侧注伸出长度值。外伸部位一侧的伸出长度与方式按标准构造,设计不注。相同非贯通纵向钢筋可只注写一处,其他仅在中粗虚线上注写编号。与贯通纵向钢筋组合设置时的具体要求详见相应制图规则
修正内容原位注写	某部位与集中标注不同的内容	原位标注的修正内容取值优先

注:图注中注明的其他内容应在施工图中全部注明;有关标注的其他规定详见制图规则。

号内;当有些跨配置不同时,应分别原位注写。外伸部位的底部附加非贯通纵向钢筋应单独注写(当与跨内某筋相同时仅注写钢筋编号)。

当底部附加非贯通纵向钢筋横向布置在跨内有两种不同间距的底部贯通纵向钢筋区域时,其间距应分别对应为两种,其注写形式应与贯通纵向钢筋保持一致,即先注写跨内两端的第一种间距,并在前面加注纵向钢筋根数:再注写跨中部的第二种间距(不需加注根数);两者用"/"分隔。

(2)当某些柱中心线下的基础平板底部附加非贯通纵向钢筋横向配置相同时(其底部、顶部的贯通纵向钢筋可以不同),可仅在一条中心线下做原位注写,并在其他柱中心线上注明"该柱中心线下基础平板底部附加非贯通纵向钢筋同××柱中心线"。

平板式筏形基础平板 BPB 的平面注写规定同样适用于平板式筏形基础上局部有剪力墙的情况。按以上各项规定的组合表达方式示意图如图 6-62 所示。

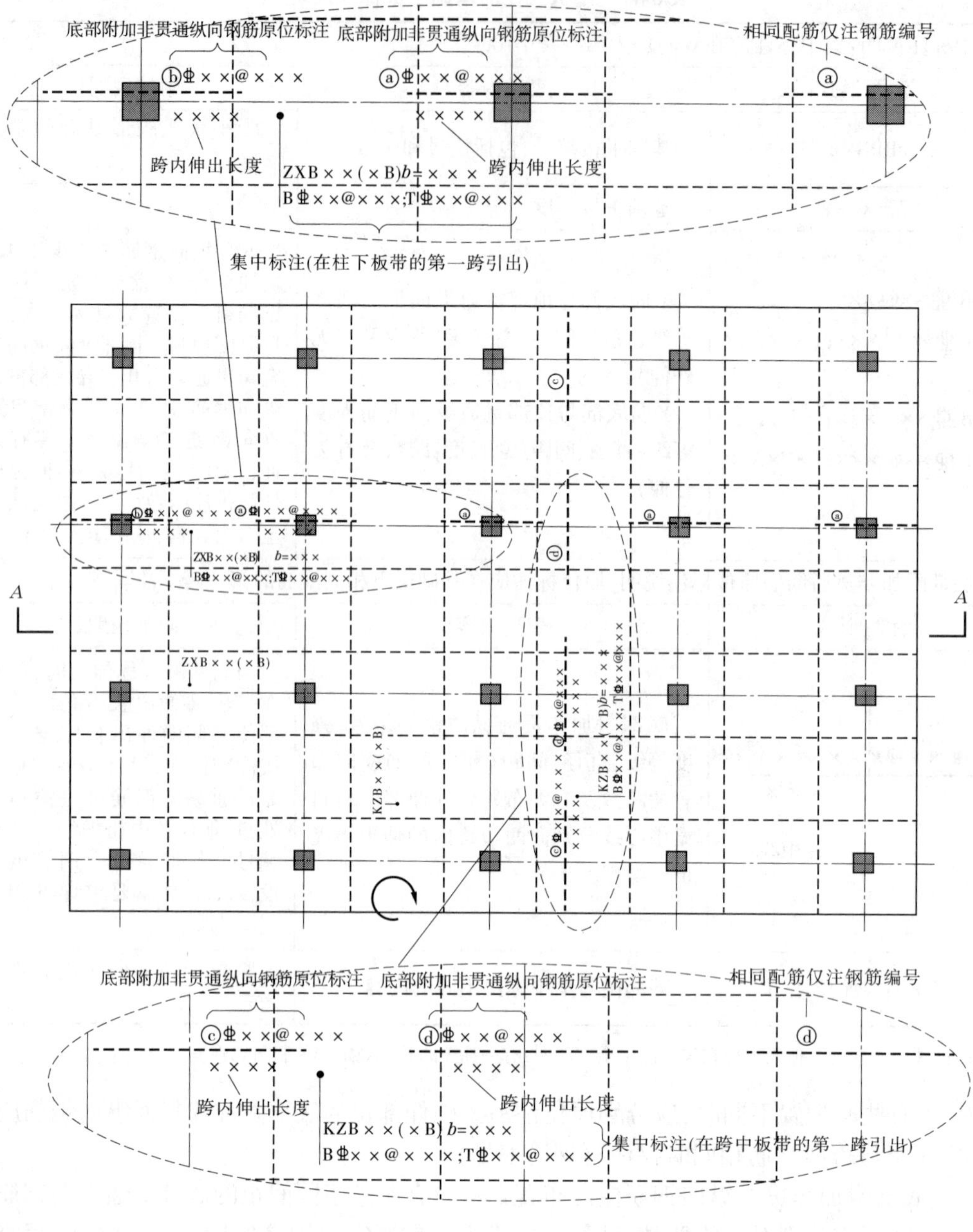

图 6-62　平板式筏形基础平板 BPB 标注示意图

6.5.4　平板式筏形基础钢筋构造

(1)平板式筏形基础柱下板带 ZXB 与跨中板带 KZB 纵向钢筋构造如图 6-63 所示;底部附加非贯通纵向钢筋伸出柱网轴线的长度,由设计者标注。

(2)平板式筏形基础平板变截面处钢筋构造如图 6-64 所示。

(3)平板式筏形基础平板端部与外伸部位钢筋构造如图 6-65 所示。

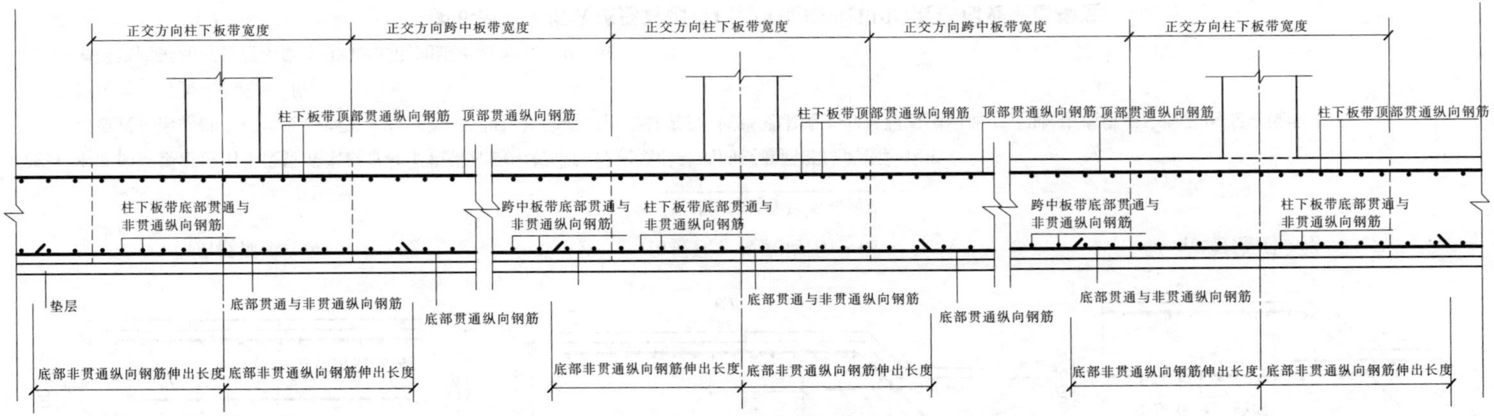

平板式筏形基础柱下板带ZXB纵向钢筋构造

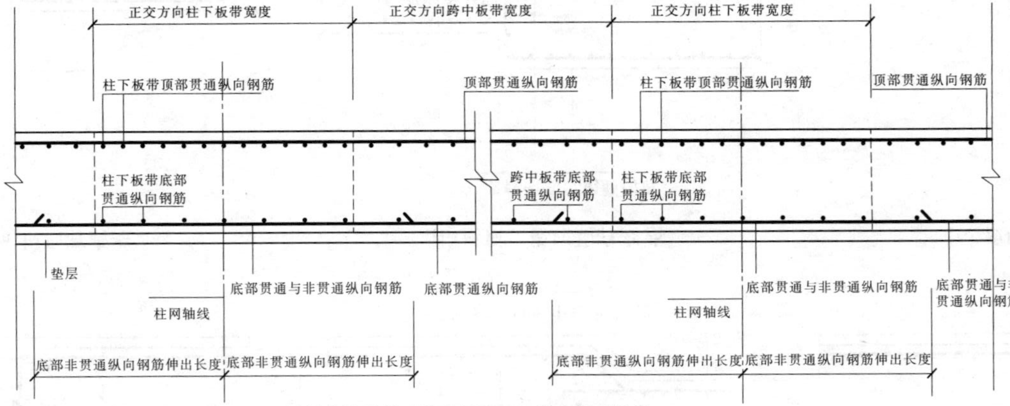

平板式筏形基础跨中板带KZB纵向钢筋构造

注:1. 不同配筋底部贯通纵向钢筋,应在两毗邻跨中配置较小一跨的跨中连接区域(即配置较大一跨的底部贯通纵向钢筋需越过其标注的跨数终点或起点伸至毗邻跨的跨中连接区域)连接。2. 底部与顶部贯通纵向钢筋在本图所示连接区内的连接方式,详见纵向钢筋连接通用构造。3. 柱下板带与跨中板带的底部贯通纵向钢筋,可在跨中 1/3 净跨长度范围内搭接连接、机械连接或焊接;柱下板带及跨中板带的顶部贯通纵向钢筋,可在柱网轴线附近 1/4 净跨长度范围内采用搭接连接、机械连接或焊接。4. 基础平板同一层面交叉纵向钢筋,何向纵向钢筋在下,何向纵向钢筋在上,应按具体设计说明。5. 端部与外伸部位纵向钢筋构造见图 6-65。

图 6-63　平板式筏形基础柱下板带 ZXB 与跨中板带 KZB 纵向钢筋构造

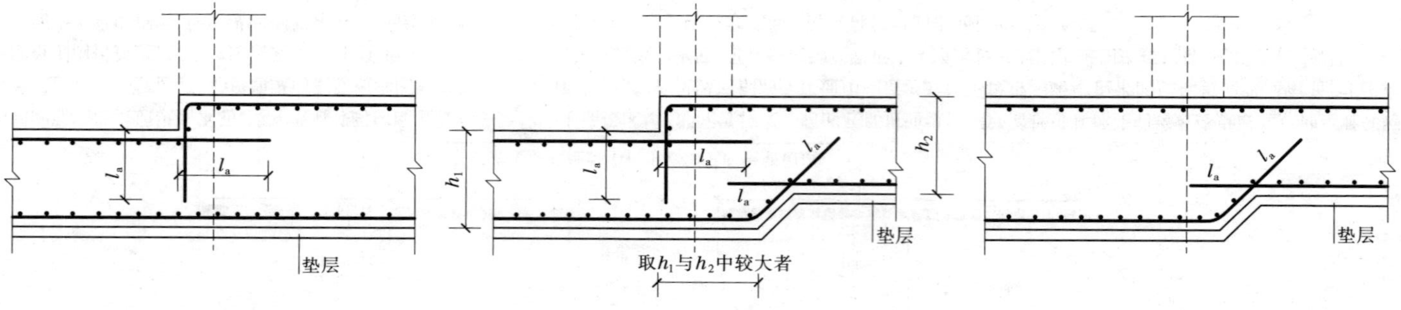

(a)板顶有高差　　(b)板顶、板底均有高差　　(c)板底有高差

变截面部位钢筋构造

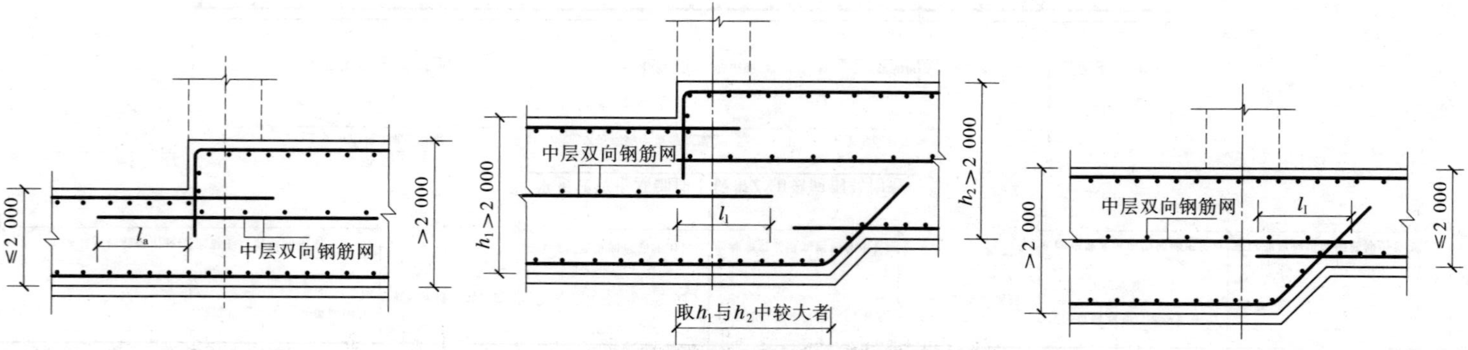

(a)板顶不一平　　(b)板顶、板底均不一平　　(c)板底不一平

变截面部位中层钢筋构造

注: 1. 本图构造规定适用于设置或未设置柱下板带和跨中板带的板式筏形基础的变截面部位的钢筋构造。

2. 当板式筏形基础平板的变截面形式与本图不同时,其构造应由设计者设计;当要求施工方参照本图构造方式时,应提供相应改动的变更说明。

3. 板底台阶可为45°或60°角。

4. 中层双向钢筋网直径不宜小于12 mm,间距不宜大于300 mm。

图6-64　平板式筏形基础平板(ZXB、KZB、BPB)变截面处钢筋构造

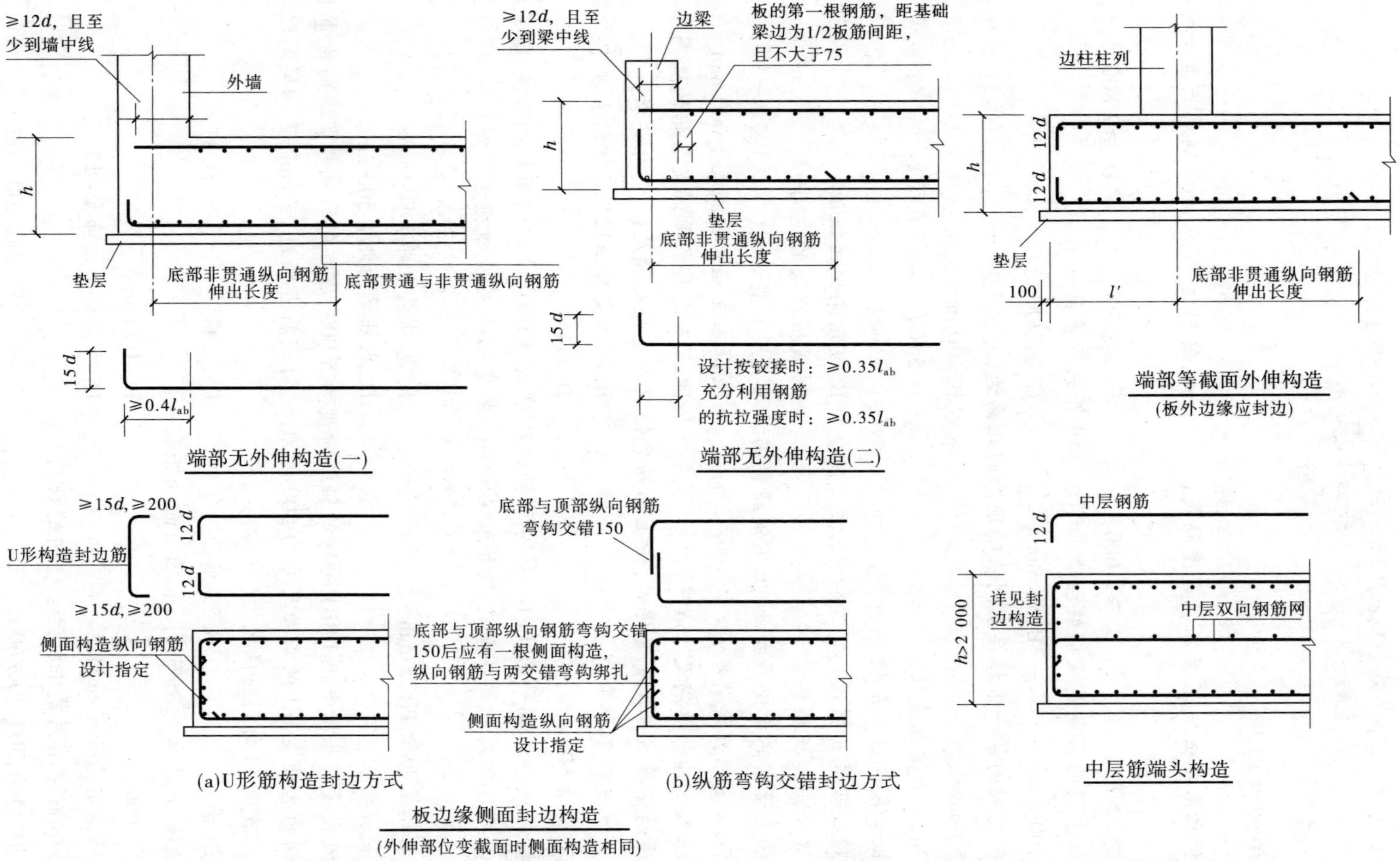

注：1. 端部无外伸构造（一）中，当设计制定采用墙外侧纵向钢筋与底板纵向钢筋搭接的做法时，基础底板下部钢筋弯折段应伸至基础顶面标高处。

2. 板边缘侧面封边构造同样用于基础梁外伸部位，采用何种做法由设计者指定，当设计者未指定时，施工单位可根据实际情况自选一种做法。

图 6-65　平板式筏形基础平板（ZXB、KZB、BPB）端部与外伸部位钢筋构造

练习题

一、单项选择题

1. 当独立基础板底 X、Y 方向宽度满足(　　)mm 要求时,X、Y 方向钢筋长度=板底宽度×0.9。

A. ≥2 500　　B. ≥2 600　　C. ≥2 700　　D. ≥2 800

2. 基础主梁的箍筋是从框架柱边沿(　　)处开始设置第一根。

A. 100 mm　　B. 50 mm　　C. 箍筋间距/2

3. 在基础内的第一根柱箍筋到基础顶面的距离为(　　)。

A. 50 mm　　B. 100 mm

C. $3d$(d 为箍筋直径)　　D. $5d$(d 为箍筋直径)

4. 高板位筏形基础是指(　　)。

A. 筏板顶高出梁顶　　B. 梁顶高出筏板顶

C. 梁顶与筏板顶平　　D. 筏板在梁的中间

5. 基础主梁在高度变截面处,上下钢筋直锚深入支座长要达到(　　)要求。

A. 深入支座长要满足 l_a　　B. 深入支座长要满足 1 000 mm

C. 深入支座长要满足 $15d$　　D. 深入支座长要满足 2 倍的梁高

6. 支座两侧筏板厚度有变化时,板上部筋直锚深入支座应满足(　　)要求。

A. 深入支座不小于 l_a　　B. 深入支座≥$12d$ 且伸到支座中心线

C. 不小于 500 mm　　D. ≥$15d$

7. 梁板式筏形基础平板 LPB1 每跨的轴线跨度为 5 000,该方向布置的顶部贯通筋 ⌀14@150,两端的基础梁界面尺寸为 500×900。求基础平板顶部贯通筋在(　　)位置连接。

A. 基础梁两侧 1 125 mm　　B. 基础梁中部 1 500 mm

C. 没有要求　　D. 基础梁两侧 1 500 mm

8. 梁板式筏形基础平板 LPB1 每跨的轴线跨度为 5 000,该方向的底部贯通筋为 ⌀14@150,两端的基础梁 JZ1 的截面尺寸为 500×900,纵向钢筋直径为 25 mm,基础梁的混凝土强度为 C25,则纵向钢筋根数为(　　)。

A. 28 根　　B. 29 根　　C. 30 根　　D. 31 根

9. 墙身第一根水平分布筋距基础顶面的距离是(　　)。

A. 50 mm　　B. 100 mm

C. 墙身水平分布筋间距　　D. 墙身水平分布筋间距/2

10. 图 6-66 中填写集中标注空格内的数据为(　　)。

A. 700/400,300/200/600　　B. 400/700,600/200/300

C. 700/400,600/200/300　　D. 400/700,300/200/600

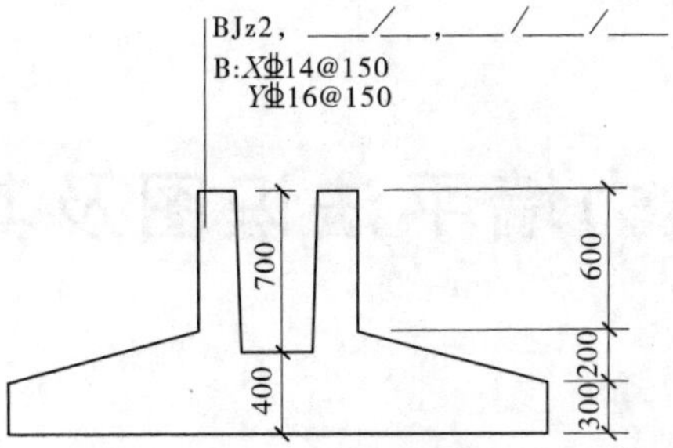

图6-66 题10图

二、不定项选择题

1. 在承台上集中引注的必注内容有（　　）。

A. 承台编号　　B. 截面竖向尺寸　　C. 配筋　　D. 承台板底面标高

2. 后浇带的留筋方式有(　　)

A. 贯通留筋　　B. 非贯通留筋　　C. 100%留筋　　D. 50%留筋

3. 下列有关基础相关构造类型代号说法，正确的有(　　)。

A. 后浇带 HJD　　B. 基础连系梁 JLL　　C. 基坑 JK　　D. 上柱墩 SZD

4. 22G101-3 包括的基础类型有（　　）。

A. 独立基础　　B. 梁板式筏形基础　　C. 箱形基础　　D. 平板式筏形基础

5. 下面有关基础梁、框架梁的差异分析描述，正确的是（　　）。

A. 基础梁是柱的支座，柱是框架梁的支座

B. 基础梁在柱节点内箍筋照设，框架梁在柱边开始设置箍筋

C. 框架梁箍筋有加密区、非加密区，基础梁箍筋有不同间距的布筋范围

D. 基础梁端部根据有无外伸判断封边钢筋弯折长度，框架梁端部根据支座大小判断锚固值

6. 关于低板位筏形基础，下列说法正确的是（　　）。

A. 基础梁底与基础板底一平

B. 基础梁顶与基础板顶一平

C. 低板位筏形基础较为多见，习惯称为正筏板

7. 22G101-3 图集把梁板式筏形基础分为(　　)。

A. 低板位　　B. 高板位　　C. 中板位

8. 下列关于基础梁端部有外伸情况的钢筋构造说法，正确的是(　　)。

A. 纵向钢筋伸至梁端弯折 $12d$

B. 纵向钢筋伸至梁端弯折 $15d$

C. 上部第二排筋伸入支座内，长度为 l_a

D. 上部第二排筋伸至支座对边弯折 $15d$，而不必伸至悬挑端弯折

项目7 剪力墙平法识图及其钢筋算量

【知识目标】

1. 了解剪力墙构件的组成。
2. 熟悉剪力墙构件钢筋识图基本知识。
3. 掌握剪力墙构件钢筋识图的方法。

【能力目标】

1. 能够使学生具有分析剪力墙构件组成的能力。
2. 能够使学生具有识读剪力墙各构件的钢筋形状和确定其尺寸的能力。
3. 能够使学生具备依据平法施工图计算剪力墙钢筋量的能力。

【课程思政】

剪力墙结构相比框架结构建筑成本要高很多,为什么要用剪力墙结构呢,那是因为当建筑物的高度较高时风的水平向荷载会很大,框架结构无法承受这么大的水平荷载(剪力),必须用整面的钢筋混凝土墙来抵抗这么大的水平荷载(剪力),因此钢筋混凝土墙就称为“剪力墙”。

“打铁还需自身硬,无须扬鞭自奋蹄。”当代大学生应积极响应党的二十大报告中指出的“全党同志务必不忘初心、牢记使命,务必谦虚谨慎、艰苦奋斗,务必敢于斗争、善于斗争,坚定历史自信,增强历史主动,谱写新时代中国特色社会主义更加绚丽的华章。”

7.1 剪力墙平法施工图制图规则

在高层钢筋混凝土结构房屋建筑中,有框架结构和剪力墙结构,剪力墙结构又可以细分为剪力墙结构、框架-剪力墙结构、框支剪力墙结构、筒体结构等。剪力墙一般是现浇钢筋混凝土墙片,一般墙体厚度在200 mm以上,用以加强空间刚度和抗剪能力,剪力墙的主要作用是抵抗水平地震力。

7.1.1 剪力墙构件的组成

(1)剪力墙结构构件包括剪力墙柱、剪力墙身、剪力墙梁(分别简称为:墙柱、墙身、墙梁)三类构件。

(2)剪力墙在平面上有直角、丁字角、十字角、斜交角等各种转角形式。

(3)剪力墙在立面上还有各种洞口。

剪力墙构件的组成及编号见表7-1。

表 7-1　剪力墙构件的组成及编号

构件名称		构件代号	构件序号
墙身		Q	××(××排)
墙柱	约束边缘构件	YBZ	××
	构造边缘构件	GBZ	××
	非边缘暗柱	AZ	××
	扶壁柱	FBZ	××
墙梁	连梁	LL	××
	连梁(对角暗撑配筋)	LL(JC)	××
	连梁(交叉斜筋配筋)	LL(JX)	××
	连梁(集中对角斜筋配筋)	LL(DX)	××
	连梁(跨高比不小于 5)	LLK	××
	暗梁	AL	××
	边框梁	BKL	××

(4)名词意义。

约束边缘构件包括约束边缘暗柱、约束边缘端柱、约束边缘翼墙、约束边缘转角墙四种,如图 7-1 所示。

构造边缘构件包括构造边缘暗柱、构造边缘端柱、构造边缘翼墙、构造边缘转角墙四种,如图 7-2 所示。

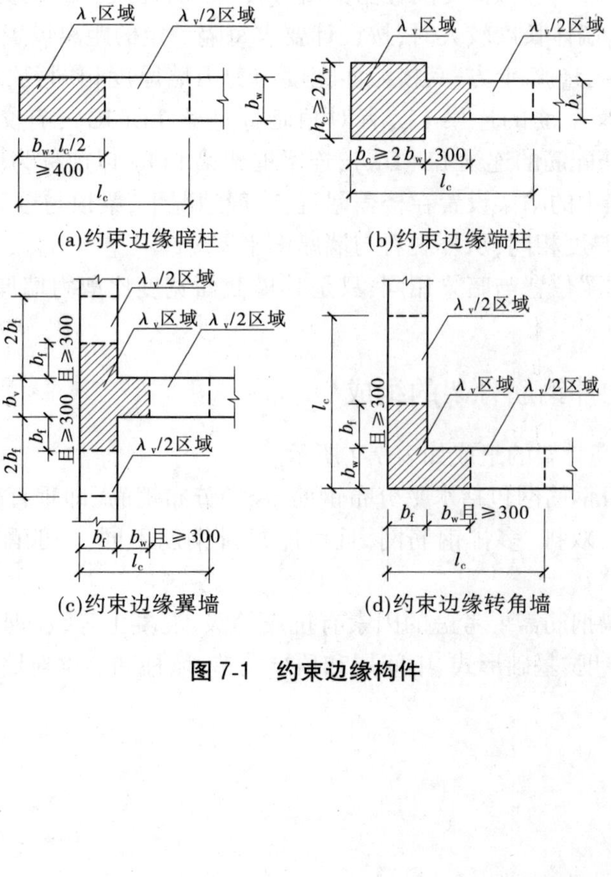

图 7-1　约束边缘构件

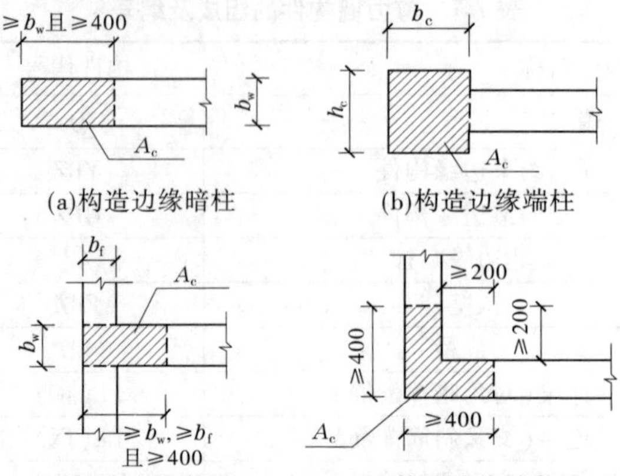

(a)构造边缘暗柱　(b)构造边缘端柱

(c)构造边缘翼墙　(d)构造边缘转角墙

图7-2　构造边缘构件

①暗柱:暗柱的横截面宽度与剪力墙厚度相同,从外观看与墙厚度平齐。

②端柱:端柱的横截面宽度比剪力墙厚度大,从外观看其凸出剪力墙厚度,设置在剪力墙端部。

③翼墙:横截面宽度与剪力墙厚度相同,从外观看与墙厚度平齐,设置在纵横墙相交的丁字墙处。

④转角墙:横截面宽度与剪力墙厚度相同,从外观看与墙厚度平齐,设置在纵横墙相交的转角处。

⑤扶壁柱:扶壁柱的横截面宽度比剪力墙厚度大,从外观看凸出剪力墙厚度,设置在剪力墙的中部区域,墙体长度较大时,按设计要求每隔一定的距离设置一个。

⑥连梁:连梁位于洞口上方,其横截面宽度与剪力墙厚度相同,从外观看与墙厚度平齐,分为无对角、交叉配筋的连梁LL,有对角暗撑连梁LL(JC),有交叉配筋的连梁LL(JG),集中对角斜筋配筋的连梁LL(DX),连梁框架梁LLK(以前称为框架梁)。

⑦暗梁:剪力墙中的暗梁设置在楼盖附近,一般情况下,梁顶与楼盖上表面平齐,其横截面宽度与剪力墙厚度相同,从外观看与墙厚度平齐。

⑧边框梁:边框梁位置与暗梁相同,只是其横截面宽度比剪力墙厚度大,从外观看凸出剪力墙厚度。

7.1.2　剪力墙构件钢筋骨架的组成

剪力墙构件钢筋骨架的组成如表7-2所示。

(1)剪力墙墙身钢筋网包括水平分布钢筋、竖向分布钢筋(即垂直分布筋)、拉筋和洞口加强筋。有单排、双排、多排钢筋网,且可能每排钢筋不同,一般配置两排钢筋网,如图7-3所示。

(2)计算剪力墙钢筋需要考虑的因素有抗震等级、混凝土等级、钢筋直径、钢筋级别、搭接形式、保护层厚度、基础形式、中间层和顶层构造、墙柱和墙梁对墙身钢筋的影响等。

表 7-2　剪力墙构件钢筋骨架的组成

剪力墙构件钢筋骨架	墙身钢筋	水平钢筋	外侧钢筋	
			内侧钢筋	端柱
				暗柱
		竖向钢筋	基础层钢筋	
			中间层钢筋	
			顶层钢筋	
		拉筋和洞口加强筋		
	墙柱钢筋	端柱钢筋	纵向钢筋	
			箍筋	
		暗柱钢筋	纵向钢筋	
			箍筋	
	墙梁钢筋	连梁钢筋	纵向钢筋	
			箍筋	
		暗梁钢筋	纵向钢筋	
			箍筋	
		边框梁钢筋	纵向钢筋	
			箍筋	

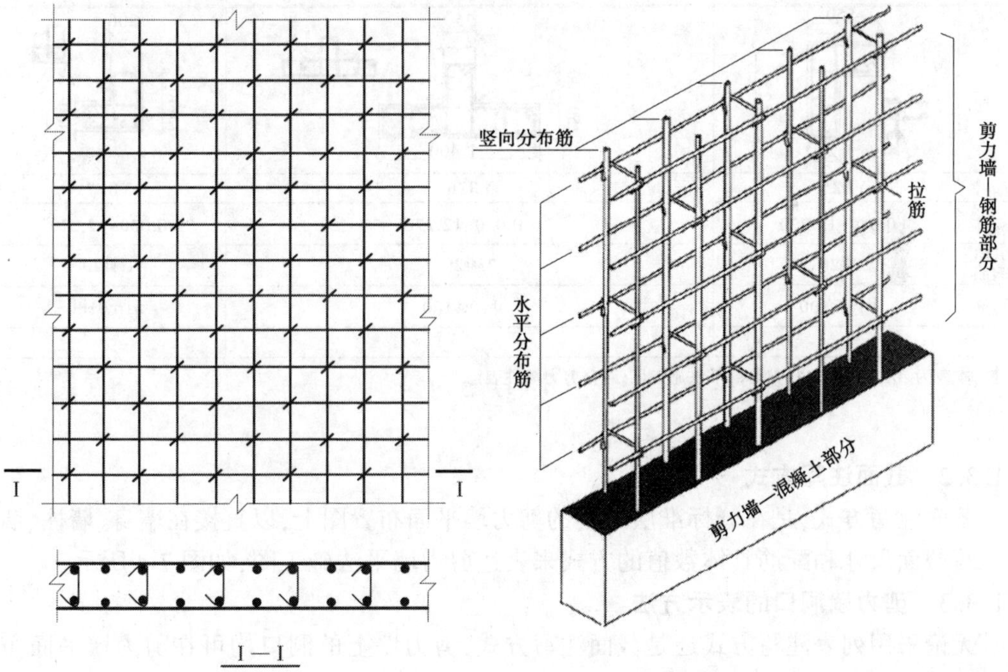

(a) 剪力墙钢筋结构图　　(b) 剪力墙钢筋轴测投影示意图

图 7-3　剪力墙钢筋示意图

7.1.3 剪力墙平法施工图的表示方法

剪力墙平法施工图是在剪力墙平面布置图上采用列表注写方式或截面注写方式表达的。

7.1.3.1 列表注写方式

列表注写方式,是分别在剪力墙柱表、剪力墙身表和剪力墙梁表中,对应于剪力墙平面布置图上的编号,用绘制截面配筋图并注写几何尺寸与配筋具体数值的方式,来表达剪力墙平法施工图。剪力墙柱表如表7-3所示。

表 7-3 剪力墙柱表

截面	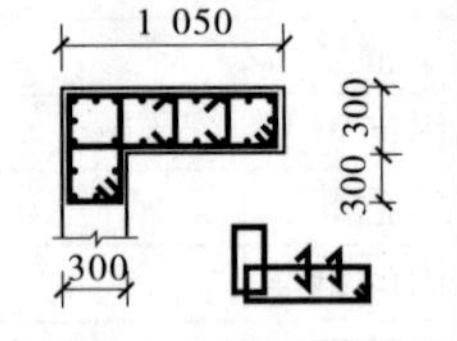	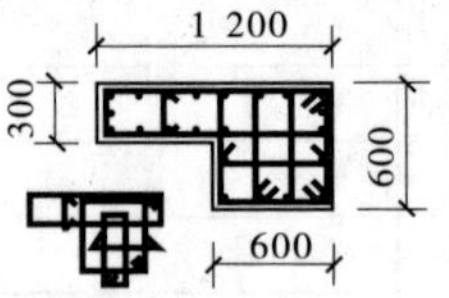	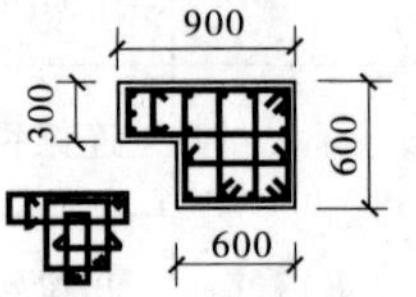	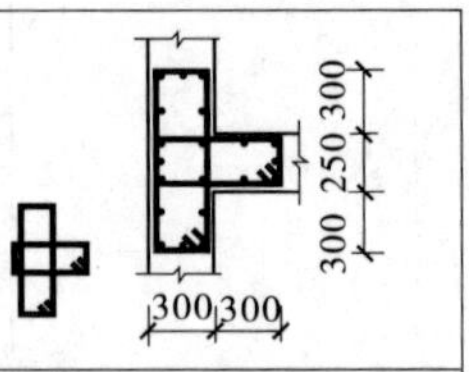
编号	YBZ1	YBZ2	YBZ3	YBZ4
标高	-0.030~12.270	-0.030~12.270	-0.030~12.270	-0.030~12.270
纵向钢筋	24Φ20	22Φ220	18Φ22	20Φ20
箍筋	Φ10@100	Φ10@100	Φ10@100	Φ10@100
截面	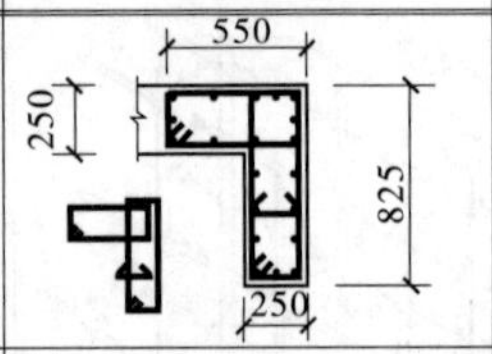	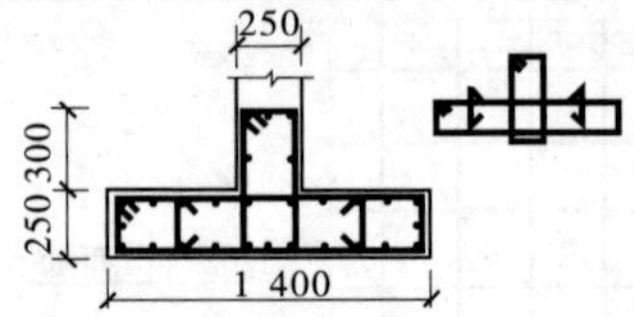		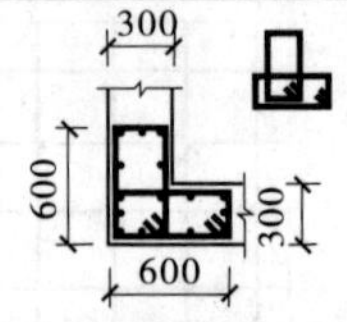
编号	YBZ5	YBZ6		YBZ7
标高	-0.030~12.270	-0.030~12.270		-0.030~12.270
纵向钢筋	20Φ20	23Φ20		16Φ20
箍筋	Φ10@100	Φ10@100		Φ10@100

注:本表为-0.030~12.270剪力墙平法施工图(部分剪力墙柱表)。

7.1.3.2 截面注写方式

截面注写方式,是在分标准层绘制的剪力墙平面布置图上,以直接在墙身、墙柱、墙梁上注写截面尺寸和配筋具体数值的方式来表达剪力墙平法施工图,如图7-4所示。

7.1.3.3 剪力墙洞口的表示方法

无论采用列表注写方式还是截面注写方式,剪力墙上的洞口均可在剪力墙平面布置图上原位表达,如图7-4中的YD1。

洞口的具体表示方法如下:

(1)在剪力墙平面布置图上绘制洞口示意图,并标注洞口中心的平面定位尺寸。

(2)在洞口中心位置引注共四项内容,具体规定如下:

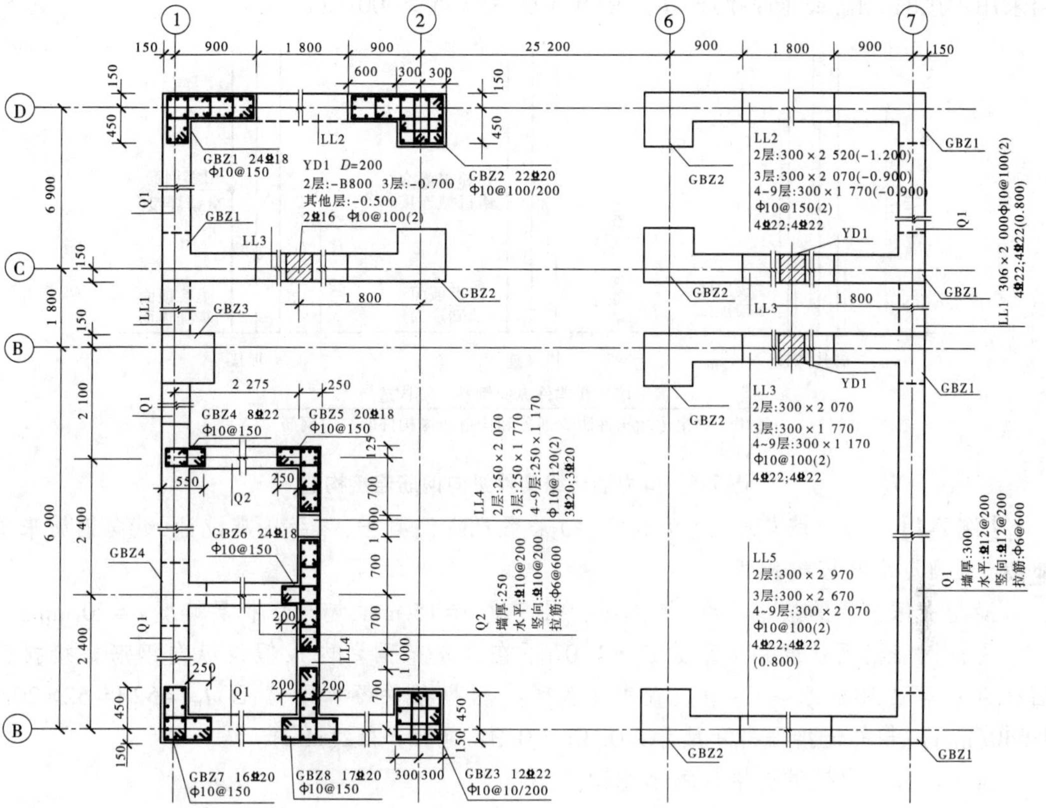

图 7-4　剪力墙平法施工图截面注写方式

①洞口编号：矩形洞口为 JD××（××为序号），

圆形洞口为 YD××（××为序号）。

②洞口几何尺寸：矩形洞口为洞宽×洞高（$b\times h$），

圆形洞口为洞口直径 D。

③洞口中心相对标高，是相对于结构层楼（地）面标高的洞口中心高度。当其高于结构层楼面时为正值，低于结构层楼面时为负值。

④洞口每边补强钢筋，根据洞口尺寸，分五种情况。

7.2　剪力墙边缘构件钢筋构造

7.2.1　剪力墙边缘构件纵向钢筋连接构造

剪力墙边缘构件相邻纵向钢筋应交错连接，分为绑扎搭接、机械连接、焊接三种情况，如图 7-5 所示。三种连接方式中绑扎搭接的连接点可以在楼板顶面或者基础顶面；机械连接、焊接的连接点应在楼板顶面或者基础顶面以上≥500 mm。

当纵向钢筋采用绑扎搭接连接时，搭接长度应≥l_{lE}，相邻纵向钢筋搭接范围错开≥$0.3l_{lE}$；其中 l_{lE} 为抗震搭接长度。当采用机械连接时，相邻纵向钢筋连接点至少错开 $35d$；

当采用焊接时,相邻纵向钢筋连接点错开至少 $35d$ 且≥500 mm。

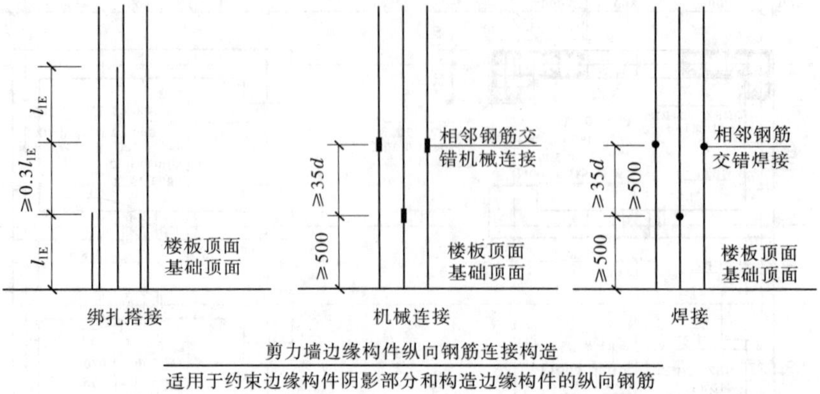

图 7-5　剪力墙边缘构件纵向钢筋连接构造

【例 7-1】　剪力墙与墙柱(边缘构件)采用 C30 混凝土,三级抗震设计,纵向钢筋采用 ⌀20,试确定绑扎搭接长度 l_{lE}。

混凝土保护层的最小厚度:墙体保护层厚度 $c=15$ mm,墙柱保护层厚度 $c=20$ mm;

受拉钢筋锚固长度修正系数 $\zeta_a=1.0$(不在修正范围之内);假设纵向钢筋搭接接头面积百分率取 50%(隔一连一),查表 1-7 得:(根据条件不需要修正)$l_{lE}=52d=52\times20=$ 1 040(mm);相邻连接区错开尺寸≥$0.3l_{lE}=0.3\times1\ 040=312$(mm)。

图 7-6 所示为机械连接轴测示意图。

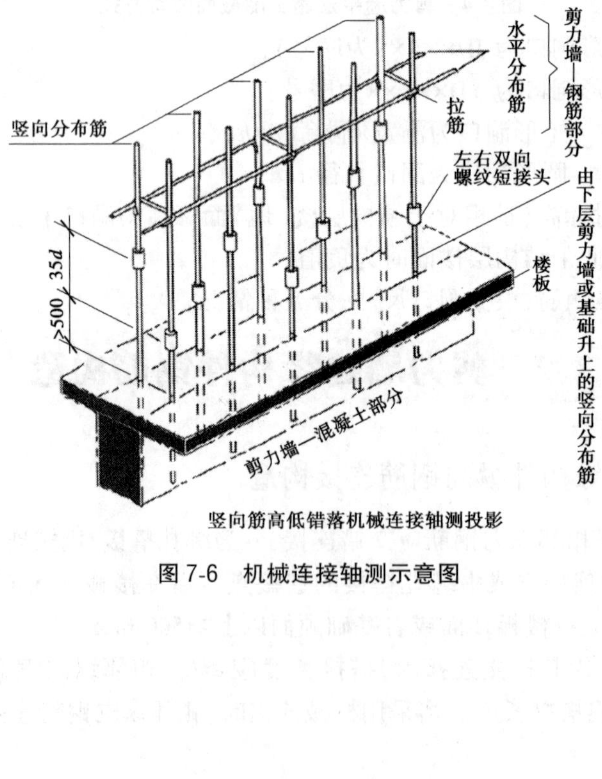

图 7-6　机械连接轴测示意图

7.2.2　剪力墙约束边缘构件箍筋和拉筋构造

7.2.2.1　约束边缘构件 YBZ 构造做法

1. 约束边缘暗柱、端柱

阴影部分纵向钢筋、箍筋或拉筋详见设计标注，非阴影区设置拉筋，在 l_c 范围内加密拉筋，即每根竖向分布筋都设置拉筋，如图 7-7 约束边缘暗柱、端柱(一)所示；非阴影区外围设置封闭箍筋，如图 7-7 约束边缘暗柱、端柱(二)所示。

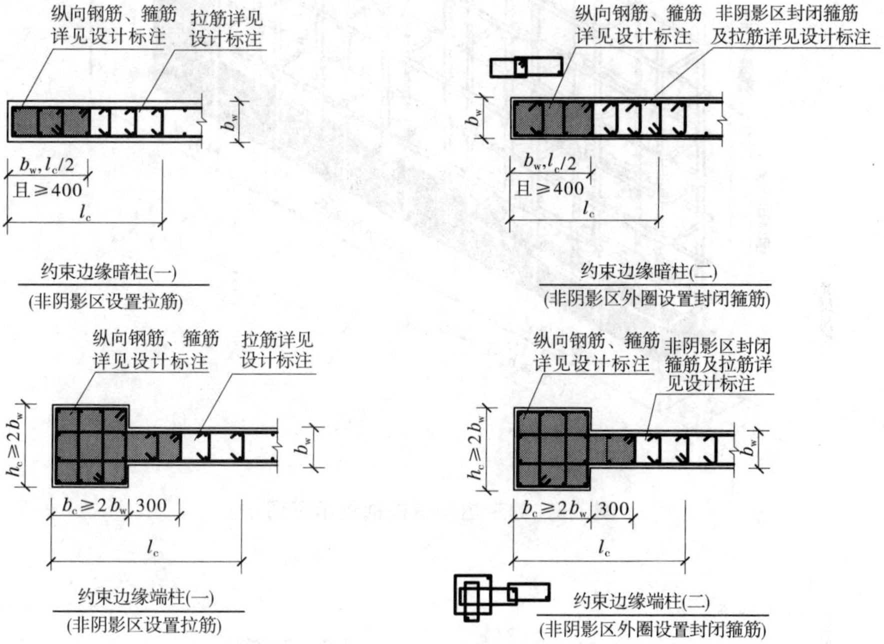

图 7-7　约束边缘暗柱、端柱

约束边缘暗柱轴测示意图，如图 7-8 所示。

约束边缘端柱轴测示意图，如图 7-9 所示。

2. 约束边缘翼墙、转角墙

阴影部分纵向钢筋、箍筋或拉筋详见设计标注，非阴影区设置拉筋，在 l_c 范围内加密拉筋，即每根竖向分布筋都设置拉筋，如图 7-10 和图 7-11 约束边缘翼墙、转角墙(一)所示；非阴影区外围设置封闭箍筋，如图 7-10 和图 7-11 约束边缘翼墙、转角墙(二)所示。

约束边缘翼墙轴测示意图如图 7-12 所示，约束边缘转角墙轴测示意图如图 7-13 所示。

7.2.2.2　剪力墙水平钢筋计入约束边缘构件体积配箍率的构造做法

1. 约束边缘暗柱

阴影部分为配箍区域，其纵向钢筋、箍筋或拉筋详见设计标注，在 l_c 范围内加密拉筋，即每根竖向分布筋都设置拉筋。

墙身水平分布筋的连接区域在 l_c 范围以外，搭接长度为 l_{lE}，如图 7-14 约束边缘暗柱(一)所示；或者，墙身水平分布筋的连接点在暗柱端部，如图 7-14 约束边缘暗柱(二)所示。

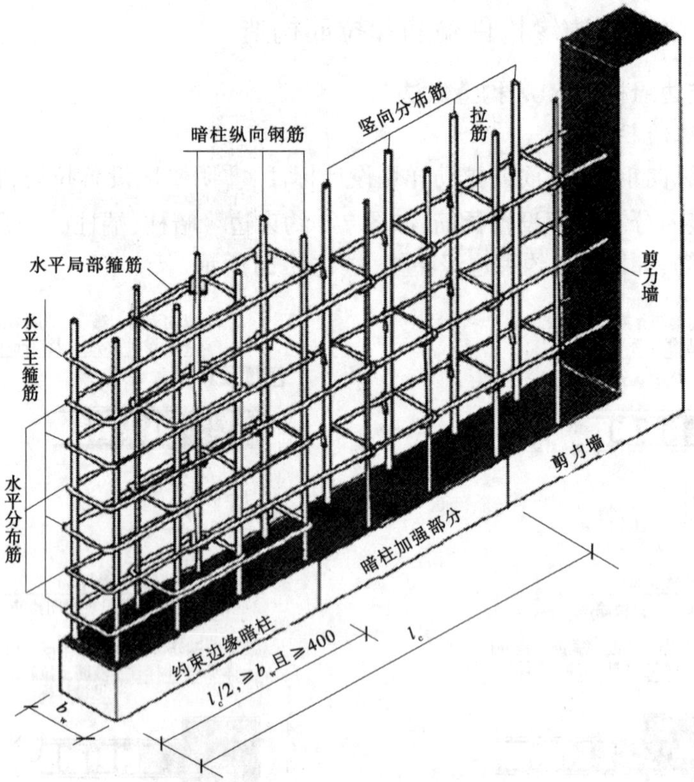

图 7-8　约束边缘暗柱轴测示意图

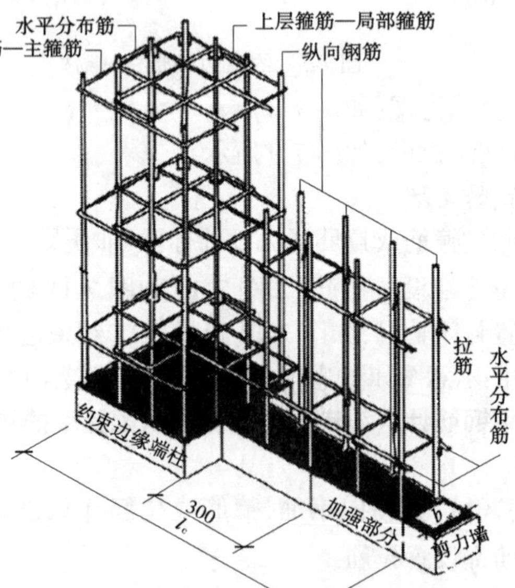

图 7-9　约束边缘端柱轴测示意图

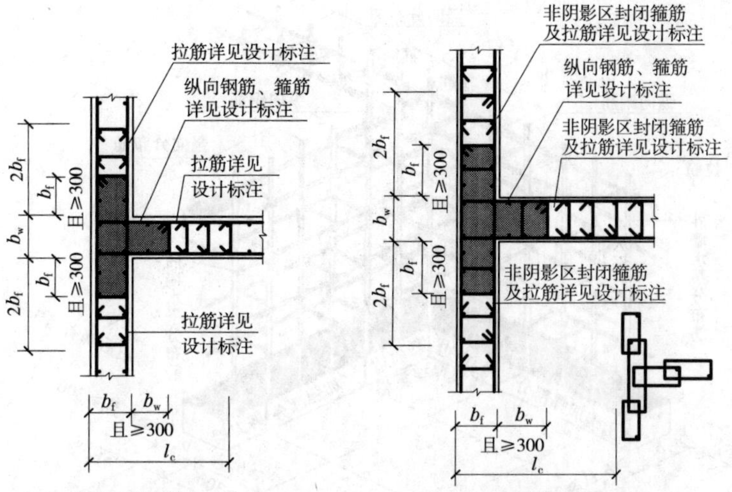

约束边缘翼墙(一)
(非阴影区设置拉筋)

约束边缘翼墙(二)
(非阴影区外围设置封闭箍筋)

注：1.图上所示的拉筋、箍筋由设计人员标注。
2.几何尺寸l_c见具体工程设计。

图 7-10　约束边缘翼墙

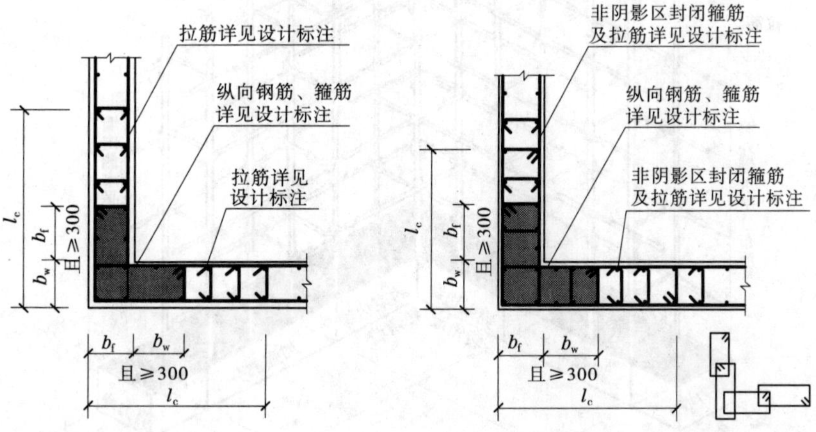

约束边缘转角墙(一)
(非阴影区设置拉筋)

约束边缘转角墙(二)
(非阴影区外围设置封闭箍筋)

图 7-11　约束边缘转角墙

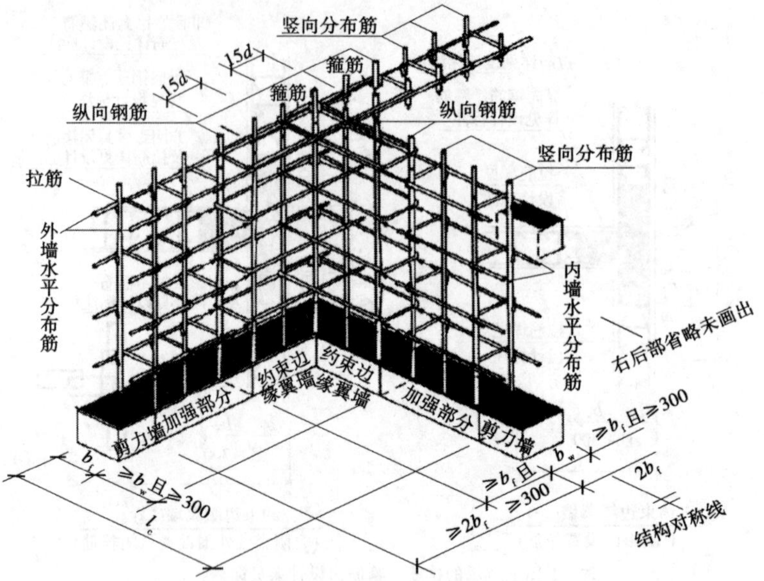

图 7-12 约束边缘翼墙轴测示意图

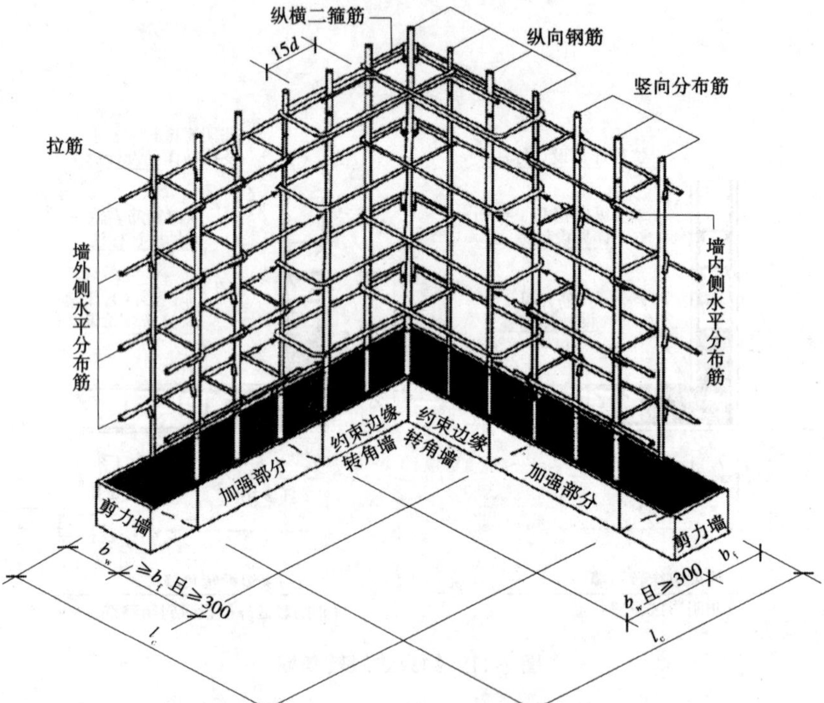

图 7-13 约束边缘转角墙轴测示意图

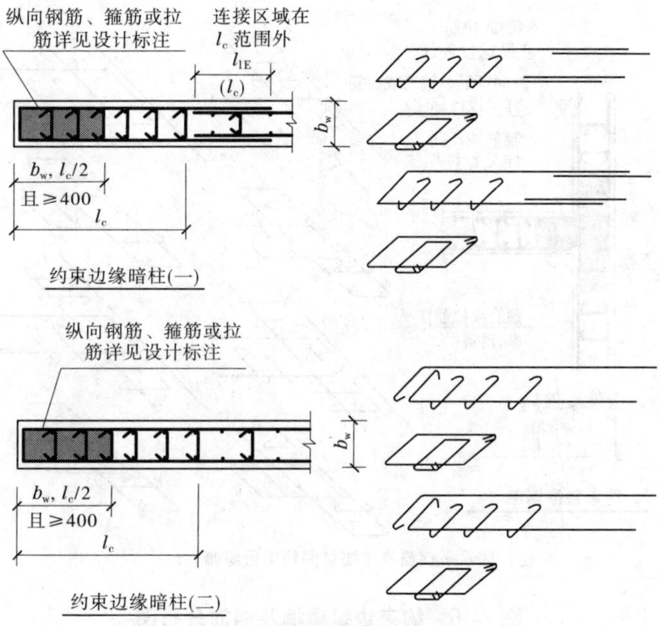

图7-14　约束边缘暗柱及钢筋分布图

2. 约束边缘转角墙

阴影部分为配箍区域，其纵向钢筋、箍筋或拉筋详见设计标注，在 l_c 范围内加密拉筋，即每根竖向分布筋都设置拉筋。转角墙内侧，墙身水平分布筋的连接点在转角处，如图7-15所示。

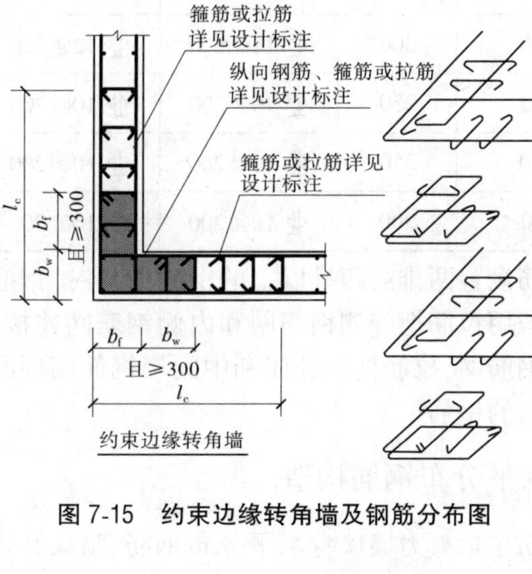

图7-15　约束边缘转角墙及钢筋分布图

3. 约束边缘翼墙

阴影部分为配箍区域，其纵向钢筋、箍筋或拉筋详见设计标注，在 l_c 和 $2b_f$ 范围内加密拉筋，即每根竖向分布筋都设置拉筋。剪力墙墙身水平分布筋的连接点在丁字相交处，或在 l_c 范围以外，如图7-16所示。

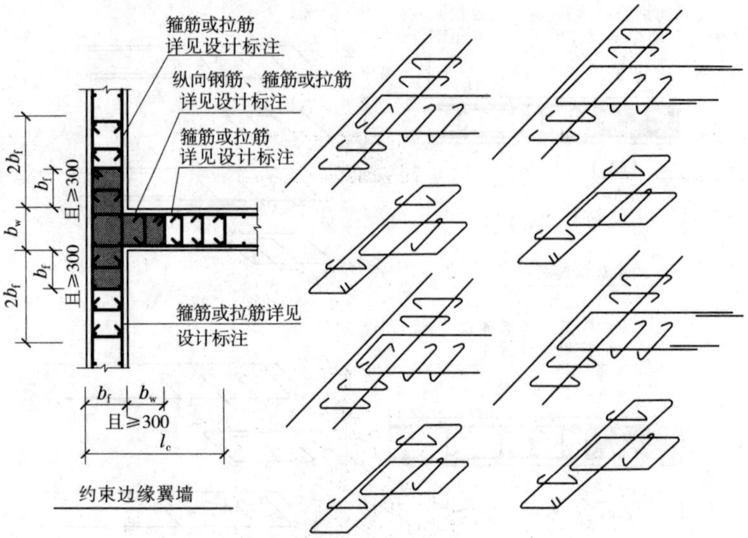

注：墙水平钢筋搭接要求同约束边缘暗柱(一)。

图 7-16 约束边缘翼墙及钢筋分布图

7.3 剪力墙墙身钢筋构造

剪力墙墙身的钢筋设置包括水平分布钢筋、竖向分布筋和拉筋，如表 7-4 所示。

表 7-4 剪力墙墙身钢筋

编号	标高/m	墙厚/mm	水平分布筋	竖向分布筋	拉筋(矩形)
Q1	-0.030~30.270	300	⌀12@200	⌀12@200	Φ6@600@600
	30.270~59.070	250	⌀10@200	⌀10@200	Φ6@600@600
Q2	-0.030~30.270	250	⌀10@200	⌀10@200	Φ6@600@600
	30.270~59.070	200	⌀10@200	⌀10@200	Φ6@600@600

一般剪力墙墙身钢筋设置两排或两排以上的钢筋网，各排钢筋网的钢筋直径和间距是一致的。剪力墙墙身采用拉筋把外侧钢筋网和内侧钢筋网连接起来，如果剪力墙墙身设置三层或者更多层的钢筋网，拉筋把内外侧和中间层钢筋网同时固定起来。凡是拉筋都应该拉住纵横两个方向的钢筋。

7.3.1 剪力墙墙身水平分布钢筋构造

剪力墙墙身水平钢筋包括剪力墙墙身水平分布钢筋、暗梁和边框梁的纵向钢筋。剪力墙墙身的主要受力钢筋是水平分布钢筋。

7.3.1.1 端部无暗柱时剪力墙墙身水平钢筋构造

端部无暗柱时剪力墙墙身水平钢筋构造如图 7-17 所示，墙身内外侧水平钢筋伸至墙端部后做 90°弯钩，长度 $10d$ 墙端部设置双列拉筋。剪力墙端部墙身水平钢筋构造如

图 7-18 所示。

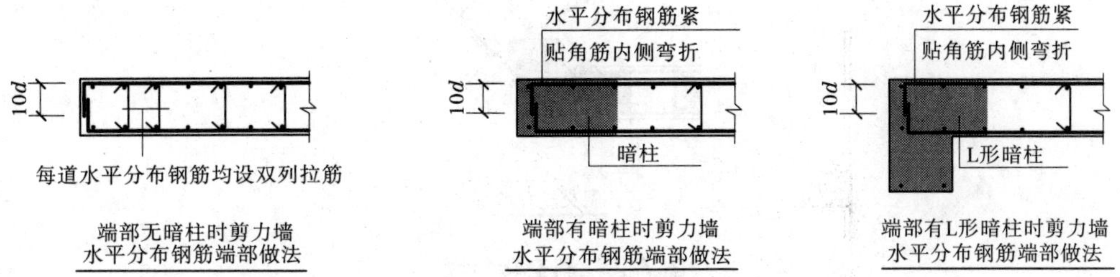

图 7-17　剪力墙端部墙身水平钢筋构造

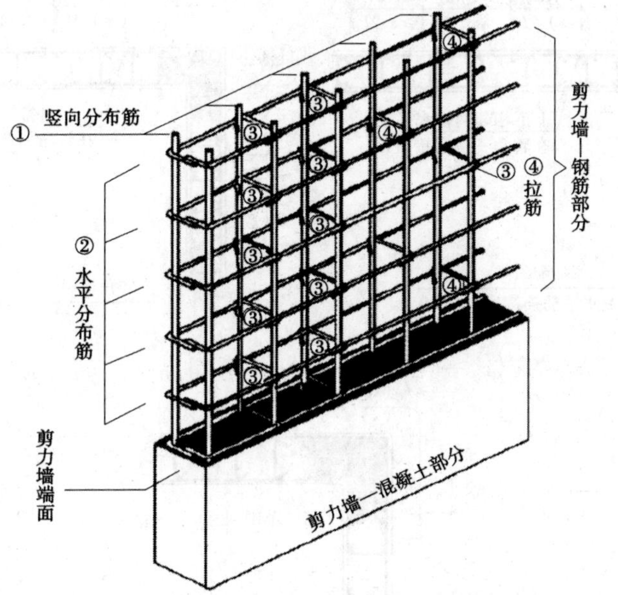

图 7-18　剪力墙端部无暗柱时墙身水平分布钢筋端部搭接轴测图

7.3.1.2　端部有暗柱时剪力墙墙身水平钢筋构造

端部有暗柱、L 形暗柱时剪力墙墙身水平钢筋从暗柱纵向钢筋外侧伸至暗柱端部紧贴其角筋做 90°弯钩，长度为 $10d$，如图 7-17 所示。

7.3.1.3　剪力墙墙身水平钢筋斜交转角墙构造

剪力墙墙身水平钢筋斜交转角墙构造如图 7-19 所示，剪力墙墙身内侧水平钢筋伸至另一侧墙外侧纵向钢筋的内侧，平行于外侧水平钢筋弯折，锚固长度为 $15d$。

7.3.1.4　剪力墙墙身水平钢筋转角墙构造

1. 上下相邻两排水平筋在转角一侧交错搭接

如图 7-20 转角墙(一)所示，剪力墙墙身外侧水平分布钢筋从转角墙暗柱纵向钢筋的外侧连续通过转弯，绕到转角墙暗柱的另一侧后，同另一侧水平分布钢筋搭接 $\geqslant 1.2l_{aE}$ ($1.2l_a$)，上下相邻两排水平筋在转角一侧交错搭接，错开距离 $\geqslant$500 mm，l_{aE}(l_a)的长度计算同剪力墙边缘构件纵向钢筋绑扎搭接长度计算中的 l_{aE}(l_a)。

连接区域在暗柱范围外，在水平分布钢筋搭接一侧墙体的暗柱外，设置三列拉筋，另

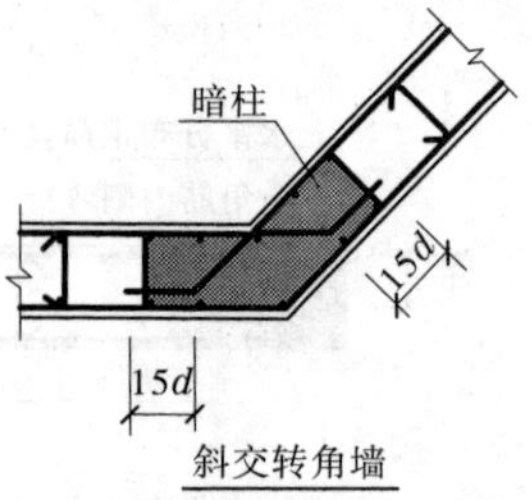

图 7-19　斜交转角墙

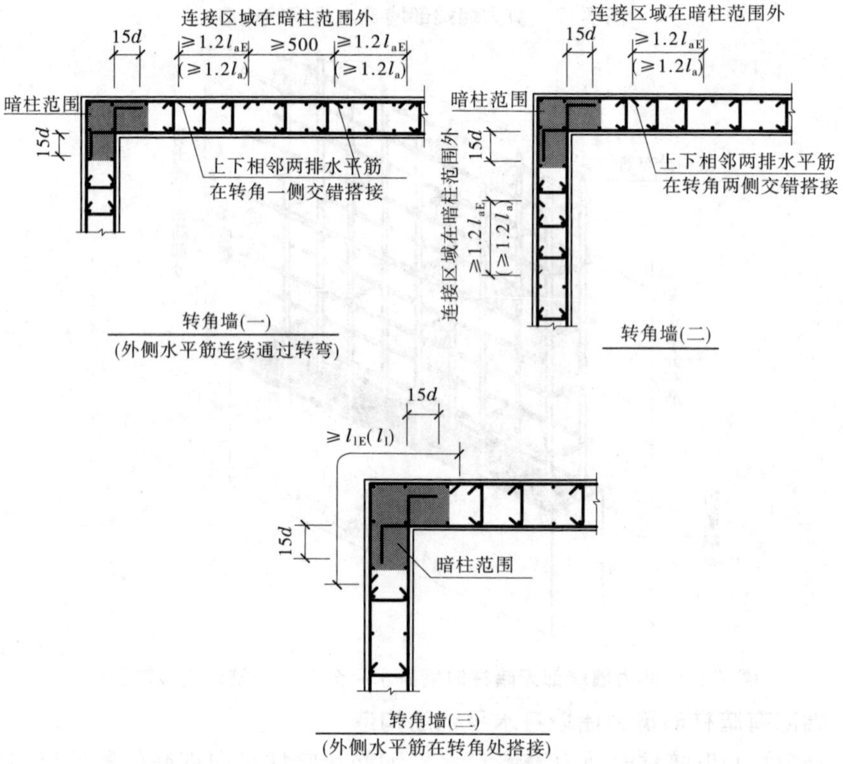

图 7-20　转角墙

一侧墙体的暗柱外,设置两列拉筋。

剪力墙墙身内侧水平分布钢筋伸至转角墙暗柱外侧纵向钢筋的内侧,平行于外侧水平钢筋弯折,锚固长度为15d。

2. 上下相邻两排水平筋在转角两侧交错搭接

如图7-20转角墙(二)所示,剪力墙墙身外侧水平分布钢筋从转角墙暗柱纵向钢筋的外侧连续通过转弯,绕到转角墙暗柱的另一侧后,同另一侧水平分布钢筋搭接≥1.2l_{aE}(1.2l_a),上下相邻两排水平筋在转角两侧交错搭接,l_{aE}(l_a)的长度计算同剪力墙边缘构件纵向钢筋绑扎搭接长度计算中的l_{aE}(l_a)。

连接区域在暗柱范围外,在暗柱外设置三列拉筋。

剪力墙墙身内侧水平分布钢筋伸至转角墙暗柱外侧纵向钢筋的内侧，平行于外侧水平钢筋弯折，锚固长度为 $15d$。

3. 外侧水平筋在转角处搭接

如图 7-20 转角墙（三）所示，剪力墙墙身外侧水平分布钢筋从转角墙暗柱纵向钢筋的外侧连续通过转弯，绕到转角墙暗柱的另一侧后，同另一侧水平分布钢筋在转角墙暗柱搭接 $\geqslant l_{lE}(l_l)$。

剪力墙墙身内侧水平分布钢筋伸至转角墙暗柱外侧纵向钢筋的内侧，平行于外侧水平钢筋弯折，锚固长度为 $15d$。

7.3.1.5　剪力墙墙身水平钢筋翼墙、斜交翼墙构造

如图 7-21 所示，剪力墙墙身水平分布钢筋伸至另一侧墙体暗柱外侧纵向钢筋的内侧，平行于外侧水平钢筋弯折，长度为 $15d$。

在暗柱外，第一排竖向分布筋设置拉筋。

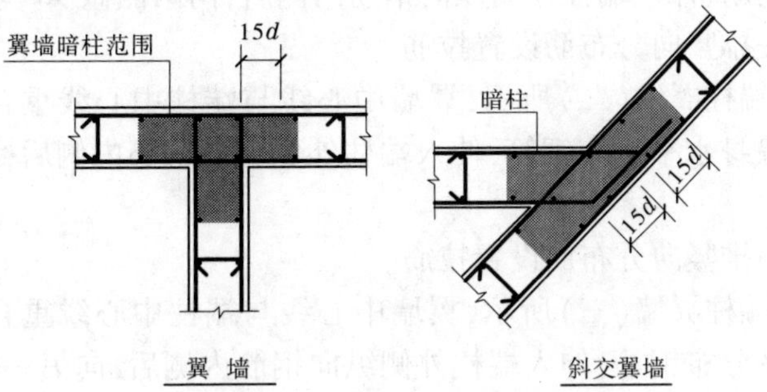

图 7-21　翼墙、斜交翼墙

7.3.1.6　剪力墙墙身水平钢筋端柱转角墙构造

（1）如图 7-22 端柱转角墙（一）所示，墙体与端柱外平齐，剪力墙墙身水平分布钢筋伸入端柱长度 $\geqslant 0.6l_{abE}(\geqslant 0.6l_{ab})$ 后，向另一侧墙体方向做 90° 弯钩，长度为 $15d$。其中，l_{abE} 为抗震锚固长度，l_{ab} 为非抗震锚固长度。

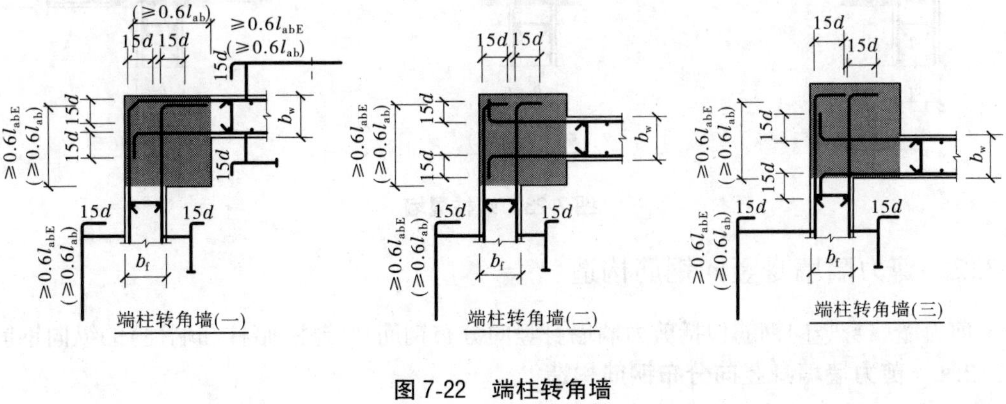

图 7-22　端柱转角墙

在端柱外，第一排竖向分布筋设置拉筋。

(2)如图7-22端柱转角墙(二)所示,一侧墙体与端柱外平齐,该侧墙体墙身水平分布钢筋伸入端柱长度≥0.6l_{abE}(≥0.6l_{ab})后,向另一侧墙体方向做90°弯钩,锚固长度15d;另一侧墙体中心线与端柱中心线重合,该侧墙体墙身水平分布钢筋,伸入端柱外侧纵向钢筋内侧后,向两侧做90°弯钩,长度15d。

在端柱外,第一排竖向分布筋设置拉筋。

(3)如图7-22端柱转角墙(三)所示,一侧墙体与端柱外平齐,该侧墙体墙身水平分布钢筋伸入端柱长度≥0.6l_{abE}(≥0.6l_{ab})后,向另一侧墙体方向做90°弯钩,锚固长度15d;另一侧墙体与端柱内平齐,该侧墙体墙身水平分布钢筋,伸入端柱外侧纵向钢筋内侧后,向两侧做90°弯钩,长度15d。

在端柱外,第一排竖向分布筋设置拉筋。

7.3.1.7 剪力墙墙身水平钢筋端柱翼墙构造

(1)如图7-23端柱翼墙(一)所示,翼墙与端柱外平齐,墙体中心线与端柱中心线重合,墙身水平分布钢筋,伸入端柱外侧纵向钢筋内侧后,向两侧做90°弯钩,长度15d。

在端柱外,第一排竖向分布筋设置拉筋。

(2)如图7-23端柱翼墙(二)所示,翼墙中心线与端柱中心线重合,墙体中心线也与端柱中心线重合,墙身水平分布钢筋,伸入端柱外侧纵向钢筋内侧后,向两侧做90°弯钩,长度15d。

在端柱外,第一排竖向分布筋设置拉筋。

(3)如图7-23端柱翼墙(三)所示,翼墙中心线与端柱中心线重合,墙体一侧与端柱一侧平齐,墙身水平分布钢筋,伸入端柱外侧纵向钢筋内侧后,向另一侧做90°弯钩,长度15d。

在端柱外,第一排竖向分布筋设置拉筋。

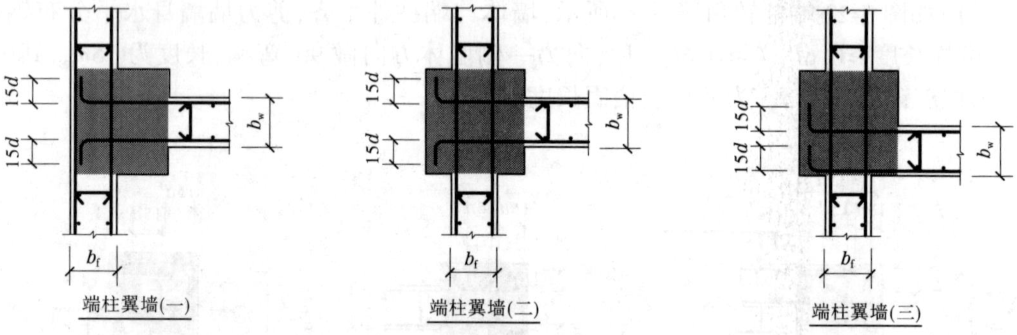

图7-23 端柱翼墙

7.3.2 剪力墙墙身竖向钢筋构造

剪力墙墙身竖向钢筋包括剪力墙墙身竖向分布钢筋和墙柱(暗柱和端柱)的纵向钢筋。

7.3.2.1 剪力墙墙身竖向分布钢筋构造

1.剪力墙墙身竖向分布钢筋搭接构造

如图7-24(a)所示,一、二级抗震等级剪力墙底部加强部位竖向分布钢筋搭接构造:

搭接长度≥$1.2l_{aE}$，l_{aE} 为抗震锚固长度。相邻纵向钢筋搭接范围错开 500 mm。

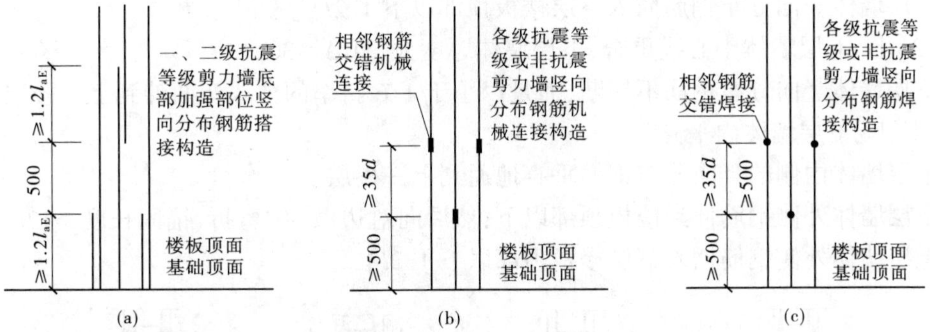

图 7-24　剪力墙墙身竖向分布钢筋连接构造(一)

连接点在楼板顶面或者基础顶面以上。

2. 剪力墙墙身竖向分布钢筋机械连接构造

如图 7-24(b)所示，各级抗震等级或非抗震剪力墙竖向分布钢筋机械连接构造：相邻纵向钢筋连接点至少错开 $35d$。

连接点在楼板顶面或者基础顶面以上≥500 mm。

3. 剪力墙墙身竖向分布钢筋焊接构造

如图 7-24(c)所示，各级抗震等级或非抗震剪力墙竖向分布钢筋焊接构造：相邻纵向钢筋连接点至少错开 $35d$ 且≥500 mm。

连接点在楼板顶面或者基础顶面以上≥500 mm。

4. 剪力墙墙身竖向分布钢筋在同一部位搭接构造

如图 7-25 所示，一、二级抗震等级剪力墙非底部加强部位，或三、四级抗震等级，或非抗震剪力墙竖向分布钢筋可在同一部位搭接，搭接长度≥$1.2l_{aE}$，l_{aE} 为抗震锚固长度。

连接点在楼板顶面或者基础顶面以上。

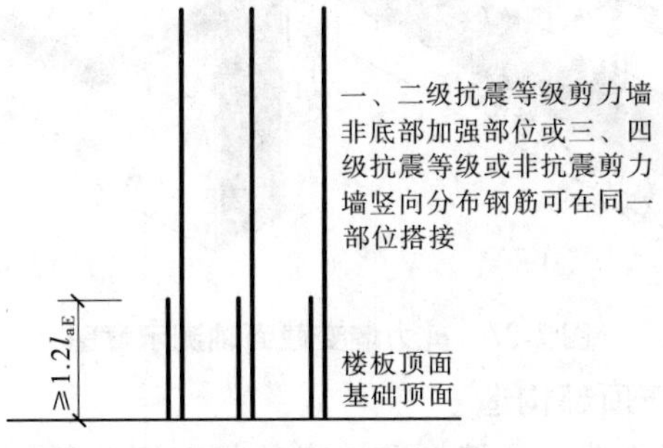

图 7-25　剪力墙墙身竖向分布钢筋连接构造(二)

7.3.2.2　剪力墙变截面处竖向分布钢筋构造

(1)上、下层墙体外平齐如图 7-26 和图 7-27 所示：

下层墙体内侧钢筋伸到楼板顶部以下，然后向对边做 90°弯钩，长度≥$12d$。

上层墙体内侧钢筋插入下层楼板顶部以下 $1.2l_{aE}$。

(2)上下层墙体中心线重合，下层墙体厚度大：

下层墙体竖向分布钢筋伸到楼板顶部以下,然后向对边做90°弯钩,长度≥12d。

上层墙体竖向分布钢筋插入下层楼板顶部以下 $1.2l_{aE}$。

(3)上、下层墙体中心线重合,下层墙体厚度大,且$\Delta \leqslant 30$。

下层墙体竖向分布钢筋不切断,而是以小于1/6斜率的方式弯曲伸到上一楼层墙体。

(4)上、下层墙体内平齐:

下层墙体内侧的竖向分布钢筋垂直地通到上一楼层。

下层墙体外侧钢筋伸到楼板顶部以下,然后向对边做90°弯折,锚固长度≥12d。

上层墙体外侧钢筋插入下层楼板顶部以下 $1.2l_{aE}$。

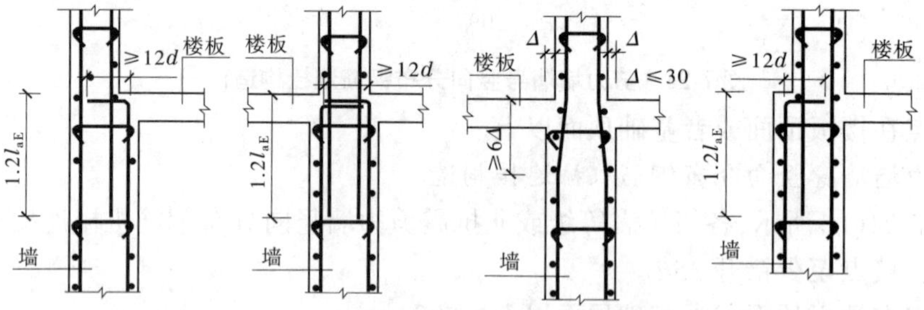

图7-26 剪力墙变截面处竖向钢筋构造

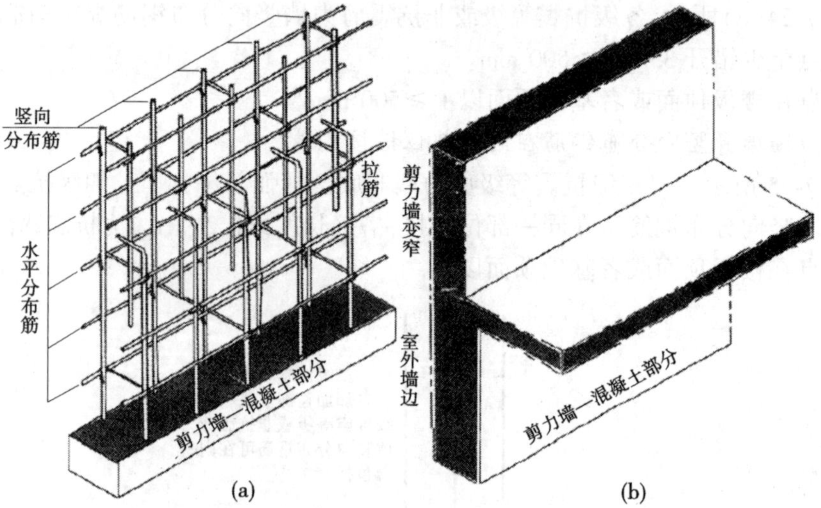

图7-27 剪力墙变截面轴测示意图

7.3.2.3 **剪力墙竖向钢筋顶部构造**

剪力墙竖向钢筋顶部构造包含墙柱和墙身的竖向钢筋顶部构造。

墙柱和墙身的竖向钢筋伸到屋面板或楼板顶部以下,然后做90°弯钩,长度≥12d,如图7-28所示。

墙柱和墙身的竖向钢筋伸到边框梁内,梁高满足直锚时伸入梁内 l_{aE},梁高不满足直锚时伸至梁顶弯折≥12d。

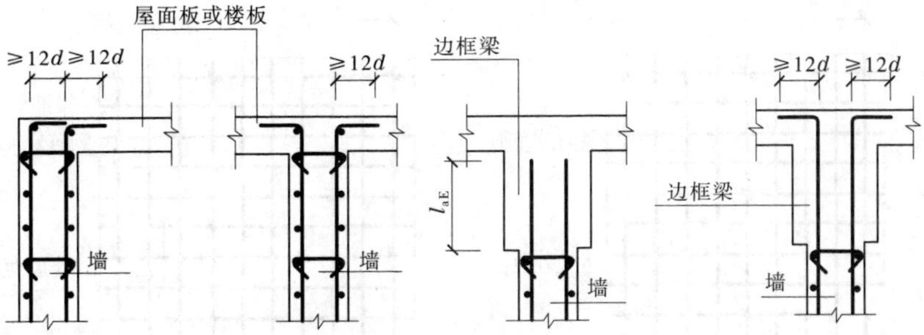

图 7-28 剪力墙竖向钢筋顶部构造

7.3.3 剪力墙墙身拉筋构造

拉筋应注明布置方式,分为矩形拉筋和梅花拉筋,如图 7-29 所示。

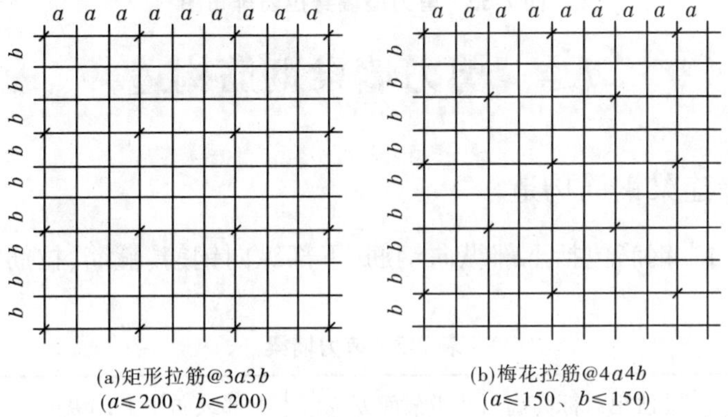

a—竖向分布钢筋间距;*b*—水平分布钢筋间距。

图 7-29 矩形拉筋与梅花拉筋示意图

(1)剪力墙拉筋位置应在竖向分布钢筋和水平分布钢筋的交叉点,同时拉住竖向分布钢筋和水平分布钢筋。

(2)拉筋注写方式:如表 7-4 所示,ϕ 6@ 600@ 600(矩形)。

(3)拉筋计算:

①拉筋长度=墙厚-保护层厚度×2+2*d*+弯钩长度×2;

②根数=墙净面积/拉筋的布置面积。

注:墙净面积是指扣除边框(端)柱、边框(连)梁的面积,即墙面积-门窗洞口总面积-边框柱面积-边框梁面积;拉筋的布置面积是指其横向间距×竖向间距。

剪力墙墙身拉筋排布图,如图 7-30 所示。

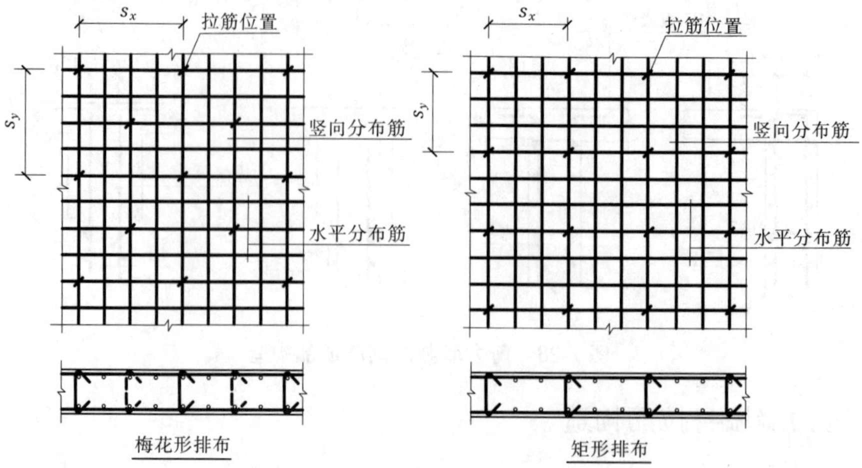

图7-30　剪力墙墙身拉筋排布图

7.4　剪力墙梁钢筋构造

7.4.1　剪力墙连梁钢筋构造

剪力墙连梁LL钢筋包括上部纵向钢筋、下部纵向钢筋、箍筋、拉筋、侧面纵向钢筋，如表7-5所示。

表7-5　剪力墙梁

编号	所在楼层号	梁顶相对标高高差/m	梁截面 $b \times h$/(mm×mm)	上部纵向钢筋	下部纵向钢筋	箍筋
LL1	2~9	0.800	300×2 000	4 ⌽ 22	4 ⌽ 22	Φ 10@100(2)
	10~16	0.800	250×2 000	4 ⌽ 20	4 ⌽ 20	Φ 10@100(2)
	屋面1		250×1 200	4 ⌽ 20	4 ⌽ 20	Φ 10@100(2)
LL2	3	-1.200	300×2 520	4 ⌽ 22	4 ⌽ 22	Φ 10@150(2)
	4	-0.900	300×2 070	4 ⌽ 22	4 ⌽ 22	Φ 10@150(2)
	5~9	-0.900	300×1 770	4 ⌽ 22	4 ⌽ 22	Φ 10@150(2)
	10~屋面1	-0.900	250×1 770	3 ⌽ 22	3 ⌽ 22	Φ 10@150(2)
LL3	2		300×2 070	4 ⌽ 22	4 ⌽ 22	Φ 10@100(2)
	3		300×1 770	4 ⌽ 22	4 ⌽ 22	Φ 10@100(2)
	4~9		300×1 170	4 ⌽ 22	4 ⌽ 22	Φ 10@100(2)
	10~屋面1		250×1 170	3 ⌽ 22	3 ⌽ 22	Φ 10@100(2)

续表 7-5

编号	所在楼层号	梁顶相对标高高差/m	梁截面 $b\times h$/(mm×mm)	上部纵向钢筋	下部纵向钢筋	箍筋
LL4	2		250×2 070	3 Φ 20	3 Φ 20	Φ 10@120(2)
	3		250×1 770	3 Φ 20	3 Φ 20	Φ 10@120(2)
	4～屋面 1		250×1 170	3 Φ 20	3 Φ 20	Φ 10@120(2)
AL1	2～9		300×600	3 Φ 20	3 Φ 20	Φ 8@150(2)
	10～16		250×500	3 Φ 18	3 Φ 18	Φ 8@150(2)
BKL1	屋面 1		500×750	4 Φ 22	4 Φ 22	Φ 10@150(2)

7.4.1.1　剪力墙连梁纵向钢筋构造

1. 剪力墙连梁端部洞口纵向钢筋构造

(1)当端部洞口连梁的纵向钢筋在端支座的直锚长度≥l_{aE} 且≥600 mm 时,可不必往上(下)弯折。

(2)当端部墙肢较短时,如图 7-31 所示。当端部墙肢的长度≤l_{aE} 或≤600 mm 时,连梁纵向钢筋伸至墙外侧纵向钢筋内侧后弯折 15d。

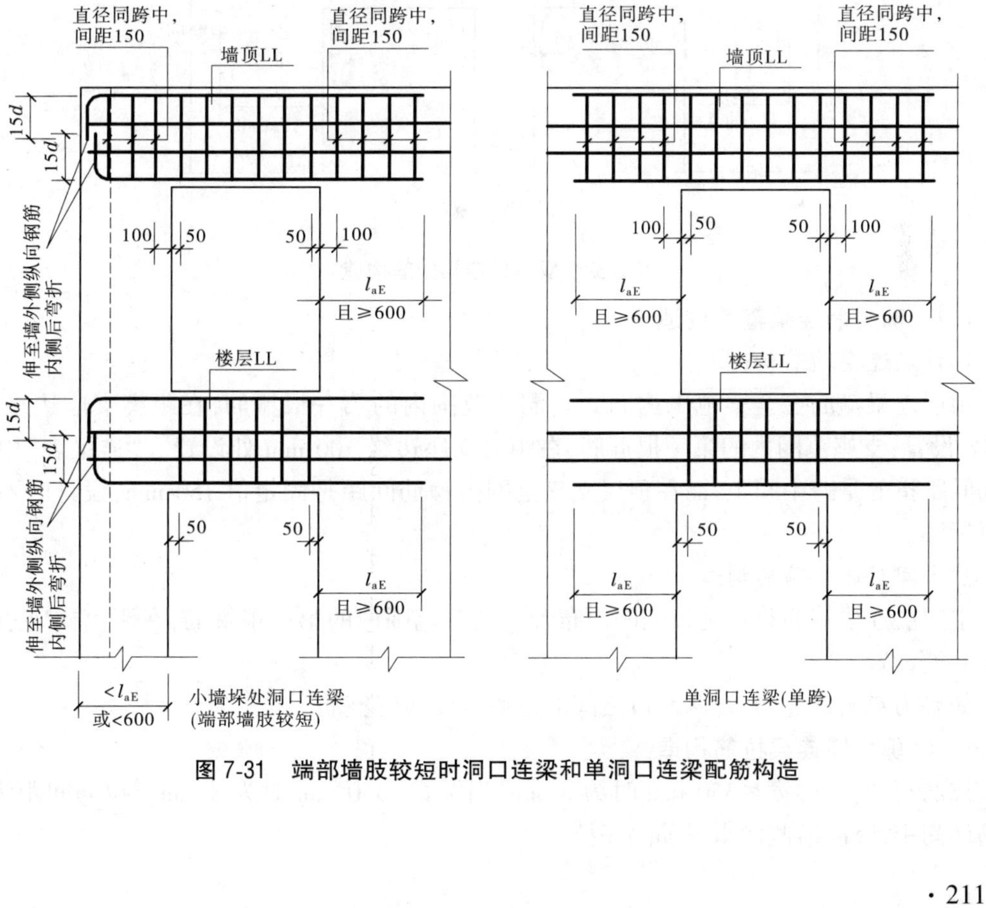

图 7-31　端部墙肢较短时洞口连梁和单洞口连梁配筋构造

2. 剪力墙连梁中间支座纵向钢筋构造

剪力墙连梁中间支座纵向钢筋,伸入中间支座的长度为 l_{aE} 且≥600 mm。

3. 双洞口连梁纵向钢筋构造

如果为双洞口连梁,如图 7-32 所示,连梁纵向钢筋连续跨过双洞口,在两洞口两端伸入中间支座的长度为 l_{aE} 且≥600 mm。

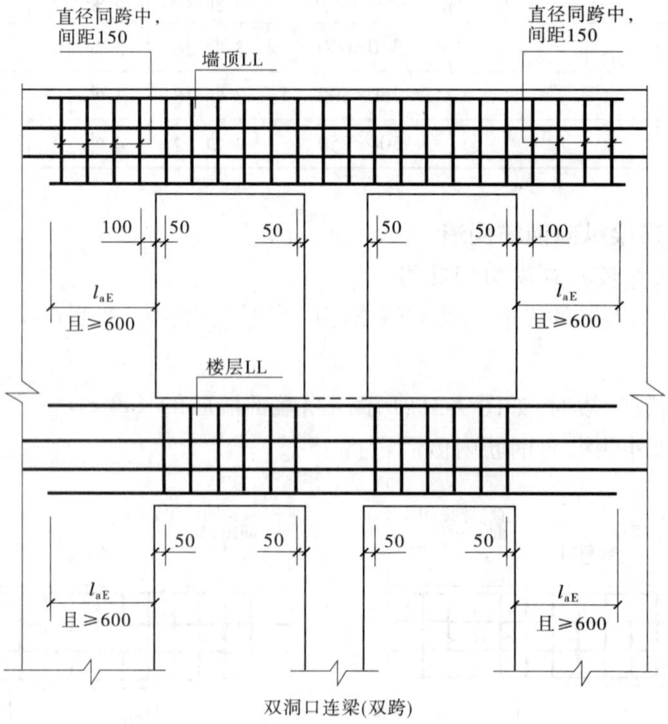

图 7-32 双洞口连梁配筋构造

7.4.1.2 剪力墙连梁箍筋构造

1. 顶层连梁箍筋构造

顶层连梁箍筋在全梁范围内布置。洞口范围内的第一根箍筋,在距离支座边缘 50 mm 处设置;支座范围内的第一根箍筋,在距离支座边缘 100 mm 处设置。“连梁表”中的箍筋间距指的是跨中间距,而在顶层支座范围内箍筋间距是固定值 150 mm,设计时不必进行标注。

2. 中间层连梁箍筋构造

中间层连梁箍筋只在洞口范围内布置。洞口范围内的第一根箍筋,在距离支座边缘 50 mm 处设置。

如果为双洞口连梁,在两洞口之间的连梁也要布置箍筋。

7.4.1.3 剪力墙连梁拉筋构造

拉筋直径:当梁宽≤350 mm 时为 6 mm;当梁宽>350 mm 时为 8 mm。拉筋间距为 2 倍箍筋间距,竖向沿侧面水平筋隔一拉一。

7.4.1.4　剪力墙连梁侧面纵向钢筋构造

剪力墙连梁是上、下楼层门窗洞口之间的那部分墙体，是一种特殊的墙身，连梁的侧面钢筋详见具体工程设计，当设计未注写时，即为剪力墙水平分布钢筋。

7.4.2　剪力墙暗梁钢筋构造

剪力墙暗梁 AL 钢筋包括上部纵向钢筋、下部纵向钢筋、箍筋、拉筋、侧面纵向钢筋，如图 7-33 所示。

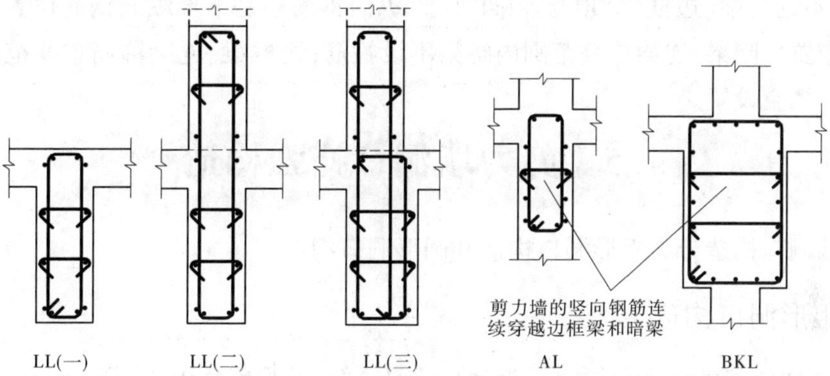

图 7-33　连梁、暗梁、边框梁截面

暗梁一般设置在靠近楼板底部的位置，就像砖混结构的圈梁一样，增强剪力墙的整体刚度和抗震能力。

7.4.2.1　暗梁纵向钢筋构造

暗梁纵向钢筋是布置在剪力墙墙身上的钢筋，因此执行剪力墙水平钢筋构造。

7.4.2.2　暗梁箍筋构造

暗梁的箍筋沿墙肢全长均匀布置，不存在箍筋加密区和非加密区。

由于暗梁的宽度与剪力墙厚度相同，所以暗梁箍筋外侧宽度尺寸为

$$b = 墙厚 - 2 \times 保护层 - 2 \times 墙身水平分布钢筋直径$$

7.4.2.3　暗梁拉筋构造

拉筋直径：当梁宽≤350 mm 时为 6 mm；当梁宽>350 mm 时为 8 mm。拉筋间距为 2 倍箍筋间距，竖向沿侧面水平筋隔一拉一。

7.4.2.4　暗梁侧面纵向钢筋构造

暗梁的侧面钢筋详见具体工程设计，当设计未注写时，即为剪力墙水平分布钢筋，其布置在暗梁箍筋外侧。剪力墙水平分布在暗梁范围内连续布置。

7.4.3　剪力墙边框梁钢筋构造

边框梁与暗梁有许多共同点，都是剪力墙的一部分，一般设置在靠近屋面板底部的位

置,也像砖混结构的圈梁一样,但其宽度比剪力墙厚度大,如图7-33所示,其钢筋构造与暗梁基本相同。

剪力墙边框梁BKL钢筋包括上部纵向钢筋、下部纵向钢筋、箍筋、拉筋、侧面纵向钢筋,如表7-5所示。边框梁的侧面纵向钢筋与连梁、暗梁不同,在边框梁上下纵向钢筋位置处不布置剪力墙水平分布筋。

连梁与暗梁(边框梁)重叠,暗梁(边框梁)顶与连梁顶平齐时,暗梁(边框梁)上部纵贯通,连梁上部纵向钢筋多于暗梁(边框梁)上部纵向钢筋时,多余的连梁上部纵向钢筋单独设置;不论暗梁(边框梁)顶与连梁的上部纵向钢筋还是下部纵向钢筋位置不冲突时各自单独布置。暗梁、连梁重叠范围内暗梁不设箍筋;边框梁、连梁箍筋重叠范围内箍筋间距相同并插空设置。

7.5 剪力墙洞口补强构造

剪力墙洞口构造分为矩形洞口构造和圆形洞口构造。

7.5.1 矩形洞口构造

(1)当矩形洞宽和洞高均不大于800 mm时,洞口补强钢筋构造如图7-34(a)所示。

(2)当矩形洞宽和洞高均大于800 mm时,洞口补强钢筋构造如图7-34(b)所示。

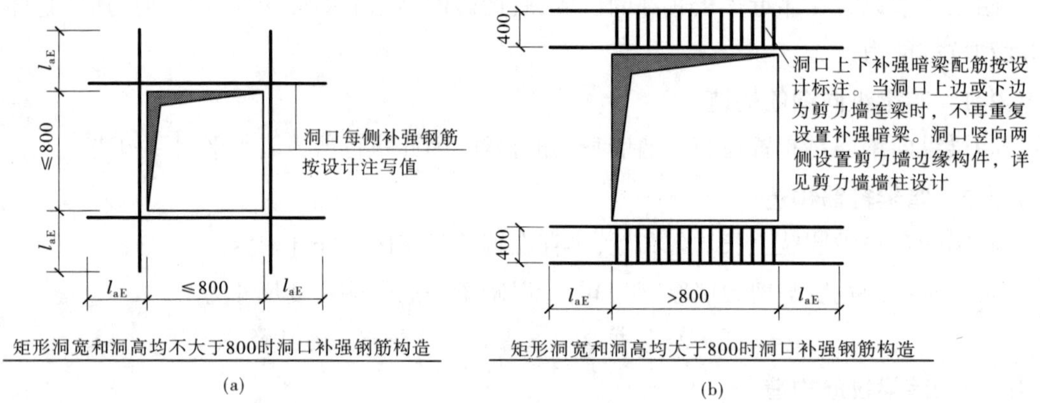

图7-34　矩形洞口补强钢筋构造

7.5.2 圆形洞口构造

(1)当剪力墙圆形洞口直径不大于300 mm时,洞口补强钢筋构造如图7-35(a)所示。

(2)当剪力墙圆形洞口直径大于300 mm且不大于800 mm时,洞口补强钢筋构造如图7-35(b)所示。

(3)当剪力墙圆形洞口直径大于800 mm时,洞口补强钢筋构造如图7-35(c)所示。

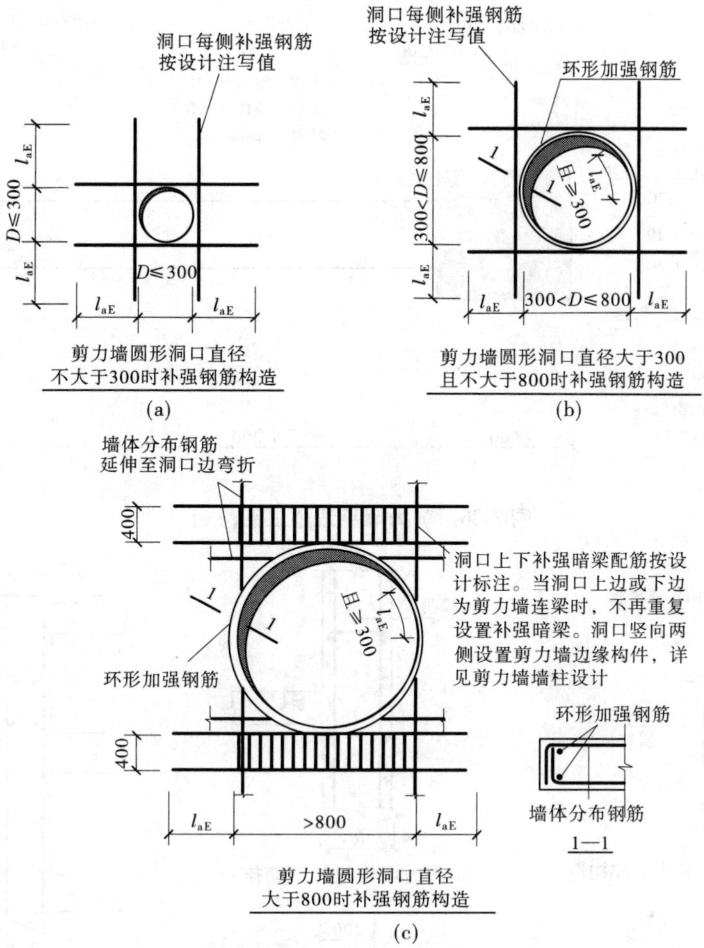

图 7-35　圆形洞口补强钢筋构造

7.6　剪力墙识图及其钢筋算量实训

7.6.1　剪力墙墙体平法识图及其钢筋算量

已知条件见表 7-6、图 7-36，构造见图 7-37 和图 7-38。

表 7-6　计算条件

抗震等级	混凝土强度等级	梁保护层/mm	柱保护层/mm	墙保护层/mm	基础底保护层/mm	楼盖板厚度/mm	筏板基础厚度/mm	基础顶标高/m	基础底板双向钢筋型号及直径/mm
三级	C30	20	20	15	50	100	800	−0.030	Φ 14

7.6.1.1　剪力墙 Q1 竖向分布筋计算

（1）Q1 竖向分布筋根数（剪力墙边缘构件内不布置竖向分布筋）：

屋面	9.570	
3	6.370	3.200
2	3.170	3.200
1	-0.030	3.200
层号	标高	层高

结构层楼面标高
结构层面

上部结构嵌固部位
-0.030

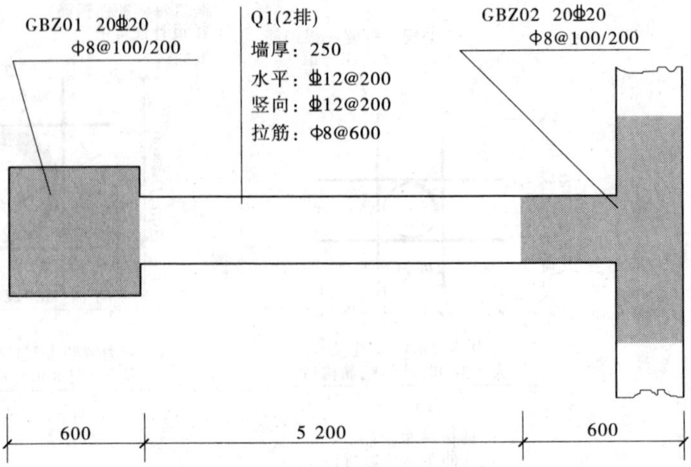

图 7-36 剪力墙平法施工图(一)

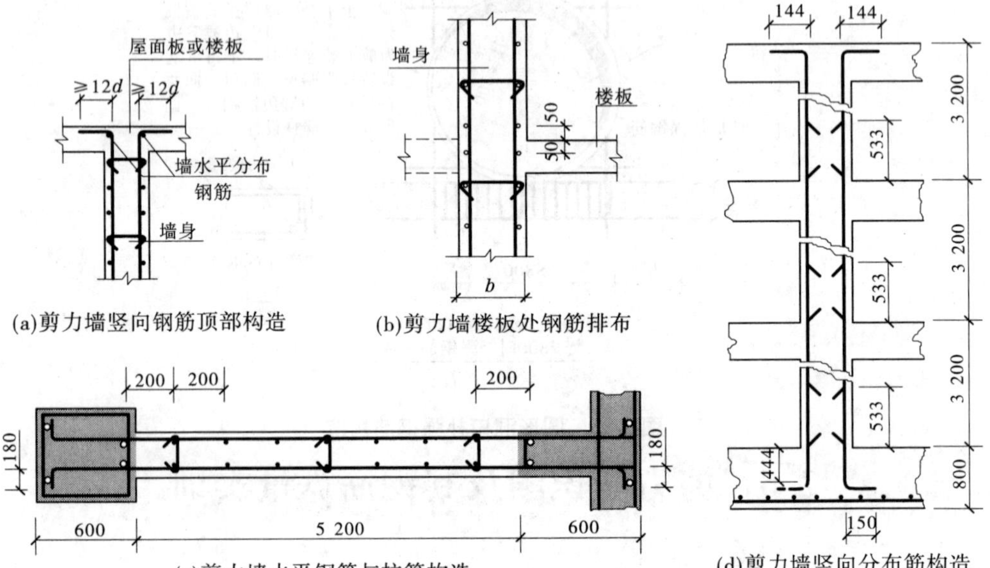

(a)剪力墙竖向钢筋顶部构造　(b)剪力墙楼板处钢筋排布　(c)剪力墙水平钢筋与拉筋构造　(d)剪力墙竖向分布筋构造

图 7-37 剪力墙墙身分布筋构造

根数＝2×{5 200+2×(20+8+10)}/200−2＝52(根)(括号{ }内数值向上取整)。

(2)Q1 竖向插筋计算：

$l_{aE}=37d=37\times12=444(\text{mm})<h_j-50-2\times14=800-50-28=722(\text{mm})$。

基础高度满足直锚要求,因此剪力墙竖向插筋锚固如图 7-38 所示。

①下底插筋长度。

根数占剪力墙竖向钢筋总数的三分之一,伸至基础底部钢筋网之上,末端加弯钩,弯钩长度为 max{6d,150 mm}。

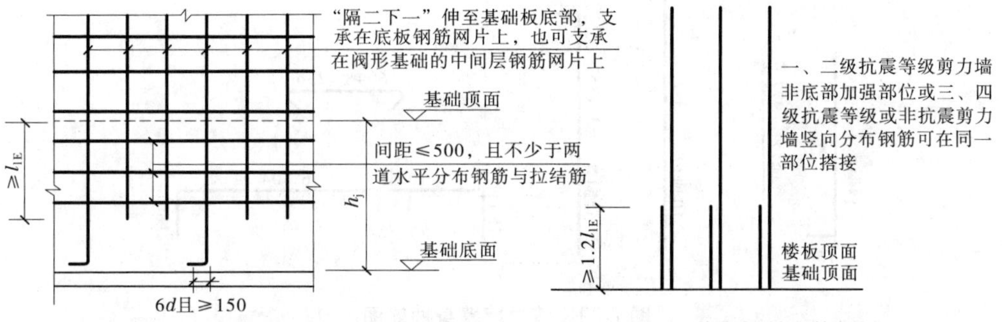

保护层厚度>5d，基础高度满足直锚剪力墙插筋在基础内的锚固

剪力墙竖向钢筋在楼板顶面或基础顶面的搭接

图 7-38　剪力墙插筋锚固、竖向分布筋搭接构造

该竖向插筋长度为

$h_j-50-2\times14+\max\{6d,150\}+1.2l_{aE}=800-50-28+\max\{6\times10,150\}+1.2\times444$

$=722+150+533=1\ 405(\text{mm})$。

根数 = 2×(26/3) = 18(根)[括号( )内的数值整数加一、小数向上取整]

②直锚插筋长度。

占竖向钢筋总数的三分之二。

该插筋长度 = $l_{aE}+533=977(\text{mm})$；

根数 = 52−18 = 34(根)。

(3)楼层竖向分布筋长度：

①一层与二层竖向分布筋长度相同。

长度 = 层高 + 搭接长度 = $3\ 200+1.2l_{aE}=3\ 200+533=3\ 733(\text{mm})$。

②顶层竖向分布筋长度。

长度 = 层高 − 保护层厚度 + $12d=3\ 200-15+12\times12=3\ 329(\text{mm})$。

7.6.1.2　剪力墙 Q1 墙身水平分布筋计算

三层楼的墙身尺寸相同，因此水平分布筋的根数、长度相同。

(1)水平筋长度计算：

长度 = 墙与两端边缘构件水平长度 − 2×(保护层 + 箍筋直径 + 纵向钢筋直径) + $15d\times2$

$=5\ 200+600\times2-2\times(20+8+20)+15\times12\times2=6\ 664(\text{mm})$。

(2)水平筋根数计算：

根数 = 3×2×{(层高−100)/200+1} + 基础内水平筋根数 = 3×2×{(3 200−100)/200+1}+2×2 = 3×2×17+2×2 = 106(根)(括号"{}"内的数值向上取整)。

7.6.1.3　剪力墙 Q1 墙身拉筋计算

拉筋长度 = 墙厚 − 保护层厚度×2 + $2d+11.9d\times2=250-15\times2+8\times2+11.9\times8\times2=426(\text{mm})$。

拉筋根数 = (剪力墙体高×剪力墙净宽)/(600×600) + 基础内拉筋根数(2 排) = (9 600×5 200)/(600×600)+2×(5 200/600−1) = 155(根)(括号"{ }"内的数值向上取整)。

剪力墙墙身抽筋图如图 7-39 所示。

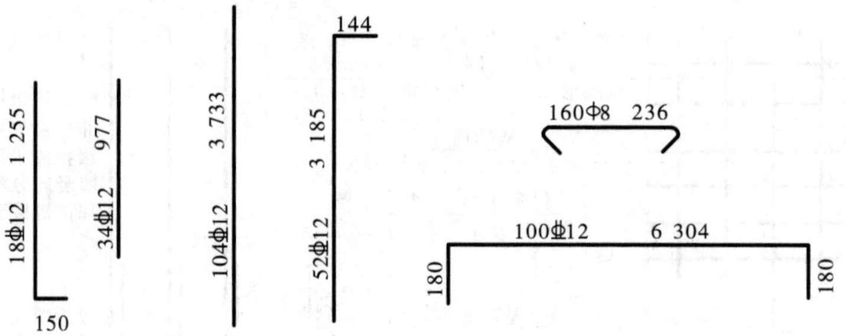

图7-39 剪力墙墙身抽筋图

7.6.2 剪力墙连梁钢筋算量

连梁如图7-40所示,连梁侧面纵向钢筋利用剪力墙水平筋。

连梁LL1计算条件与计算内容见表7-7。

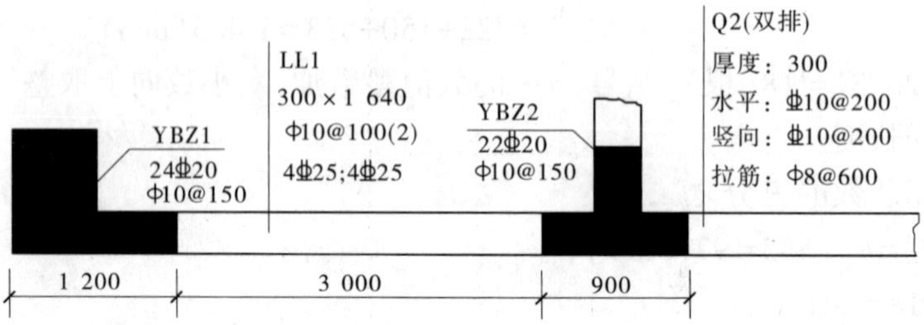

图7-40 剪力墙平法施工图(二)

表7-7 剪力墙中部洞口(单跨)中间层连梁钢筋计算　　长度单位:mm

抗震等级	上、下纵向钢筋	长度	长度=左锚固长度+洞口宽度+右锚固长度				
			洞口宽度	左锚固长度		右锚固长度	
				取大值	l_{aE}	取大值	l_{aE}
		根数			600		600
			根据图纸数出				
二级	箍筋	长度	箍筋长度=$(b-2c_1-2d_1+h-2c_2)\times2+1.9d\times2+\max\{10d,75\}\times2$				
		根数	箍筋根数=(洞口宽-50×2)/间距+1				
	拉筋	长度	拉筋长度=$b-2c_1+d_L$				
		根数	拉筋根数				

注:b—连梁截面宽度(300 mm),h—连梁截面高度(1 640 mm),c_1—剪力墙保护层厚度(15 mm),c_2—连梁保护层厚度(20 mm),d—连梁箍筋直径(10 mm),d_1—墙身水平分布筋直径(12 mm),d_L—拉筋直径。

7.6.2.1 连梁上、下纵向钢筋长度计算

$l_{aE}=40d=40\times25=1\ 000$(mm)<1 200 mm(左端墙柱),右端为剪力墙,满足直锚(构造要求见图7-31);

$\max\{l_{aE},600\ \text{mm}\}=\max\{1\ 000\ \text{mm},600\ \text{mm}\}=1\ 000\ \text{mm}$;

连梁上、下纵向钢筋单根长度=3 000+2×1 000=5 000(mm),共8 Φ 25。

7.6.2.2 连梁箍筋计算

连梁LL1横截面尺寸为300 mm×1 640 mm,箍筋Φ 10@100(2),其断面钢筋排布见

图 7-41。

(1)箍筋长度(外皮):

$L=(b-2c_1-2d_1+h-2c_2)\times2+1.9d\times2+\max\{10d,75\}\times2$

$=(300-15\times2-2\times10+1\ 640-2\times20)\times2+1.9\times10\times2+\max\{100,75\}\times2$

$=3\ 700+38+100\times2=3\ 938$(mm)

(2)箍筋根数:

n=(洞口宽−50×2)/间距+1=(3 000−50×2)/100+1=30(根)。

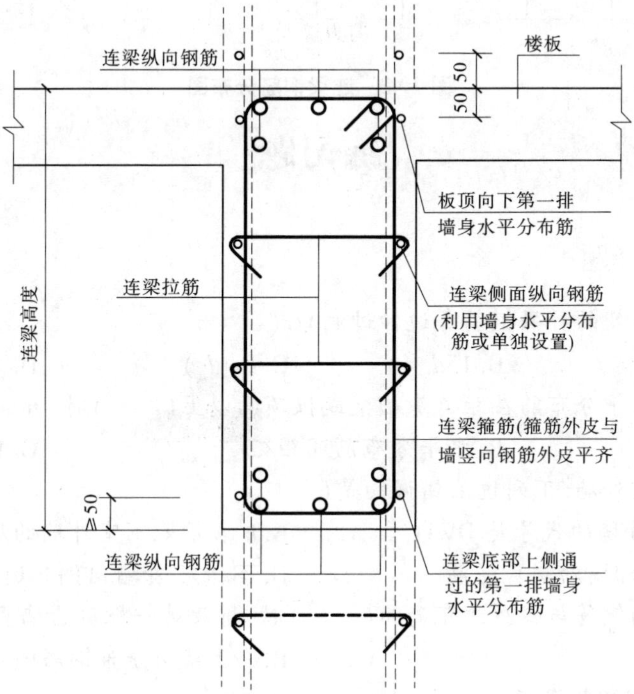

图 7-41　连梁钢筋位置关系

7.6.2.3　连梁拉筋计算

拉筋为Φ 6@200,则:

(1)拉筋长度(外皮):

$l=b-2c+2d_L+1.9d_L\times2+\max\{10d_L,75\}\times2$

$=300-2\times15+2\times6+1.9\times6\times2+\max\{60,75\}\times2$

$=282+172.8=454.8$(mm)≈455 mm。

(2)拉筋根数:

单排拉筋根数 n=(连梁跨度−50×2)/间距+1=(3 000−50×2)/200+1=15.5(根),取 $n=16$ 根。

拉筋排数 m=(连梁高度−50×2)/200−1=(1 640−50×2)/200−1=6.7(排),取 $m=7$ 排。

则连梁拉筋根数 $N=mn=16\times7=112$(根)。

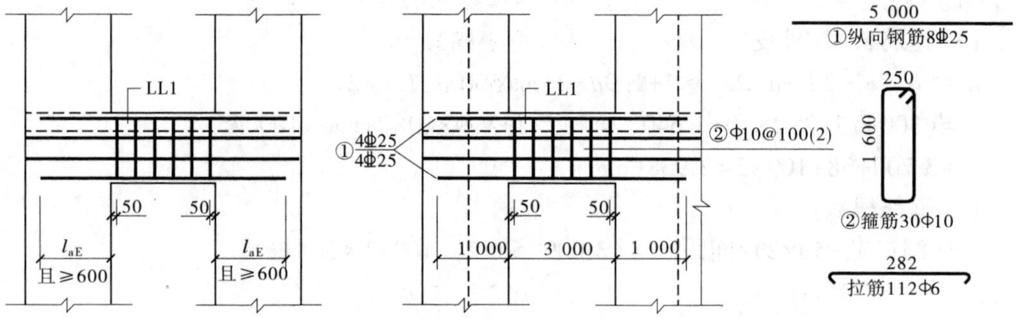

图7-42　连梁钢筋分布图

练习题

一、单项选择题

1. 剪力墙洞口处的补强钢筋每边伸过洞口（　　）。
   A. 500 mm　　B. 15d　　C. l_{aE}(l_a)　　D. 洞口宽/2
2. 剪力墙中水平分布筋在距离基础梁或板顶面以上(　　)时,开始布置第一道。
   A. 50 mm　　B. 水平分布筋间距/2　　C. 100 mm
3. 关于地下室外墙,下列说法错误的是(　　)。
   A. 地下室外墙的代号是DWQ　　B. h 表示地下室外墙的厚度
   C. OS表示外墙外侧贯通筋　　D. IS表示外墙内侧贯通筋
4. 剪力墙竖向钢筋与暗柱边距离为(　　)时,排放第一根剪力墙竖向钢筋。
   A. 50 mm　　B. 1/2竖向分布钢筋间距
   C. 竖向分布钢筋间距　　D. 150 mm
5. 墙端为端柱时,外侧钢筋其长度为(　　)。
   A. 墙长-保护层
   B. 墙净长+锚固长度(弯锚或直锚)
   C. 墙长-保护层+0.65l_{aE}
6. 剪力墙中水平分布筋在距离基础梁或板顶面以上(　　)时,开始布置第一道。
   A. 50 mm　　B. 水平分布筋间距/2　　C. 100 mm

二、不定项选择题

1. 剪力墙按构件类型分,包含(　　)。
   A. 墙身　　B. 墙柱　　C. 墙梁（连梁、暗梁）
2. 剪力墙墙身钢筋有(　　)。
   A. 水平筋　　B. 竖向筋　　C. 拉筋　　D. 洞口加强筋

3. 下列关于剪力墙水平分布筋在基础部位设置的说法，正确的是(　　)。
A. 在基础部位应布置不小于两道水平分布筋和拉筋
B. 水平分布筋在基础内间距应不大于500 mm
C. 水平分布筋在基础内间距应不大于250 mm
D. 基础部位内不应布置水平分布筋

三、问答题

1. 剪力墙柱纵向钢筋的搭接长度如何确定？与哪些因素有关？
2. 剪力墙柱内是否有墙体的水平筋、垂直筋和拉筋？
3. 剪力墙柱顶层纵向钢筋的长度如何计算？
4. 剪力墙柱的箍筋长度如何计算？
5. 剪力墙柱加密区内的箍筋间距如何计算？
6. 连梁范围内是否有墙体的水平筋、竖向筋和拉筋？
7. 连梁纵向钢筋如何计算？
8. 连梁的箍筋范围如何计算？
9. 边框梁范围内是否有墙体的水平筋、竖向筋和拉筋？
10. 剪力墙体的水平筋、竖向筋和拉筋如何计算？

四、计算题

1. 剪力墙竖向筋为2 Φ 16@200，C30的混凝土，四级抗震，基础高度为800 mm，设C20混凝土垫层，基础底部钢筋网钢筋直径20 mm。求竖向筋在基础内的插筋长度。

2. 计算图7-43中Q1水平钢筋在GAZ1中的锚固长度。

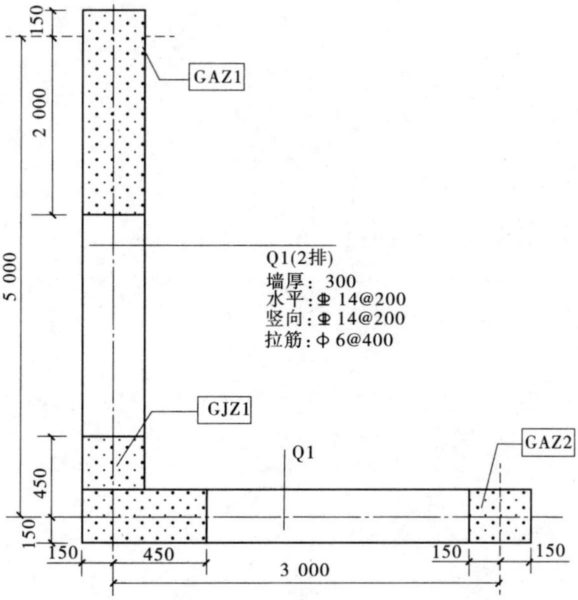

图7-43　题2图

参考文献

[1] 黄敬文,宿翠霞.平法识图与钢筋算量[M].郑州:黄河水利出版社,2018.

[2] 中华人民共和国住房和城乡建设部.混凝土结构施工图平面整体表示方法制图规则和构造详图(现浇混凝土框架、剪力墙、梁、板):22G101-1[S].北京:中国标准出版社,2022.

[3] 中华人民共和国住房和城乡建设部.混凝土结构施工图平面整体表示方法制图规则和构造详图(现浇混凝土板式楼梯):22G101-2[S].北京:中国标准出版社,2022.

[4] 中华人民共和国住房和城乡建设部.混凝土结构施工图平面整体表示方法制图规则和构造详图(独立基础、条形基础、筏形基础、桩基础):22G101-3[S].北京:中国标准出版社,2022.

[5] 中华人民共和国住房和城乡建设部.混凝土结构施工钢筋排布规则与构造详图(现浇混凝土框架、剪力墙、梁、板):18G901-1[S].北京:中国计划出版社,2018.

[6] 中华人民共和国住房和城乡建设部.混凝土结构施工钢筋排布规则与构造详图(现浇混凝土板式楼梯):18G901-2[S].北京:中国计划出版社,2018.

[7] 中华人民共和国住房和城乡建设部.混凝土结构施工钢筋排布规则与构造详图(独立基础、条形基础、筏形基础、桩基础):18G901-3[S].北京:中国计划出版社,2018.

[8] 金燕.混凝土结构施工图识图与应用[M].北京:中国电力出版社,2011.